国家出版基金项目
NATIONAL PUBLICATION FOUNDATION

"十四五"国家重点出版物出版规划项目
基础科学基本理论及其热点问题研究

丢番图逼近与超越数

朱尧辰◎著

丢番图逼近
基本理论

U0173706

中国科学技术大学出版社

内 容 简 介

本书是丢番图逼近论的简明导引,包括实数的齐次和非齐次有理逼近、与代数数有关的逼近、转换定理、度量定理以及模 1 一致分布等基本结果和方法,并适度介绍复数和 p-adic 数的丢番图逼近与其他有关问题,以及一些新的进展.

图书在版编目(CIP)数据

丢番图逼近:基本理论/朱尧辰著. 一合肥:中国科学技术大学出版社,2024.1
(丢番图逼近与超越数)
国家出版基金项目
"十四五"国家重点出版物出版规划项目
ISBN 978-7-312-05767-0

Ⅰ. 丢… Ⅱ. 朱… Ⅲ. 丢番图逼近 Ⅳ. O156.7

中国国家版本馆 CIP 数据核字(2023)第 156729 号

丢番图逼近:基本理论
DIUFANTU BIJIN:JIBEN LILUN

出版 中国科学技术大学出版社
　　　安徽省合肥市金寨路 96 号,230026
　　　http://press. ustc. edu. cn
　　　https://zgkxjsdxcbs. tmall. com
印刷 安徽新华印刷股份有限公司
发行 中国科学技术大学出版社
开本 787 mm×1092 mm　1/16
印张 18
字数 386 千
版次 2024 年 1 月第 1 版
印次 2024 年 1 月第 1 次印刷
定价 78.00 元

前　　言

丢番图逼近论是数论的重要而古老的分支之一, 圆周率 π 的估计、天文研究和古历法的编制以及连分数展开等, 都是它的 "催生剂". 近代和现代数学的发展, 特别是丢番图方程和超越数论的研究, 以及一致分布点列在拟 Monte Carlo 方法中的应用等, 又使它发展成为一个活跃的当代数论研究领域. 实际上, 丢番图逼近论与超越数论的研究常常交织在一起, 不少数论专业会议或专著往往以两者为公共主题. 本书是丢番图逼近论的简明导引, 基于作者在大学数论专业课程的讲稿加工而成, 主要涉及学界公认的 "划归" 丢番图逼近论的那些论题, 着重阐述实数的有理逼近等经典结果和方法, 适度介绍一些其他有关问题和新的进展. 读者对象是大学理工科有关专业高年级本科生和研究生, 也适当兼顾有关科研人员的参考需求.

全书含 7 章和 1 个附录. 第 1 章以 Dirichlet 逼近定理为中心展开, 包括定理的原始形式、多维扩充、改进以及在实数无理性判定中的应用等, 并基于实数的最佳逼近给出实数的连分数展开的基本结果, 还专用一节给出关于 Markov 谱的简介. 第 2 章讲述一维和多维 Kronecker 定理. 多维情形包括 Kronecker 定理定性形式的直接证明、Kronecker 定理的定量形式及其证明, 以及由定理的定量形式推导定理的定性形式, 还介绍实系数线性型乘积定理的基本结果. 第 3 章研究不同类型的逼近问题间的关系. 主要篇幅用于 Mahler 转换定理及其应用, 特别是关于 Khintchine 转换原理的论述, 还一般性地给出关于线性型乘积的转换定理. 第 4 章包括对代数数的有理逼近和用代数数逼近实数两个部分. 在代数数的有理逼近部分中, 我们通过一般的 Schmidt 子空间定理的论述推出 Roth 定理和 Schmidt 定理. 本章另一部分简明地讨论用一些特定的代数数逼近某些实数的问题, 特别是数域情形的 Roth 逼近定理. 还有一节讨论 Schmidt 逼近定理在构造超越数中的应用. 第 5 章是度量数论的基本引论, 以 Khintchine 定理为中心展开讨论. 第 6 章给出模 1 一致分布理论的基本结果, 介绍了一致分布点列与数值积分的关系. 第 7 章简单介绍了前面各章没有涉及的一些丢番图逼近问题, 如复数的丢番图逼近、p-adic 丢番图逼近以及矩阵的丢番图逼近等. 附录中汇集了正文中多处用到的数的几何的基本结果.

限于作者水平, 书中存在不妥和谬误在所难免, 欢迎读者和同行批评指正.

朱尧辰于北京

主要符号说明

➤

---

1. $\mathbb{N}, \mathbb{Z}, \mathbb{Q}, \mathbb{R}, \mathbb{C}$　依次为正整数集、整数集、有理数集、实数集、复数集

$\mathbb{N}_0 = \mathbb{N} \cup \{0\}$

$\mathbb{R}_+$　正实数集

$\mathbb{Q}(i)$　复有理数环

$\mathbb{Z}(i)$　Gauss 整数环

$|S|$　有限集 S 所含元素的个数 (也称 S 的规模)

$|A|, \mu(A)$　集合 A 的 Lebesgue 测度

2. $[a]$　实数 a 的整数部分, 即不超过 a 的最大整数

$\{a\} = a - [a]$　实数 a 的分数部分, 也称小数部分

$\|x\|$　实数 x 与距它最近的整数间的距离

$\overline{x}$　表示 $\max\{|x|, 1\}$, 此处 x 为实数

$\delta_{i,j}$　Kronecker 符号, 即当 $i = j$ 时其值为 1, 否则为 0

$\mu(n)$　Möbius 函数

$\phi(n)$　Euler 函数

$\ll, \gg$　Vinogradov 符号. 例如,$f(x) \ll g(x)$ 表示 $|f(x)| \leqslant c|g(x)|$, $f(x) \gg g(x)$ 表示

$|f(x)| \geqslant c|g(x)|$, 其中 c 是一个常数

$\mathrm{Re}(z), \mathrm{Im}(z)$　复数 z 的实部和虚部系数

$\mathrm{sgn}(a)$　非零实数 a 的符号

$|\cdot|_p$　p-adic 赋值

3. $\log_b a$　实数 $a > 0$ 的以 b 为底的对数

$\log a$(与 $\ln a$ 同义)　实数 $a > 0$ 的自然对数

$\lg a$　实数 $a > 0$ 的常用对数 (即以 10 为底的对数)

$\exp(x)$　指数函数 e^x

$[v_0; v_1, v_2, \cdots]$　(简单) 连分数

4. $\boldsymbol{x} \cdot \boldsymbol{y}$　向量 $\boldsymbol{x} = (x_1, \cdots, x_n), \boldsymbol{y} = (y_1, \cdots, y_n) \in \mathbb{R}^n$ 的内积 (数量积), 即 $x_1 y_1 + \cdots + x_n y_n$

$|\boldsymbol{x}|_0$　表示 $\overline{x}_1 \overline{x}_2 \cdots \overline{x}_n$, 其中 $\boldsymbol{x} = (x_1, x_2, \cdots, x_n)$

$|\boldsymbol{x}|$　表示 $|x_1||x_2|\cdots|x_n|$, 其中 $\boldsymbol{x} = (x_1, x_2, \cdots, x_n)$

$\overline{|\boldsymbol{x}|}$　表示 $\max\limits_{1 \leqslant i \leqslant n} |x_i|$, 其中 $\boldsymbol{x} = (x_1, x_2, \cdots, x_n)$

$\{\boldsymbol{x}\}$　表示向量 $(\{x_1\}, \cdots, \{x_s\})$, 其中 $\boldsymbol{x} = (x_1, \cdots, x_s) \in \mathbb{R}^s$

$\boldsymbol{a} < \boldsymbol{b}$(或 $\boldsymbol{a} \leqslant \boldsymbol{b}$)　表示 $a_i < b_i$(或 $a_i \leqslant b_i$)$(i = 1, \cdots, s)$, 其中 $\boldsymbol{a} = (a_1, \cdots, a_s)$, $\boldsymbol{b} = (b_1, \cdots, b_s) \in \mathbb{R}^s$

$[\boldsymbol{a}, \boldsymbol{b})$(或 $[\boldsymbol{a}, \boldsymbol{b}]$)　表示 $\{\boldsymbol{x} \mid \boldsymbol{x} \in \mathbb{R}^s, \boldsymbol{a} \leqslant \boldsymbol{x} < \boldsymbol{b}$(或 $\boldsymbol{a} \leqslant \boldsymbol{x} \leqslant \boldsymbol{b}$)$\}$($s$ 维长方体), 其中 $\boldsymbol{a}, \boldsymbol{b} \in \mathbb{R}^s$

$(a_{i,j})_{m \times n}$　第 i 行、第 j 列元素为 $a_{i,j}$ 的 $m \times n$ 矩阵

$(a_{i,j})_n$　第 i 行、第 j 列元素为 $a_{i,j}$ 的 n 阶方阵, 不引起混淆时可记为 $(a_{i,j})$

$\boldsymbol{I}_n$　n 阶单位方阵, 不引起混淆时可记为 $\boldsymbol{I}$

$\boldsymbol{O}_n$　n 阶零方阵, 不引起混淆时可记为 $\boldsymbol{O}$

$\det(\boldsymbol{A}), \det(a_{ij}), |\boldsymbol{A}|$　方阵 $\boldsymbol{A} = (a_{ij})$ 的行列式

5. $\deg(\theta)$　代数数 θ 的次数

$H(\theta); L(\theta)$　代数数 θ 的高; 长

$H_K(\theta)$　代数数 θ 对于数域 K 的高

$H(P); L(P)$　多项式 P 的高; 长

6. □　定理、引理、推论或命题证明完毕

目　录

第 **1** 章

实数的齐次有理逼近

本章研究用有理数逼近一个实数, 或用具有相同分母的一些有理数同时逼近几个实数的问题. 前五节讨论一个无理数的有理逼近, 证明著名的 Dirichlet 逼近定理, 并且由此得到一个无理数的判别法则; 然后借助函数 $\|q\theta\|$ 导出连分数展开的基本结果, 并用来改进 Dirichlet 逼近定理, 进而由此引进所谓 Markov 谱. 最后一节研究实数的联立有理逼近, 给出 Dirichlet 有理逼近定理的多维情形及改进. 所有这些问题的表现形式都是关于某些实系数齐次线性不等式的整数解问题, 所以也称实数的齐次 (有理) 逼近.

1.1 一维情形

1.1.1 逼近定理

通常计算一个无理数, 例如 $\sqrt{2}$, 通过开方可得它的一串近似值:

$$1, \quad 1.4, \quad 1.41, \quad 1.414, \quad 1.4142, \quad \cdots,$$

其精确度越来越高, 也就是说, 近似值与 $\sqrt{2}$(的精确值) 之间的误差越来越小. 这就是用上面一串有理数来逼近无理数 $\sqrt{2}$ 的过程. 又如我们的祖先千百年来计算圆周率 π, 得到一系列记录:"周三径一"即 π ≈ 3, 约率即 π ≈ 22/7(何承天,370—447), 密率即 π ≈ 355/113(祖冲之,429—500), 等等, 也就是用一串有理数来逼近无理数 π 的过程.

一般地, 设 θ 是一个实数, 我们考虑所有分母为 q(正整数) 的有理数, 那么 θ 必位于两个这样的有理数之间, 即存在整数 a, 使得

$$\frac{a}{q} \leqslant \theta < \frac{a+1}{q}.$$

取 p/q 是两个分数 a/q,(a+1)/q 中离 θ 最近的一个 (若它们与 θ 等距, 则任取其一), 那么这个分数与 θ 的距离不会超过两个分数 a/q,(a+1)/q 间的距离的一半, 于是得到

$$\left| \theta - \frac{p}{q} \right| \leqslant \frac{1}{2q}. \tag{1.1.1}$$

因此, 用分母为 q 的分数作为 θ 的近似值, 误差不会大于 1/(2q). 改进这个结果, 就得到下列一维情形的 Dirichlet 逼近定理:

定理 1.1.1(Dirichlet 逼近定理) 设 θ 是一个实数,Q > 1 是任意给定的实数, 那么存在整数 p,q 满足

$$1 \leqslant q < Q, \tag{1.1.2}$$

$$\left| \theta - \frac{p}{q} \right| \leqslant \frac{1}{Qq}. \tag{1.1.3}$$

证　先设 Q 是整数. 将 $[0,1]$ 等分为 Q 个子区间

$$\left[0,\frac{1}{Q}\right),\quad \left[\frac{1}{Q},\frac{2}{Q}\right),\quad \cdots,\quad \left[\frac{Q-2}{Q},\frac{Q-1}{Q}\right),\quad \left[\frac{Q-1}{Q},1\right]. \tag{1.1.4}$$

由抽屉原理,$Q+1$ 个实数 $0,\{\theta\},\{2\theta\},\cdots,\{(Q-1)\theta\},1$ 中至少有两个落在 (1.1.4) 中的同一个子区间中. 这两个数可能是 $\{r_1\theta\}$ 和 $\{r_2\theta\}$, 其中 $r_1,r_2\in\{0,1,\cdots,Q-1\}$ 且互异; 也可能是 $\{r_1\theta\}$ 和 1, 其中 $r_1\in\{0,1,\cdots,Q-1\}$. 因为 $\{r_i\theta\}=r_i\theta-[r_i\theta],1=0\cdot\theta+1$, 所以存在整数 $r_1,r_2\in\{0,1,\cdots,Q-1\}$ 及整数 s_1,s_2, 使得

$$|(r_1\theta-s_1)-(r_2\theta-s_2)|\leqslant\frac{1}{Q}$$

($1/Q$ 是子区间的长). 不妨认为 $r_1>r_2$, 令 $q=r_1-r_2,p=s_1-s_2$, 即得式 (1.1.2) 和式 (1.1.3).

现设 Q 不是整数. 将上面所得结果应用于整数 $Q'=[Q]+1$, 可知存在整数 p,q 满足

$$1\leqslant q<Q', \tag{1.1.5}$$

$$\left|\theta-\frac{p}{q}\right|\leqslant\frac{1}{Q'q}. \tag{1.1.6}$$

因为 q 是整数, 所以可由式 (1.1.5) 推出式 (1.1.2); 又因为 $Q'>Q$, 所以由式 (1.1.6) 推出式 (1.1.3). □

注 1.1.1　**1.** 如果式 (1.1.3) 中 p,q 不互素, 那么 $p/q=p'/q'$, 其中 p',q' 互素,$q'<q$, 于是

$$1\leqslant q'<Q,$$

$$\left|\theta-\frac{p'}{q'}\right|\leqslant\frac{1}{Qq}<\frac{1}{Qq'}.$$

因此, 在 Dirichlet 定理中可认为 p,q 互素.

2. 式 (1.1.3) 中的不等号 "$\leqslant$" 不能换为 "$<$", 因为当 $\theta=1/Q,Q$ 为整数时, 对于所有 $q(1\leqslant q<Q)$, 都有

$$\left|\theta-\frac{1}{q}\right|\geqslant\frac{1}{Qq}.$$

3. 定理 1.1.1 的上述证明是抽屉原理的一个著名应用. 现在给出第二个证明: 记 $\boldsymbol{x} = (x_1, x_2)$. 在 Minkowski 线性型定理中取线性型

$$L_1(\boldsymbol{x}) = \theta x_1 - x_2,$$

$$L_2(\boldsymbol{x}) = \theta x_1,$$

以及 $c_1 = Q^{-1}, c_2 = Q$, 那么 $c_1 c_2 = 1 = |\det(a_{ij})|$, 所以存在 $(q, p) \in \mathbb{Z}^2, (q, p) \neq \boldsymbol{0}$, 满足

$$|L_1(q, p)| = |\theta q - p| \leqslant Q^{-1},$$

$$|L_2(q, p)| = |q| < Q.$$

若 $q = 0$, 则 $|p| = |\theta q - p| \leqslant Q^{-1} < 1$, 从而 $p = 0$, 这与 (q, p) 非零矛盾. 因此 $q \neq 0$. 若 $q > 0$, 则即得所要的不等式. 若 $q < 0$, 则以 $(q', p') = (-q, -p)$ 代替 (p, q), 那么 $|q| < Q$ 可换为 $0 < q' < Q$, 并且 $|\theta q' - p'| \leqslant Q^{-1}$. 去掉 "'", 也得定理 1.1.1.

1.1.2 函数 $\|x\|$

对于任意实数 x, 定义函数

$$\|x\| = \min\{|x - z| \mid z \in \mathbb{Z}\},$$

即 $\|x\|$ 表示 (数轴上) 点 x 与距它最近的整数点间的距离. 显然, 它可等价地写成

$$\|x\| = \min\{\{x\}, 1 - \{x\}\}$$
$$= \min\{x - [x], [x] + 1 - x\}.$$

它有下列一些简单性质:

引理 1.1.1 设 $x, x_1, x_2 \in \mathbb{R}$, 则

(i) $x \in \mathbb{Z} \Leftrightarrow \|x\| = 0$.

(ii) $\|x\| = \|-x\|$.

(iii) $\|x_1 + x_2\| \leqslant \|x_1\| + \|x_2\|$.

(iv) $\|nx\| \leqslant |n| \|x\|$ $(n \in \mathbb{Z})$.

证 (i)(ii) 由定义立得.

(iii) 设 $\|\theta_1\| = |\theta_1 - n_1|, \|\theta_2\| = |\theta_2 - n_2|$, 其中 $n_1, n_2 \in \mathbb{Z}$, 那么

$$
\begin{aligned}
\|\theta_1 + \theta_2\| &= \min_{n \in \mathbb{Z}} |\theta_1 + \theta_2 - n| \\
&\leqslant |\theta_1 + \theta_2 - (n_1 + n_2)| \\
&= |(\theta_1 - n_1) + (\theta_2 - n_2)| \\
&\leqslant |\theta_1 - n_1| + |\theta_2 - n_2| \\
&= \|\theta_1\| + \|\theta_2\|.
\end{aligned}
$$

(iv) 当 $n = 0$ 时结论显然成立. 当 n 为正整数时, 由 (iii) 得到

$$
\|nx\| = \|\underbrace{x + \cdots + x}_{n\text{个}}\| \leqslant n\|x\|.
$$

当 n 为负整数时, $-n$ 为正整数. 于是由 (ii) 以及刚才所证结果得到

$$
\|nx\| = \|(-n)x\| \leqslant (-n)\|x\| = |n|\|x\|.
$$

或者: 因为

$$
\begin{aligned}
\|nx\| &= \min_{m \in \mathbb{Z}} |nx - m| = \min_{m \in \mathbb{Z}} |n| \left| x - \frac{m}{n} \right| \\
&= |n| \cdot \min_{m \in \mathbb{Z}} \left| x - \frac{m}{n} \right|,
\end{aligned}
$$

并且 $\{m \in \mathbb{Z}\} \supset M = \{m = nm' \,|\, m' \in \mathbb{Z}\}$, 所以

$$
\begin{aligned}
\min_{m \in \mathbb{Z}} \left| x - \frac{m}{n} \right| &\leqslant \min_{m \in M} \left| x - \frac{m}{n} \right| \\
&= \min_{m' \in \mathbb{Z}} \left| x - \frac{nm'}{n} \right| \\
&= \min_{m' \in \mathbb{Z}} |x - m'| = \|x\|.
\end{aligned}
$$

于是 $\|nx\| \leqslant |n|\|x\|$. □

对于给定的实数 θ 和正整数 q, 有

$$
\min_{p \in \mathbb{Z}} \left| \theta - \frac{p}{q} \right| = \min_{p \in \mathbb{Z}} \left(q^{-1} |q\theta - p| \right) = q^{-1} \|q\theta\|.
$$

因此可用 $\|q\theta\|$ 来代替 $|\theta - p/q|$ 进行研究. 特别地, Dirichlet 定理可以等价地表述为

定理 1.1.1A(Dirichlet 逼近定理)　设 θ 是一个实数, $Q > 1$ 是任意给定的实数, 那么存在整数 q 满足

$$\|q\theta\| \leqslant \frac{1}{Q}, \quad 1 \leqslant q < Q. \tag{1.1.7}$$

推论 1.1.1　若 θ 为无理数, 则不等式

$$q\|q\theta\| < 1 \tag{1.1.8}$$

有无穷多个整数解 $q > 0$. 但若 θ 是有理数, 则此不等式只有有限多个整数解 $q > 0$.

证　(i) 设 θ 是无理数. 由定理 1.1.1A, 对任意给定的实数 $Q > 1$, 存在正整数 $q = q(Q)$ 满足式 (1.1.7), 于是 q 是不等式 (1.1.8) 的一个正整数解. 取一个无穷实数列 $Q_n(n = 1, 2, \cdots)$, 满足

$$1 < Q_1 < Q_2 < \cdots < Q_n < \cdots,$$

那么对于每个 Q_i, 存在正整数 q_i 满足式 (1.1.7), 从而满足不等式 (1.1.8). 如果这些 q_i 属于某个有限正整数集合, 那么其中存在正整数 $q^{(0)}$, 对于 $\{Q_n\,(n \geqslant 1)\}$ 的某个无限子集 $\{Q_{n_j}\,(j \geqslant 1)\}$, 满足不等式

$$\|q^{(0)}\theta\| \leqslant \frac{1}{Q_{n_j}}.$$

令 $j \to \infty$, 可知 $\|q^{(0)}\theta\| = 0$. 于是依引理 1.1.1, $q^{(0)}\theta$ 是有理数, 这与假设矛盾.

(ii) 设 $\theta = a/b$ 是有理数 (其中 $b > 0, a, b$ 互素). 若正整数 q 是不等式 (1.1.8) 的任意一个解, 则存在整数 p 满足

$$q|q\theta - p| < 1,$$

于是

$$\left|\theta - \frac{p}{q}\right| < \frac{1}{q^2}. \tag{1.1.9}$$

不妨认为 p, q 互素. 因若不然, 设 d 是它们的最大公因子, $p = p_1 d, q = q_1 d$, 则

$$\frac{q}{d}\left|\frac{q}{d}\theta - \frac{p}{d}\right| < \frac{1}{d^2} < 1,$$

从而

$$q_1|q_1\theta - p_1| < 1.$$

我们还可设 $p/q \neq \theta$(不然所有的解 q 都等于 b, 结论已成立), 那么 $|bp-aq|$ 是非零整数, 所以

$$\left|\theta-\frac{p}{q}\right| = \left|\frac{a}{b}-\frac{p}{q}\right| = \frac{|bp-aq|}{bq} \geqslant \frac{1}{bq}. \qquad (1.1.10)$$

因而由式 (1.1.9) 和式 (1.1.10) 得到 $1/q^2 > 1/(bq)$, 所以 $q < b$, 即不等式 (1.1.8) 只有有限多个解 q. $\qquad\square$

1.1.3 逼近阶

设 θ 是一个实数, $\varphi(q)$ 是对正整数 q 定义的正函数. 如果存在常数 $c = c(\theta,\varphi)$, 使得不等式

$$0 < \left|\theta-\frac{p}{q}\right| < \frac{c}{\varphi(q)} \qquad (1.1.11)$$

有无穷多个有理数解 $p/q (p \in \mathbb{Z}, q \in \mathbb{N})$ (也说成解 (p,q)), 则称 $\varphi(q)$ 为实数 θ 的有理逼近阶 (简称逼近阶).

注意, 由不等式 (1.1.11) 的左半可知, 对于 $\theta = a/b$, (na, nb) 不能作为该不等式的解 (p,q). 此外, 若正整数 q 的正函数 $\varphi_1(q) \leqslant \varphi(q) (q \geqslant q_0)$, 则 $\varphi_1(q)$ 也是 θ 的一个逼近阶.

如果 $\varphi(q)$ 是实数 θ 的有理逼近阶, 即不等式 (1.1.11) 有无穷多个有理数解 $p/q (p \in \mathbb{Z}, q \in \mathbb{N})$, 并且存在常数 $c_1 = c_1(\theta,\varphi)$, 使得不等式

$$0 < \left|\theta-\frac{p}{q}\right| < \frac{c_1}{\varphi(q)}$$

只有有限多个有理数解 $p/q (p \in \mathbb{Z}, q \in \mathbb{N})$, 则称 $\varphi(q)$ 为实数 θ 的最佳有理逼近阶 (简称最佳逼近阶).

由定义可知, 如果 θ 的最佳有理逼近阶是 $\varphi(q)$, 则存在常数 $c_2 = c_2(\theta,\varphi)$, 使得对于任何整数 p 和 $q > 0$, 并且 $p/q \neq \theta$, 都有

$$\left|\theta-\frac{p}{q}\right| > \frac{c_2}{\varphi(q)}.$$

特别地, 如果无理数 θ 具有最佳逼近阶 q^2, 即存在常数 c_3, 使得对于任何有理数 p/q 都有

$$\left|\theta-\frac{p}{q}\right| > \frac{c_3}{q^2},$$

则称 θ 是坏逼近的无理数. 坏逼近数在实际问题中有重要应用, 见文献 [23, 98] 等.

例 1.1.1 (a) 因为对任何正整数 q 都存在整数 p 使不等式 (1.1.1) 成立, 所以任意实数具有逼近阶 $\varphi(q) = q$.

(b) 由推论 1.1.1 可知, 任意无理数具有逼近阶 $\varphi(q) = q^2$, 但未必是最佳逼近阶. 容易给出以 q^2 为最佳逼近阶的无理数的例子: 设 $\theta = \sqrt{2}$. 若

$$\left| \sqrt{2} - \frac{p}{q} \right| \geqslant 1,$$

则自然

$$\left| \sqrt{2} - \frac{p}{q} \right| > \frac{1}{4q^2};$$

若

$$\left| \sqrt{2} - \frac{p}{q} \right| < 1,$$

则

$$\left| \sqrt{2} + \frac{p}{q} \right| = \left| 2\sqrt{2} - \left(\sqrt{2} - \frac{p}{q} \right) \right|$$

$$< 2\sqrt{2} + 1 < 4,$$

从而

$$\left| \sqrt{2} - \frac{p}{q} \right| = \frac{|2q^2 - p^2|}{q^2 \left| \sqrt{2} + \frac{p}{q} \right|} > \frac{1}{4q^2}.$$

因此对于任何有理数 p/q, 有

$$\left| \sqrt{2} - \frac{p}{q} \right| > \frac{1}{4q^2}.$$

可见无理数 $\sqrt{2}$ 以 q^2 为最佳逼近阶, 特别地, 它是坏逼近的.

此外, 如果正整数 q 的正函数 $\psi_1(q)$ 满足

$$\lim_{q \to \infty} \frac{q^2}{\psi_1(q)} = 0$$

(例如, $\psi_1(q) = q^{2+\delta} (\delta > 0)$), 则存在无理数 θ 不可能以 $\psi_1(q)$ 为逼近阶. 例如 $\sqrt{2}$ 就是这样的数. 因若不等式

$$\left| \sqrt{2} - \frac{p}{q} \right| < \frac{c}{\psi_1(q)}$$

有无穷多个有理解 p/q, 则得

$$\frac{q^2}{\psi_1(q)} \geqslant \frac{1}{4c},$$

这与关于 $\psi_1(q)$ 的假设矛盾.

(c) 上面 (b) 中所证明的 $\sqrt{2}$ 的坏逼近性可以扩充为: 任何 2 次无理数 θ 以 q^2 为最佳逼近阶 (即是坏逼近的无理数). 为此只需证明:

设 θ 是整系数不可约多项式 $P(x) = ax^2 + bx + c$ 的一个根,$D = b^2 - 4ac$. 那么当 $c > \sqrt{D}$ 时, 不等式

$$\left| \theta - \frac{p}{q} \right| < \frac{1}{cq^2}$$

只有有限多组有理解 (p, q).

事实上, 因为 $P(x)$ 有实根, 所以 $D > 0$. 设 $P(x) = a(x - \theta)(x - \theta')$, 则由二次方程根的公式推出 $D = a^2(\theta - \theta')^2$. 如果有理数 $p/q(q > 0)$ 是不等式

$$\left| \theta - \frac{p}{q} \right| < \frac{1}{cq^2} \tag{1.1.12}$$

的任意一个解, 那么 $P(p/q) \neq 0$, 所以

$$
\begin{aligned}
\frac{1}{q^2} &\leqslant \left| P\left(\frac{p}{q} \right) \right| \\
&= \left| \theta - \frac{p}{q} \right| \left| a\left(\theta' - \frac{p}{q} \right) \right| \\
&< \frac{1}{cq^2} \cdot \left| a\left(\theta' - \frac{p}{q} \right) \right| \\
&= \frac{1}{cq^2} \cdot \left| a\left(\theta' - \theta + \theta - \frac{p}{q} \right) \right| \\
&\leqslant \frac{1}{cq^2} \left(|a(\theta' - \theta)| + |a| \left| \theta - \frac{p}{q} \right| \right) \\
&< \frac{\sqrt{D}}{cq^2} + \frac{|a|}{c^2 q^4},
\end{aligned}
$$

从而

$$1 < \frac{\sqrt{D}}{c} + \frac{|a|}{c^2 q^2},$$

当 q 充分大时, 不等式右边小于 1, 所以不等式 (1.1.12) 只有有限多个有理解.

(d) 由 (a) 可知, 作为实数的一部分, 任意有理数具有逼近阶 $\varphi(q) = q$, 并且式 (1.1.10) 表明 $\varphi(q) = q$ 也是任何有理数的最佳逼近阶. 类似于 (b) 可证, 如果正整数 q 的正函数 $\psi_2(q)$ 满足

$$\lim_{q \to \infty} \frac{q}{\psi_2(q)} = 0$$

(例如, $\psi_2(q) = q^{1+\delta}(\delta > 0))$, 那么 $\psi_2(q)$ 不可能是有理数的逼近阶.

关于逼近阶, 我们有下列定理:

定理 1.1.2 设 $\varphi(q)$ 是任意给定的对正整数 q 定义的单调增加的正函数, 则存在实数 θ 以 $\varphi(q)$ 为有理逼近阶.

证 由上述例子可知, 不妨认为 $\varphi(q) \geqslant q^2$ (当 $q \geqslant q_0$ 时, 其中 q_0 是正整数). 我们令

$$a_1 = 2^{[q_0]},$$

$$a_m = 2^{[\log_2 \varphi(a_{m-1})]+1} \quad (m \geqslant 2),$$

定义实数

$$\theta = \sum_{m=1}^{\infty} (-1)^{m+1} \frac{1}{a_m}.$$

因为 $a_m (m \geqslant 1)$ 是单调增加的无穷正整数列, 并且 $a_{m-1} | a_m (m > 1)$, 所以当 $n > 1$ 时

$$\sum_{m=1}^{n} (-1)^{m+1} \frac{1}{a_m} = \frac{b_n}{a_n} \quad (b_n \in \mathbb{Z}).$$

记 $p_n = b_n, q_n = a_n$, 依交错级数的性质 (注意 a_m 单调增加), 可得

$$0 < \frac{1}{a_{n+1}} - \frac{1}{a_{n+2}} < \left| \theta - \frac{p_n}{q_n} \right|$$

$$< \frac{1}{a_{n+1}} < \frac{1}{\varphi(q_n)}.$$

因此 θ 以 $\varphi(q)$ 为有理逼近阶. $\qquad\square$

1.2 实数无理性判别准则

1.2.1 实数无理性的充要条件

由推论 1.1.1 可得到

定理 1.2.1 实数 θ 是无理数, 当且仅当不等式

$$\left| \theta - \frac{p}{q} \right| < \frac{1}{q^2} \tag{1.2.1}$$

有无穷多对 (互素) 整数解 $(p,q)(q>0)$.

这个定理可用来判断实数的无理性, 但有时下列形式的命题更便于应用:

定理 1.2.2 (实数无理性判别准则) 实数 θ 是无理数, 当且仅当对于每个 $\varepsilon>0$, 可找到整数 x 和 y 满足不等式 $0<|\theta x-y|<\varepsilon$.

证 如果 θ 是无理数, 那么由定理 1.1.2 可知, 存在无穷多个分数 $p_n/q_n, q_n$ 严格单调上升, 且满足式 (1.1.7). 注意 $\theta-p_n/q_n\ne 0$, 我们有

$$0<\left|\theta-\frac{p_n}{q_n}\right|<\frac{1}{q_n^2}. \tag{1.2.2}$$

对于每个给定的 $\varepsilon>0$, 可取 n, 使得 $q_n>1/\varepsilon$. 由式 (1.2.2) 得到

$$0<|q_n\theta-p_n|<\frac{1}{q_n}.$$

因此 $x=q_n, y=p_n$ 满足 $0<|\theta x-y|<\varepsilon$.

如果 $\theta=a/b(a>0)$ 是有理数, 并且对于每个 $\varepsilon>0$, 可找到整数 x 和 y 满足不等式 $0<|\theta x-y|<\varepsilon$, 那么特别取 $\varepsilon=1/b$, 可得

$$0<\left|\frac{a}{b}\cdot x-y\right|<\frac{1}{b},$$

于是 $0<|ax-by|<1$, 但 $|ax-by|$ 是一个整数, 故得矛盾. □

我们容易证明下面的推论:

推论 1.2.1 设 θ 是一个实数. 如果存在常数 $C>0$ 和实数 $\delta>0$ 以及无穷有理数列 $p_n/q_n(n\ge n_0)$ 满足

$$0<\left|\theta-\frac{p_n}{q_n}\right|<\frac{C}{q_n^{1+\delta}}\quad (n\ge n_0),$$

那么 θ 是无理数.

推论 1.2.2 设 θ 是一个实数. 如果存在无穷多对整数 $(p_n,q_n)(n=1,2,\cdots)$, 使得当 $n\ge n_0$ 时 $q_n\theta-p_n\ne 0$, 而且 $q_n\theta-p_n\to 0(n\to\infty)$, 那么 θ 是无理数.

证 它是定理 1.2.2 的显然推论, 也可用下列方式证明: 设 θ 是有理数, d 是它的分母, 那么当 $n\ge n_0$ 时 $d(q_n\theta-p_n)$ 是非零整数, 但同时 $d(q_n\theta-p_n)\to 0(n\to\infty)$, 这不可能. □

推论 1.2.3 设 $s\ge 1, \theta_1,\cdots,\theta_s$ 是 s 个实数. 如果存在无穷多个整数组 $(\lambda_{0,n},\lambda_{1,n},\cdots,\lambda_{s,n})(n=1,2,\cdots)$, 使得当 $n\ge n_0$ 时 $l_n=\lambda_{0,n}+\lambda_{1,n}\theta_1+\cdots+\lambda_{s,n}\theta_s\ne 0$, 而且 $l_n\to 0(n\to\infty)$, 那么 $\theta_1,\cdots,\theta_s$ 中至少有一个无理数.

证 设 $\theta_1, \cdots, \theta_s$ 都是有理数, d 是它们的一个公分母, 那么 $dl_n\,(n \geqslant n_0)$ 都是非零整数, 但同时 $dl_n \to 0\,(n \to \infty)$. 我们得到矛盾. □

1.2.2 Cantor 级数的无理性

我们将下列级数称做 Cantor 级数:

$$\theta = \sum_{n=1}^{\infty} \frac{z_n}{g_1 g_2 \cdots g_n},$$

其中 $g_n\,(n \geqslant 1)$ 是一个无穷正整数列, 满足条件 $2 \leqslant g_1 \leqslant g_2 \leqslant \cdots \leqslant g_n \leqslant \cdots$, 并且包含无穷多个不同正整数, 系数 z_n 互相独立地取 $\{0,1\}$ 中的任一值, 但有无穷多个 n 使 $z_n = 1$.

定理 1.2.3 Cantor 级数 θ 是一个无理数.

证 记 $Q_N = g_1 g_2 \cdots g_N$, 那么 Cantor 级数的最初 N 项之和

$$\sum_{n=1}^{N} \frac{z_n}{g_1 g_2 \cdots g_n} = \frac{P_N}{Q_N},$$

其中 P_N 是一个整数. 于是

$$
\begin{aligned}
0 < \left| \theta - \frac{P_N}{Q_N} \right| \\
= \sum_{j=N+1}^{\infty} \frac{z_j}{g_1 g_2 \cdots g_j} \\
\leqslant \frac{1}{g_1 g_2 \cdots g_{N+1}} \left(1 + \frac{1}{g_{N+2}} + \frac{1}{g_{N+2} g_{N+3}} + \cdots \right) \\
\leqslant \frac{1}{Q_N g_{N+1}} \sum_{j=0}^{\infty} g_{N+1}^{-j} \\
= \frac{1}{Q_N (g_{N+1} - 1)},
\end{aligned}
$$

因此得到

$$0 < |Q_N \theta - P_N| < \frac{1}{g_{N+1} - 1}.$$

由关于 g_n 的假设, 对任何给定的 $\varepsilon > 0$, 可取 $g_{N+1} > 1 + 1/\varepsilon$, 以及 $x = Q_N, y = P_N$, 即得 $0 < |x\theta - y| < \varepsilon$. 因此由定理 1.2.2 可知 θ 是无理数. □

特别地, 在 Cantor 级数中取 $g_n = n, z_n = 1 (n \geqslant 1)$, 则知 $e-1$ 是无理数, 从而证明了 e 是无理数.

1.2.3 级数 $\sum\limits_{n=1}^{\infty} 1/(\mathrm{lcm}(1,2,\cdots,n))$ 的无理性

设 $d_n = \mathrm{lcm}(1,2,\cdots,n)$(整数 $1,2,\cdots,n$ 的最小公倍数). 令

$$\xi = \sum_{k=1}^{\infty} \frac{1}{d_k}. \tag{1.2.3}$$

现在应用定理 1.2.1 证明 ξ 的无理性.

令

$$\psi(x) = \sum_{p^s \leqslant x} \log p,$$

那么 $\psi(n) = \log d_n$. 因为 $\psi(x) \sim x (x \to \infty)$(见文献 [51] 定理 420), 所以我们得到渐近公式

$$\log d_n \sim n \quad (n \to \infty). \tag{1.2.4}$$

由此容易证明级数 (1.2.3) 收敛. 又因为 $d_n | d_{n+1} = [d_n, n+1]$, 所以

$$d_s | d_t \quad (\text{当 } s \leqslant t \text{ 时}). \tag{1.2.5}$$

显然, 对于素数 p, 有

$$d_p = [d_{p-1}, p] = p d_{p-1}, \tag{1.2.6}$$

并且并不一般地有 $d_{n+1} \neq d_n$. 对于每个正整数 n, 令 $m(n)$ 是使得

$$d_n = d_{n+1} = \cdots = d_{n+m}$$

的最大整数 m, 那么 $m(n) \geqslant 0, d_{n+m(n)+1} \neq d_n$, 并且 $n, \cdots, n+m(n)$ 的素因子都整除 d_n.

引理 1.2.1 对于每个 $n \geqslant 1, m(n)$ 存在并且有限, 满足

$$m(n) = o(n) \quad (n \to \infty).$$

此外, 有无穷多个 $m(n) = 0$. 当 $m(n) \neq 0$ 时, $n+m(n)+1$ 是素数, 并且

$$d_{n+m(n)+1} = (n+m(n)+1) d_n.$$

证 (i) 简记 $m(n)=m$. 若对于某个 $n, m(n)=\infty$, 则存在整数 r, 使得 $n+r+1$ 等于某个素数 p, 于是由式 (1.2.6) 推出

$$d_{n+r}=d_{p-1}=\frac{d_p}{p}<d_p=d_{n+r+1},$$

我们得到矛盾.

(ii) 若 $d_n=d_{n+m}$, 则 $\log d_n=\log d_{n+m}$, 于是由式 (1.2.4) (注意 m 有限) 得到

$$1=\frac{\log d_{n+m}}{\log d_n}\sim\frac{n+m}{n}=1+\frac{m}{n}\quad(n\to\infty),$$

因此 $m/n\to 0(n\to\infty)$.

(iii) 因为 $d_{n+m+1}\neq d_n, d_n\,|\,d_{n+m+1}$, 所以由 $\psi(x)$ 的定义可知

$$\sum_{n+m<p^s\leqslant n+m+1}\log p=\sum_{p^s\leqslant n+m+1}\log p-\sum_{p^s\leqslant n+m}\log p$$

$$=\psi(n+m+1)-\psi(n+m)$$

$$=\log\frac{d_{n+m+1}}{d_n}\geqslant\log 2>0,$$

可见 $(n+m,n+m+1]$ 中含素数. 因为区间长度 $|(n+m,n+m+1]|=1$, 所以 $n+m+1$ 是一个素数. 于是由式 (1.2.6) 推出

$$d_{n+m+1}=(n+m+1)d_{n+m}=(n+m+1)d_n.$$

(iv) 当 $m(n)\neq 0$ 时, $n+m(n)+1$ 是素数. 素数在整数集合中是稀疏的, 所以 d_n 的下标集合中有无穷多个成员 n 不是素数, 从而对应地有无穷多个 $m(n)=0$. $\square$

引理 1.2.2 表达式

$$\xi=\sum_{j=1}^{\infty}\frac{1+m_j}{d_{k_j}}\tag{1.2.7}$$

成立, 其中 $1=k_1<k_2<k_3<\cdots$ 是无穷正整数列, 满足

$$k_{j+1}=k_j+m_j+1;\tag{1.2.8}$$

而 m_j 是整数, 满足

$$0\leqslant m_j=o(k_j)\quad(j\to\infty),\tag{1.2.9}$$

其中有无穷多个 $m_j=0$. 此外, 当 $m_j\neq 0$ 时

$$d_{k_{j+1}}=k_{j+1}d_{k_j}.\tag{1.2.10}$$

证 (i) 如果将某个 n 记作 k_j, 相应地, 将 $m(n)$ 记作 m_j, 那么 $d_n \neq d_{n+m(n)+1}$. 所以将 $n + m(n) + 1 = k_j + m_j + 1$ 记作 k_{j+1}, 即得式 (1.2.8). 此时依 $m(k_{j+1})$ 的定义有

$$d_{k_{j+1}} = \cdots = d_{k_{j+1}+m(k_{j+1})},$$

依引理 1.2.1, 有 $0 \leqslant m(k_{j+1}) = o(k_{j+1})\,(k_{j+1} \to \infty)$, 即得式 (1.2.9).

(ii) 由引理 1.2.1, 有无穷多个 $m(n) = 0$, 所以有无穷多个 $m_j = 0$.

(iii) 在级数 (1.2.3) 中, 将满足

$$d_{n-1} < d_n = d_{n+1} = \cdots = d_{n+m} < d_{n+m+1}$$

的项 $1/d_n, 1/d_{n+1}, \cdots, 1/d_{n+m}$ 合并同类项, 即得式 (1.2.7).

(iv) 如果 $m_j \neq 0$, 那么依式 (1.2.8)(已证) 和引理 1.2.1, 有

$$d_{k_{j+1}} = d_{k_j+m_j+1} = (k_j + m_j + 1)d_{k_j} = k_{j+1}d_{k_j},$$

此即式 (1.2.10). $\qquad\square$

定理 1.2.4 ξ 是无理数.

证 (i) 由式 (1.2.7), 令

$$\xi_l = \sum_{j=1}^{l-1} \frac{1+m_j}{d_{k_j}},$$

那么

$$0 < \xi - \xi_l = \sum_{j=l}^{\infty} \frac{1+m_j}{d_{k_j}}$$

$$= \frac{1+m_l}{d_{k_l}} + \frac{1+m_{l+1}}{d_{k_{l+1}}} + \frac{1+m_{l+2}}{d_{k_{l+2}}} + \cdots. \tag{1.2.11}$$

如果 $m_{l+1} = 0$, 那么因为 $d_{k_l} \neq d_{k_{l+1}}$, 所以 $d_{k_{l+1}} \geqslant 2d_{k_l}$, 于是

$$\frac{1+m_{l+1}}{d_{k_{l+1}}} = \frac{1}{d_{k_{l+1}}} \leqslant \frac{1}{2} \cdot \frac{1}{d_{k_l}}. \tag{1.2.12}$$

如果 $m_{l+1} \neq 0$, 那么由式 (1.2.10) 可知

$$\frac{1+m_{l+1}}{d_{k_{l+1}}} = \frac{1+m_{l+1}}{k_{l+1}d_{k_l}} = \frac{1+m_{l+1}}{k_{l+1}} \cdot \frac{1}{d_{k_l}}.$$

由式 (1.2.9) 推出: 当 l 充分大时

$$\frac{1+m_{l+1}}{k_{l+1}} \leqslant \frac{1}{2},$$

于是不等式 (1.2.12) 仍然成立.

类似地, 若 $m_{l+2} = 0$, 则由 $d_{k_{l+1}} \neq d_{k_{l+2}}$ 可知 $d_{k_{l+2}} \geqslant 2d_{k_{l+1}}$, 所以

$$\frac{1+m_{l+2}}{d_{k_{l+2}}} = \frac{1}{d_{k_{l+2}}} \leqslant \frac{1}{2} \cdot \frac{1}{d_{k_{l+1}}}. \tag{1.2.13}$$

若 $m_{l+2} \neq 0$, 则由式 (1.2.10) 推出

$$\frac{1+m_{l+2}}{d_{k_{l+2}}} = \frac{1+m_{l+2}}{k_{l+2}d_{k_{l+1}}} = \frac{1+m_{l+2}}{k_{l+2}} \cdot \frac{1}{d_{k_{l+1}}},$$

由此及式 (1.2.9) 可知, 当 l 充分大时

$$\frac{1+m_{l+2}}{d_{k_{l+2}}} \leqslant \frac{1}{2} \cdot \frac{1}{d_{k_{l+1}}},$$

于是不等式 (1.2.13) 仍然成立.

一般地, 用同样的推理得到: 当 $j \geqslant 1$ 时

$$\frac{1}{d_{k_{l+j}}} \leqslant \frac{1+m_{l+j}}{d_{k_{l+j}}} \leqslant \frac{1}{2} \cdot \frac{1}{d_{k_{l+j-1}}}.$$

由此及式 (1.2.11) 得到

$$0 < \xi - \xi_n < \frac{1}{d_{k_l}}\left(1 + m_{k_l} + \frac{1}{2} + \frac{1}{2^2} + \frac{1}{2^3} + \cdots\right),$$

于是最终有估值

$$0 < \xi - \xi_l \leqslant \frac{m_{k_l}+2}{d_{k_l}}. \tag{1.2.14}$$

(ii) 若 p 是一个素数, 则由式 (1.2.6) 可知 $d_p \neq d_{p-1}$. 取 $k_{l-1} = p-1$, 则 $k_l = p$. 令

$$\widetilde{\xi}_p = \xi_l = \sum_{j=1}^{l-1} \frac{1+m_j}{d_{k_j}},$$

那么由式 (1.2.14) 得到

$$0 < \xi - \widetilde{\xi}_p \leqslant \frac{m_{k_l}+2}{d_{k_l}} = \frac{m_p+2}{d_p}, \tag{1.2.15}$$

令

$$\widetilde{\xi}_p = \sum_{j=1}^{l-1} \frac{1+m_j}{d_{k_j}} = \frac{y_p}{x_p},$$

其中 x_p, y_p 是整数, 并且由式 (1.2.5) 可知

$$x_p = d_{k_{l-1}} = d_{p-1}.$$

于是由式 (1.2.6) 和式 (1.2.15) 得到

$$0 < \xi x_p - y_p < \frac{(m_p + 2)d_{p-1}}{d_p}$$

$$< \frac{m_p + 2}{p} = \frac{m_p}{p} + \frac{2}{p}.$$

注意式 (1.2.9), 对于任何给定的 $\varepsilon > 0$, 取 p 足够大, 即有

$$0 < \xi x_p - y_p < \varepsilon.$$

因此不等式 $0 < \xi x - y < \varepsilon$ 总有整数解 $(x, y) = (x_p, y_p)$. 依定理 1.2.1 可知 ξ 是无理数.

$\square$

注 1.2.1 用同样的方法可证: 对于任何整数 $\sigma \geqslant 1$, 级数

$$\xi_\sigma = \sum_{k=1}^{\infty} \frac{1}{d_k^\sigma}$$

的值是无理数.

1.3 最佳逼近与连分数

1.3.1 最佳逼近序列

1.1.2 小节已证, 若 θ 为无理数, 则不等式

$$q\|q\theta\| < 1 \quad (q > 0)$$

有无穷多个解 $q \in \mathbb{N}$. 下面我们来研究这些解的结构, 从而导出关于连分数的一些基本结果.

若分数 $p/q \, (q > 0)$ 满足条件

$$\|q\theta\| = |q\theta - p|, \quad 并且 \quad \|q'\theta\| > \|q\theta\| \quad (当 \ 0 < q' < q \ 时),$$

则称它为实数 θ 的最佳逼近. 等价定义是: 若由 $p'/q' \neq p/q, 0 < q' \leqslant q$ 必然推出

$$|q'\theta - p'| > |q\theta - p|,$$

则称 p/q 为实数 θ 的最佳逼近.

注 1.3.1 按文献 [3], 上面定义的是实数 θ 的第二类型最佳逼近. 如果分数 $p/q(q > 0)$ 具有性质: 由 $0 < q' \leqslant q, p'/q' \neq p/q$ 必然推出

$$\left| \theta - \frac{p'}{q'} \right| > \left| \theta - \frac{p}{q} \right|$$

(换言之, 任何其他分母不超过 q 的分数与 θ 有更大的距离), 则称 p/q 为实数 θ 的第一类型最佳逼近. 注意 (见文献 [3] 第 24 页), 第二类型最佳逼近必然同时是第一类型最佳逼近, 但反之未必正确.

我们来构造 θ 的最佳逼近序列.

首先取 $q = q_1 = 1$, 则有某个整数 p_1 满足

$$|q_1\theta - p_1| = \|\theta\| \leqslant \frac{1}{2}.$$

若 $\|q_1\theta\| = \|1 \cdot \theta\| = 0$, 则 $\theta \in \mathbb{Z}$, 从而过程结束. 若 $\|q_1\theta\| \neq 0$, 则在 Dirichlet 定理中取 $Q > \|q_1\theta\|^{-1}$(即 $Q^{-1} < \|q_1\theta\|$), 可知不等式组

$$\|q\theta\| < Q^{-1}, \quad 0 < q < Q$$

有整数解 q, 因此存在整数 $q > 0$, 使得 $\|q\theta\| < \|q_1\theta\|$. 令 q_2 是满足

$$\|q\theta\| < \|q_1\theta\|, \quad q > q_1$$

的最小整数, 则 $\|q_2\theta\| < \|q_1\theta\|$, 并且存在整数 p_2 满足

$$\|q_2\theta\| = |q_2\theta - p_2|,$$

$$\|q'\theta\| \geqslant \|q_1\theta\| \quad (\text{当 } 0 < q' < q_2 \text{ 时}).$$

这表明 $\dfrac{p_2}{q_2}$ 是 θ 的一个满足下列条件的最佳逼近:

$$q_2 > q_1;$$

$$\|q_2\theta\| < \|q_1\theta\|;$$

$$\|q'\theta\| \geqslant \|q_1\theta\| \quad (\text{当 } 0 < q' < q_2 \text{ 时}).$$

若 $\|q_2\theta\| = 0$, 则 $\theta \in \mathbb{Z}$, 从而过程结束. 若 $\|q_2\theta\| \neq 0$, 则可重复上面的推理, 得到 θ 的一个满足下列条件的最佳逼近 $\dfrac{p_3}{q_3}$:

$$q_3 > q_2;$$

$$\|q_3\theta\| < \|q_2\theta\|;$$

$$\|q'\theta\| \geqslant \|q_2\theta\| \quad (\text{当 } 0 < q' < q_3 \text{ 时}).$$

继续这种过程, 可得到整数列

$$1 = q_1 < q_2 < q_3 < \cdots$$

以及整数列 $p_1, p_2, p_3, \cdots$, 它们具有下列性质:

$$\|q_n\theta\| = |q_n\theta - p_n|; \tag{1.3.1}$$

$$\|q_{n+1}\theta\| < \|q_n\theta\|; \tag{1.3.2}$$

$$\|q\theta\| \geqslant \|q_n\theta\| \quad (\text{当 } 0 < q < q_{n+1} \text{ 时}). \tag{1.3.3}$$

并且, 若始终 $\|q_i\theta\| \neq 0$, 则数列 q_n 和 p_n 是无穷的; 若 N 是使得 $\|q_N\theta\| = 0$ 的第一个下标, 则数列 q_n 和 p_n 是有限的 (终止于 N). 此外还可证明: 在两种情形下

$$q_n\|q_n\theta\| < q_{n+1}\|q_n\theta\| < 1; \tag{1.3.4}$$

$$(q_n\theta - p_n)(q_{n+1}\theta - p_{n+1}) \leqslant 0. \tag{1.3.5}$$

事实上, 依定理 1.1.1, 存在整数 q' 满足

$$q_{n+1}\|q'\theta\| < 1, \quad 0 < q' < q_{n+1};$$

又由式 (1.3.3) 可知 $\|q'\theta\| \geqslant \|q_n\theta\|$, 所以

$$q_n\|q_n\theta\| < q_{n+1}\|q_n\theta\| \leqslant q_{n+1}\|q'\theta\| < 1.$$

于是式 (1.3.4) 得证.

式 (1.3.5) 之证: 若 $\|q_{n+1}\theta\| = 0$, 则它显然成立. 现设 $\|q_{n+1}\theta\| \neq 0$, 则 $\|q_n\theta\| \neq 0$. 如果 $q_n\theta - p_n$ 与 $q_{n+1}\theta - p_{n+1}$ 同号, 那么

$$|(q_{n+1} - q_n)\theta - (p_{n+1} - p_n)| = |(q_{n+1}\theta - p_{n+1}) - (q_n\theta - p_n)|$$

$$< \max\{|q_{n+1}\theta - p_{n+1}|, |q_n\theta - p_n|\}$$

(注意: 当 a, b 同号时,$|a - b| < \max\{|a|, |b|\}$), 于是由式 (1.3.2) 得到

$$\|(q_{n+1} - q_n)\theta\| < \|q_n\theta\|, \quad 0 < q_{n+1} - q_n < q_{n+1}.$$

这与式 (1.3.3) 矛盾.

定理 1.3.1 (a) 上面得到的分数 p_n/q_n 构成 θ 的全部最佳逼近, 并且分母 q_n 严格递增.

(b) θ 是有理数, 当且仅当存在下标 N 使得 $\|q_{N+1}\theta\| = 0$.

(c) 若 θ 是无理数, 则 $\lim_{n \to \infty} p_n/q_n = \theta$.

证 (a) 由上述构造 q_n, p_n 的过程以及式 (1.3.1) 和式 (1.3.3) (注意: 此不等式比最佳逼近定义的要求更强) 可得结论.

(b) 若 $\theta = u/v$, 其中 $(u, v) = 1$, 不妨认为 $v > 1$. 令

$$q_N = \max\{q_n \,|\, \|q_n\theta\| \neq 0 \ (\text{当} \ 0 < q_n < v \ \text{时})\},$$

则必有 $\|q_{N+1}\theta\| = 0$. 这是因为若 $\|q_{N+1}\theta\| \neq 0$, 则由 q_N 的定义可知 $q_{N+1} \geqslant v$, 但显然 $q_{N+1} = v$ 不可能 (因为 $\|v\theta\| = 0$). 于是 $q_{N+1} > v$, 由式 (1.3.3) 得到

$$0 = \|v\theta\| \geqslant \|q_N\theta\| \neq 0,$$

这不可能. 进而由 $\|q_{N+1}\theta\| = 0$ 得到 $\theta = p_{N+1}/q_{N+1}$, 于是 $p_{N+1}/q_{N+1} = u/v$. 因为等式两边都是既约分数, 所以 $p_{N+1} = u, q_{N+1} = v$, 即 $\theta = p_{N+1}/q_{N+1}$.

反之, 若存在 N, 使得 $\|q_{N+1}\theta\| = 0$, 则 $|q_{N+1}\theta - p_{N+1}| = 0$, 于是 $\theta = \dfrac{p_{N+1}}{q_{N+1}}$.

(c) 若 θ 是无理数, 则由 (a) 可知 $\|q_n\theta\|$ 全不为零, 依 q_n 的构造过程, p_n, q_n 是无穷数列. 由式 (1.3.4) 可知 $q_n\|q_n\theta\| < 1$, 所以由式 (1.3.1) 得到

$$\left|\theta - \frac{p_n}{q_n}\right| < \frac{1}{q_n^2} \to 0 \quad (n \to \infty). \qquad \square$$

1.3.2 p_n, q_n 的基本性质

引理 1.3.1 $|q_{n+1}p_n - q_n p_{n+1}| = 1$.

证 因为

$$q_{n+1}p_n - q_n p_{n+1} = q_n(q_{n+1}\theta - p_{n+1}) - q_{n+1}(q_n\theta - p_n), \tag{1.3.6}$$

所以由式 (1.3.5) 和式 (1.3.1) 推出

$$|q_{n+1}p_n - q_np_{n+1}| = q_n\|q_{n+1}\theta\| + q_{n+1}\|q_n\theta\|, \qquad (1.3.7)$$

由此及式 (1.3.4) 得到

$$0 < |q_{n+1}p_n - q_np_{n+1}| < 2q_{n+1}\|q_n\theta\| < 2,$$

于是整数 $|q_{n+1}p_n - q_np_{n+1}| = 1.$ □

推论 1.3.1 (a) $q_n\theta - p_n$ 与 $q_{n+1}p_n - q_np_{n+1}$ 反号.

(b) $q_{n+1}p_n - q_np_{n+1} = -(q_np_{n-1} - q_{n-1}p_n).$

(c) $q_n\|q_{n+1}\theta\| + q_{n+1}\|q_n\theta\| = 1.$

(d) p_n, q_n 互素.

证 (a) 因为 q_{n+1}, p_{n+1} 有定义, 所以 $q_n\theta - p_n \neq 0.$ 由式 (1.3.5) 可知, 若 $q_n\theta - p_n > 0$, 则 $q_{n+1}\theta - p_{n+1} \leqslant 0.$ 于是由式 (1.3.6) 推出 $q_{n+1}p_n - q_np_{n+1} < 0.$ 若 $q_n\theta - p_n < 0$, 则类似地推出 $q_{n+1}p_n - q_np_{n+1} > 0.$

(b) 同样, 因为 q_{n+1}, p_{n+1} 有定义, 所以 $q_n\theta - p_n \neq 0, q_{n-1}\theta - p_{n-1} \neq 0.$ 由本推论的 (a) 以及式 (1.3.5) 可知 $q_{n+1}p_n - q_np_{n+1}$ 与 $q_n\theta - p_n$ 反号, $q_n\theta - p_n$ 与 $q_{n-1}\theta - p_{n-1}$ 反号, $q_{n-1}\theta - p_{n-1}$ 与 $q_np_{n-1} - q_{n-1}p_n$ 反号, 因此 $q_{n+1}p_n - q_np_{n+1}$ 与 $q_np_{n-1} - q_{n-1}p_n$ 反号. 由引理 1.3.1, 此二数绝对值都等于 1, 故得结论.

(c) 由式 (1.3.7) 和引理 1.3.1 立得结论.

(d) 由 $q_{n+1}p_n - q_np_{n+1} = \pm 1$ 显然可知 $(p_n, q_n) = 1.$ □

引理 1.3.2 当 $n \geqslant 2$ 时, 存在整数 $a_n \geqslant 1$ 满足

$$q_{n+1} = a_nq_n + q_{n-1}, \qquad (1.3.8)$$

$$p_{n+1} = a_np_n + p_{n-1}, \qquad (1.3.9)$$

$$\|q_{n-1}\theta\| = a_n\|q_n\theta\| + \|q_{n+1}\theta\|. \qquad (1.3.10)$$

其中

$$a_n = \left[\frac{\|q_{n-1}\theta\|}{\|q_n\theta\|}\right]. \qquad (1.3.11)$$

证 由推论 1.3.1 的 (b), 有

$$p_n(q_{n+1} - q_{n-1}) = q_n(p_{n+1} - p_{n-1}),$$

因为 p_n, q_n 互素，所以 $p_n | p_{n+1} - p_{n-1}$，于是存在整数 $a_n \geqslant 1$，使得 $p_{n+1} - p_{n-1} = a_n p_n$，从而 $q_{n+1} - q_{n-1} = a_n q_n$，即得式 (1.3.8) 和式 (1.3.9)。

由式 (1.3.8) 和式 (1.3.9) 得到

$$|q_{n-1}\theta - p_{n-1}| = |(q_{n+1} - a_n q_n)\theta - (p_{n+1} - a_n p_n)|$$

$$= |(q_{n+1}\theta - p_{n+1}) - a_n(q_n\theta - p_n)|,$$

注意 $a_n > 0, q_{n+1}\theta - p_{n+1}$ 与 $q_n\theta - p_n$ 反号，所以

$$|q_{n-1}\theta - p_{n-1}| = |q_{n+1}\theta - p_{n+1}| + a_n|q_n\theta - p_n|,$$

于是得到式 (1.3.10)。

最后，由式 (1.3.10) 可知

$$\frac{\|q_{n-1}\theta\|}{\|q_n\theta\|} = a_n + \frac{\|q_{n+1}\theta\|}{\|q_n\theta\|}.$$

因为 $\|q_{n+1}\theta\| < \|q_n\theta\|, a_n \geqslant 1$，所以得到式 (1.3.11)。 $\qquad\square$

1.3.3 p_n, q_n 的递推算法

引理 1.3.2 提示我们 p_n, q_n 的递推算法，为此需确定初始值。因为函数 $\|x\|$ 以 1 为周期，所以我们可限定 $0 < \theta < 1$(实即考虑 $\{\theta\}$)。下面区分两种情形讨论。

1. 设 $0 < \theta \leqslant 1/2$。

如上文所述，$q_1 = 1, \|q_1\theta\| \leqslant \dfrac{1}{2}$，所以必然取

$$p_1 = 0,$$

此时 $\|q_1\theta\| = |1 \cdot \theta - 0| = |\theta| = \theta > 0$。依推论 1.3.1 的 (a)，$q_2 p_1 - q_1 p_2$ 与 $q_1\theta - p_1 = \theta$ 反号，所以由引理 1.3.1 得到 $q_2 p_1 - q_1 p_2 = -1$，从而

$$p_2 = 1.$$

为使引理 1.3.2 当 $n = 1$ 时也成立，我们应当有 $q_2 = a_1 q_1 + q_0, p_2 = a_1 p_1 + p_0$。由此及 $q_1 = 1, p_1 = 0, p_2 = 1$ 推出

$$p_0 = 1, \quad q_2 = a_1 + q_0.$$

类似地, 为使引理 1.3.2 当 $n=0$ 时也成立, 我们应当有 $|p_1q_0-p_0q_1|=1$, 即 $|q_0-1|=1$. 因为 $q_0 \leqslant q_1 = 1$, 所以

$$q_0 = 0, \quad q_2 = a_1.$$

总之, 在此情形初始值有唯一的选取:

$$p_0 = 1, \quad q_0 = 0 \quad (并且\ p_1=0, q_1=1; p_2=1, q_2=a_1).$$

此时式 (1.3.10) 当 $n=1$ 时成为 $1 = a_1\theta + \|q_2\theta\|$, 即 $1 = a_1\theta + \|a_1\theta\|$, 于是 $a_1\theta \leqslant 1$, 即知

$$a_1 \leqslant \theta^{-1}.$$

另一方面, 依 q_1, q_2 的定义有 $\|a_1\theta\| = \|q_2\theta\| < \|q_1\theta\| = \theta$, 即 $1 - a_1\theta < \theta$, 从而

$$a_1 > -1 + \theta^{-1}.$$

合起来有 $-1 + \theta^{-1} < a_1 \leqslant \theta^{-1}$, 因此得到

$$a_1 = \left[\theta^{-1}\right].$$

2. 设 $1/2 < \theta < 1$.

因为 $q_1 = 1$, 所以显然 $\|q_1\theta\| = |\theta-1|$, 即知

$$p_1 = 1.$$

又因为 $q_1\theta - p_1 = \theta - 1 < 0$, 所以由推论 1.3.1 的 (a) 得到 $q_2p_1 - q_1p_2 = 1$, 即

$$q_2 - p_2 = 1.$$

为使引理 1.3.2 对 $n=1$ 也成立, 应当 $q_2 = a_1q_1 + q_0 = a_1 + q_0, p_2 = a_1p_1 + p_0 = a_1 + p_0$, 所以

$$q_0 - p_0 = q_2 - p_2 = 1.$$

由此及 (依引理 1.3.1)$|q_0 - p_0| = 1$, 可知或者 $(q_0, p_0) = (0, \pm 1)$, 或者 $(q_0, p_0) = (1, 0)$. 但对于前者, 式 (1.3.10) 当 $n=1$ 时成为 $0 = a_1(1-\theta) + \|q_2\theta\|$, 此不可能, 因此只能取

$$q_0 = 1, \quad p_0 = 0.$$

由此及 $q_2 = a_1q_1 + q_0$ 推出

$$a_1 = q_2 - q_0 = (q_2 - p_2) - 1 + p_2 = p_2.$$

因为上面得到的"初值" $(p_0, q_0) = (0, 1)$ 与情形 1 不一致, 所以我们试着在此考虑 $n = 0$ 的情形. 依式 (1.3.8) 和式 (1.3.9), 我们应当有 $1 = q_1 = a_0 q_0 + q_{-1} = a_0 + q_{-1}, p_1 = a_0 p_0 + p_{-1} = p_{-1}$, 由此解得

$$p_{-1} = 1.$$

又因为 $a_0 > 0$, 所以由 $a_0 + q_{-1} = 1$ 得到

$$q_{-1} = 0, \quad a_0 = 1.$$

总之, 在此情形也有唯一的选取:

$$p_{-1} = 1, \quad q_{-1} = 0 \quad (并且 \ p_0 = 0, q_0 = 1; p_1 = 1, q_1 = 1).$$

此时式 (1.3.10) 当 $n = 0$ 时成为 $1 = \theta + |1 - \theta|$, 当 $n = 1$ 时成为 $\theta = a_1 |\theta - 1| + |q_2 \theta - p_2|$. 于是

$$1 > \theta = |q_0 \theta - p_0| > |\theta - 1| = |q_1 \theta - p_1|,$$

即式 (1.3.2) 当 $n = 0$ 时也成立. 我们将下标整体升高 1, 那么 $(p_{-1}, q_{-1}) = (1, 0)$ 改记为 $(p_0, q_0) = (1, 0)$, 这与情形 1 保持一致. 特别地, $a_0 = 1$ 改记为 $a_1 = 1$; 因为 $1/2 < \theta < 1$, 所以 $[\theta^{-1}] = 1$, 从而

$$a_1 = [\theta^{-1}].$$

这也与情形 1 一致.

综上所述, 我们有下列定理:

定理 1.3.2 设 $0 < \theta < 1$, 整数 p_n, q_n 的定义为

$$\begin{cases} p_0 = 1, \ q_0 = 0, \\ p_1 = 0, \ q_1 = 1, \end{cases}$$

$$\begin{cases} p_{n+1} = a_n p_n + p_{n-1}, \\ q_{n+1} = a_n q_n + q_{n-1}, \end{cases}$$

其中当 $q_n \theta \neq p_n$ 时

$$a_n = \left[\frac{|q_{n-1} \theta - p_{n-1}|}{|q_n \theta - p_n|} \right] \quad (n \geqslant 1),$$

并且若 $q_{N+1} \theta = p_{N+1}$, 则递推过程终止于 $n = N$ 步 (即末项分别是 p_{N+1}, q_{N+1}, a_N). 那么 $p_n / q_n \ (n \geqslant 1,$ 若 $a_1 > 1; n \geqslant 2,$ 若 $a_1 = 1)$ 是 θ 的最佳逼近, 并且

$$(-1)^{n+1} (q_n \theta - p_n) \geqslant 0,$$

$$q_{n+1}p_n - q_n p_{n+1} = (-1)^n.$$

证 结论的第一部分由上面的计算立得. 注意: 其中当 $0 < \theta \leqslant 1/2$ 时, $a_1 = [\theta^{-1}] > 1, p_n/q_n\,(n \geqslant 1)$ 都是 θ 的最佳逼近; 当 $1/2 < \theta \leqslant 1$ 时, $a_1 = 1$ (在下标整体升高 1 之前是 $a_0 = 1$), $p_n/q_n\,(n \geqslant 2)$ (在下标整体升高 1 之前是 $n \geqslant 1$) 都是 θ 的最佳逼近. 此外, 容易验证公式 (1.3.11) 当 $n = 1$ 时也成立.

结论的第二部分可对 n 应用数学归纳法证明. □

定理 1.3.2 中的分数 $p_n/q_n\,(n \geqslant 1)$ 称为 θ 的渐近分数, a_n 称为不完全商. 注意: θ 的渐近分数未必都是 θ 的最佳逼近, 当 $a_1 = 1$ 时, p_1/q_1 就是一个例外.

1.3.4 连分数展开

由定理 1.3.2 可知, 整数 a_n 由实数 θ 确定; 定理 1.3.1 表明 θ 也可由 $\dfrac{p_n}{q_n}$ 确定. 因此 θ 是 $a_1, a_2, \cdots$ 的函数. 为了给出这个函数的明显形式, 我们令

$$\theta_0 = 1,$$
$$\theta_n = \frac{|q_n\theta - p_n|}{|q_{n-1}\theta - p_{n-1}|} \quad (n \geqslant 1),$$

那么 $\theta_1 = \theta, 0 \leqslant \theta_n < 1\,(n \geqslant 2)$, 而等式 (1.3.10) 可写成

$$\theta_n^{-1} = a_n + \theta_{n+1} \quad (n \geqslant 1). \tag{1.3.12}$$

如果 $\theta = p_{N+1}/q_{N+1}$ 是有理数, 那么 $\theta_{N+1} = \|q_{N+1}\theta\| = 0$, 我们应用式 (1.3.12) 逐次计算得到

$$\theta = (a_1 + \theta_2)^{-1}$$
$$= \frac{1}{a_1 + \theta_2}$$
$$= \frac{1}{a_1 + (a_2 + \theta_3)^{-1}}$$
$$= \frac{1}{a_1 + \cfrac{1}{a_2 + \theta_3}}$$
$$= \frac{1}{a_1 + \cfrac{1}{a_2 + (a_3 + \theta_4)^{-1}}},$$

最终得到繁分数

$$\theta = \cfrac{1}{a_1 + \cfrac{1}{a_2 + \cfrac{1}{\ddots + \cfrac{1}{a_{N-2} + \cfrac{1}{a_{N-1} + \cfrac{1}{a_N}}}}}},$$

并将它记成

$$\theta = [0; a_1, a_2, \cdots, a_N],$$

称为有限连分数. 如果 θ 是无理数, 那么所有 $\theta_n \neq 0$, 因而上述计算过程不会终止, 于是我们得到无穷连分数

$$\theta = \cfrac{1}{a_1 + \cfrac{1}{a_2 + \cfrac{1}{\ddots + \cfrac{1}{a_{n-1} + \cfrac{1}{a_n + \cfrac{1}{\ddots}}}}}},$$

并将它记成

$$\theta = [0; a_1, a_2, \cdots, a_n, \cdots].$$

此外, 在 θ 为无理数时

$$\theta_n = [0; a_n, a_{n+1}, \cdots] \quad (n \geqslant 1);$$

在 $\theta = p_{N+1}/q_{N+1}$(为有理数) 时

$$\theta_n = [0; a_n, a_{n+1}, \cdots, a_N] \quad (n \leqslant N).$$

注 1.3.2 **1.** 在 $\theta = p_{N+1}/q_{N+1}$(有理数) 时, 最后一个不完全商 $a_N = \theta_N^{-1} > 1$. 因此我们约定: 将 $[a_1, \cdots, a_{N-1}, 1]$ 改记为 $[a_1, \cdots, a_{N-1} + 1]$ (不然前者最后一个渐近分数 p_N/q_N 不是最佳逼近).

2. 按初等数论通用记号, 使用符号 $[v_0, v_1, v_2, \cdots]$ 或 $[v_0; v_1, v_2, \cdots]$ 表示繁分数

$$v_0 + \cfrac{1}{v_1 + \cfrac{1}{v_2 + \cfrac{1}{\ddots}}}.$$

本书约定使用记号 $[v_0; v_1, v_2, \cdots]$(见文献 [7]). 由于我们限定 $0 < \theta < 1$, 因此记 $\theta = [0; a_1, a_2, \cdots]$. 对于任意实数 θ, 有

$$\theta = [\theta] + \{\theta\} = [\theta] + [0; a_1, a_2, \cdots] = [[\theta]; a_1, a_2, \cdots],$$

此处 $[\theta]$ 是 θ 的整数部分. 若将 p_{n+1}, q_{n+1}(包括初值) 及 a_n 分别记为 p'_n, q'_n 及 a'_n, 则我们的渐近分数与通常记号在形式上也能保持一致.

3. 为求有理数的连分数展开, 可以应用 Euclid 算法; 对于某些无理数 (如二次根式), 可借助初等技巧得到它的连分数展开. 而求 e, π 等 "特殊" 无理数的连分数展开, 则引出一些经典的数论研究课题.

最后, 我们证明下列定理, 它蕴含实数连分数表示的唯一性.

定理 1.3.3 设 $a_1, \cdots, a_N$(或 $a_1, a_2, \cdots$) 是给定的有限 (或无限) 正整数列, 则存在实数 $\theta \in (0, 1)$, 使得

$$\theta = [0; a_1, \cdots, a_N] \quad (\text{或} \ [0; a_1, a_2, \cdots])$$

(按注 1.3.2 的 1, 若 $a_N = 1$, 则以 $a_{N-1} + 1$ 代替 a_N).

为了证明这个定理, 还需要补充一些辅助结果. 我们令

$$\varphi_n = \frac{q_n}{q_{n+1}} \quad (n \geqslant 0)$$

(在 θ 为有理数的情形, 显然 n 只取有限多个值), 那么 $0 \leqslant \varphi_n \leqslant 1$, 即 $\varphi_0 = 0, \varphi_1 = 1$(当 $1/2 < \theta < 1$ 时), $0 < \varphi_n < 1$(其他情形). 式 (1.3.8) 可知

$$\varphi_n^{-1} = a_n + \varphi_{n-1} \quad (n \geqslant 1), \tag{1.3.13}$$

所以

$$\varphi_n = [0; a_n, a_{n-1}, \cdots, a_1] \quad (n \geqslant 1).$$

引理 1.3.3 当 $n \geqslant 1$ 时

$$q_n \|q_n \theta\| = (a_n + \theta_{n+1} + \varphi_{n-1})^{-1},$$

$$q_{n+1}\|q_n\theta\| = (1+\theta_{n+1}\varphi_n)^{-1} > \frac{1}{2},$$

$$q_n\|q_{n+1}\theta\| < \frac{1}{2}.$$

证 由推论 1.3.1 的 (c) 和式 (1.3.13), 有

$$1 = q_n\|q_{n+1}\theta\| + q_{n+1}\|q_n\theta\|$$

$$= q_n\theta_{n+1}\|q_n\theta\| + q_n\varphi_n^{-1}\|q_n\theta\|$$

$$= (\theta_{n+1} + \varphi_n^{-1})q_n\|q_n\theta\|,$$

因此

$$q_n\|q_n\theta\| = (\theta_{n+1} + \varphi_n^{-1})^{-1} = (a_n + \theta_{n+1} + \varphi_{n-1})^{-1}. \tag{1.3.14}$$

由此还可得到

$$q_{n+1}\|q_n\theta\| = \varphi_n^{-1}q_n\|q_n\theta\| = \varphi_n^{-1}(\theta_{n+1} + \varphi_n^{-1})^{-1} = (\varphi_n\theta_{n+1} + 1)^{-1},$$

因为由定义可知 $0 \leqslant \varphi_n\theta_{n+1} < 1$, 所以

$$q_{n+1}\|q_n\theta\| > \frac{1}{2};$$

进而由推论 1.3.1 的 (c) 得到 $q_n\|q_{n+1}\theta\| = 1 - q_{n+1}\|q_n\theta\| < \frac{1}{2}$. □

引理 1.3.4 设 $n \geqslant 1, \theta, \theta'$ 有连分数展开

$$\theta = [0; a_1, a_2, \cdots, a_n, a_{n+1}, a_{n+2}, \cdots],$$

$$\theta' = [0; a_1, a_2, \cdots, a_n, b_{n+1}, b_{n+2}, \cdots],$$

其中右边可以只含有限多个元素, 则

$$|\theta - \theta'| < 2^{-(n-2)}.$$

证 对于给定的 $a_1, \cdots, a_n$, 按定理 1.3.2 中的公式定义 $p_k, q_k (k = 0, 1, \cdots, n+1)$, 于是 p_{n+1}/q_{n+1} 是 θ 和 θ' 的最佳逼近. 又因为 (依该定理)

$$(-1)^{n+2}(q_{n+1}\theta - p_{n+1}) \geqslant 0,$$

$$(-1)^{n+2}(q_{n+1}\theta' - p_{n+1}) \geqslant 0,$$

所以 $q_{n+1}\theta - p_{n+1}$ 与 $q_{n+1}\theta' - p_{n+1}$ 同号, 从而

$$|(q_{n+1}\theta - p_{n+1}) - (q_{n+1}\theta' - p_{n+1})|$$
$$< \max\{|q_{n+1}\theta - p_{n+1}|, |q_{n+1}\theta' - p_{n+1}|\},$$

由此及式 (1.3.4) 推出

$$q_{n+1}|\theta - \theta'| < \frac{1}{q_{n+1}},$$

于是

$$|\theta - \theta'| < \frac{1}{q_{n+1}^2}.$$

最后, 因为 $q_{n+1} = a_n q_n + q_{n-1} > 2q_{n-1}$, 应用数学归纳法可知 $q_{n+1} > 2^{(n-2)/2}$, 由此及上述不等式立得 $|\theta - \theta'| < 2^{-(n-2)}$. □

定理 1.3.3 之证 (i) 设数列有限. 令 $\theta_{N+1} = 0$, 并按公式 (1.3.12) 递推地定义 $\theta_N, \theta_{N-1}, \cdots, \theta_1$. 显然 $0 < \theta_n \leqslant 1$, 并且由式 (1.3.12) 可知仅当 $n = N, a_N = 1$ 时才出现 $\theta_n = 1$(此时以 $a_{N-1} + 1$ 代替 a_N). 于是令 $\theta = \theta_1$, 即有 $\theta = [0; a_1, \cdots, a_N]$.

(ii) 设数列无限. 令

$$\theta^{(N)} = [0; a_1, \cdots, a_N].$$

由步骤 (i) 所证,$\theta^{(N)}$ 存在. 依引理 1.3.4, 当 $N > M$ 时

$$|\theta^{(N)} - \theta^{(M)}| < 2^{-(M-2)} \to 0 \quad (M, N \to \infty).$$

由 Cauchy 收敛准则, 存在极限

$$\theta = \lim_{N \to \infty} \theta^{(N)} \geqslant 0. \tag{1.3.15}$$

又令

$$\theta_n^{(N)} = [0; a_n, \cdots, a_N] \quad (n = 1, 2, \cdots; N > n).$$

类似地, 可证存在极限

$$\theta_n = \lim_{N \to \infty} \theta_n^{(N)} \quad (n = 1, 2, \cdots).$$

因为由式 (1.3.12), 有

$$\theta_n^{(N)^{-1}} = a_n + \theta_{n+1}^{(N)} \quad (N > n+1),$$

令 $N \to \infty$, 得到

$$\theta_n^{-1} = a_n + \theta_{n+1} \quad (n = 1, 2, \cdots). \tag{1.3.16}$$

注意 $\theta^{(N)} = \theta_1^{(N)}$, 所以式 (1.3.15) 中的

$$\theta = \lim_{N\to\infty} \theta_1^{(N)} = \theta_1,$$

于是由式 (1.3.16) 推出

$$\theta = \theta_1 = \frac{1}{a_1 + \theta_2} = \frac{1}{a_1 + (a_2 + \theta_3)^{-1}} = \cdots,$$

从而 $\theta = [0; a_1, a_2, \cdots]$. $\qquad\square$

1.4 一维结果的改进

1.4.1 Lagrange 谱

对于实数 θ, 令

$$\nu = \nu(\theta) = \varliminf_{q\to\infty} q\|q\theta\|,$$

称集合 $\{\nu(\theta)(\theta \in \mathbb{R})\}$ 为 Lagrange 谱. 由下极限的定义可知: ν 是 θ 的有理逼近常数, 当且仅当不等式

$$q\|q\theta\| < \nu' \quad (q \in \mathbb{N}, \nu' > \nu)$$

有无穷多个解 q; 并且不等式

$$q\|q\theta\| < \nu'' \quad (q \in \mathbb{N}, \nu'' < \nu)$$

只有有限多个解 q.

依 Dirichelt 逼近定理, 有 $0 \leqslant \nu(\theta) \leqslant 1$. 显然, 当 θ 是有理数时, $\nu(\theta) = 0$. 并且当且仅当 θ 是坏逼近的无理数时, $\nu(\theta) > 0$.

引理 1.4.1 设 θ 是无理数, q_n 是其第 n 个渐近分数的分母, 则

$$\nu(\theta) = \varliminf_{q_n\to\infty} q_n\|q_n\theta\|.$$

证　因为集合 $\{q_n\,(n\geqslant 1)\}\subseteq\mathbb{N}$, 所以

$$\varliminf_{q_n\to\infty} q_n\|q_n\theta\|\geqslant\nu(\theta).$$

为证明相反的不等式, 注意当 $0<q<a_{n+1}$ 时 $\|a\theta\|\geqslant\|q_n\theta\|$, 特别地, 当 q_n 满足 $q_n\leqslant q<q_{n+1}$ 时, 有 $\|a\theta\|\geqslant\|q_n\theta\|$, 从而

$$q\|q\theta\|\geqslant q_n\|q_n\theta\|\quad(\text{当 } q_n\leqslant q<q_{n+1}\text{ 时}),$$

因此数列 $q\|q\theta\|\,(q\in\mathbb{N})$ 的任一收敛子列的极限均不小于数列 $q_n\|q_n\theta\|\,(n\geqslant 1)$ 的任一收敛子列的极限, 即

$$\varliminf_{q_n\to\infty} q_n\|q_n\theta\|\leqslant\nu(\theta).$$

于是引理得证.　　　　　　　　　　　　　　　　　　　　　　　　　　　$\square$

1.4.2　实数的相似

为下文需要, 我们首先引进下列概念和结果.

如果两个实数 θ,θ' 之间由关系式

$$\theta=\frac{r\theta'+s}{t\theta'+u}\quad(r,s,t,u\in\mathbb{Z},\,ru-ts=\pm1)\tag{1.4.1}$$

相联系, 则称它们相似 (或等价), 并记为 $\theta\sim\theta'$. 容易解出

$$\theta'=\frac{-u\theta+s}{t\theta-r},$$

可见上述关系具有对称性. 容易验证这种关系具有传递性, 显然还具有反身性. 因此这是实数集合上的一个等价关系, 从而可依此将全体实数划分为等价类.

例 1.4.1　(a) 因为对于任意实数 a, 有

$$a=\frac{1\cdot(a-1)+1}{0\cdot(a-1)+1},$$

所以 $a\sim a-1$, 从而 $a\sim\{a\}$. 于是, 若 $a,b\in\mathbb{R}$, 则 $a\sim b\Leftrightarrow\{a\}\sim\{b\}$.

(b) 设 $\theta_n=[a_n,a_{n+1},\cdots]\,(n\geqslant 1)$ 如上节定义. 由式 (1.3.12) 可知

$$\theta_n=(a_n+\theta_{n+1})^{-1}=\frac{0\cdot\theta_{n+1}+1}{1\cdot\theta_{n+1}+a_n},$$

所以 θ_n 与 θ_{n+1} 相似, 从而所有 $\theta_k\,(k\geqslant 1)$ 互相相似.

(c) 若 a 和 b 的分数部分分别有连分数展开:

$$\{a\} = [a_1, a_2, \cdots, a_r, c_1, c_2, \cdots] \quad (\text{记作 } \theta),$$

$$\{b\} = [b_1, b_2, \cdots, b_s, c_1, c_2, \cdots] \quad (\text{记作 } \theta'),$$

则 $a \sim \{a\} \sim \theta_{r+1} = [c_1, c_2, \cdots]$, 同时 $b \sim \{b\} \sim \theta'_{s+1} = [c_1, c_2, \cdots]$, 因此 $a \sim b$.

(d) 凡有理数皆相似.

设 $\dfrac{p}{q}$ (其中 p, q 互素) 是任意有理数, 则存在整数 x, y 使得 $xp - yq = 1$, 因此

$$\frac{p}{q} = \frac{x\cdot 0 + p}{y\cdot 0 + q},$$

可见任何有理数都与 0 相似. 或者: 设

$$\left\{\frac{p}{q}\right\} = [a_1, \cdots, a_n] \quad (\text{记 } \theta = [a_1, \cdots, a_n]),$$

则

$$\frac{p}{q} \sim \left\{\frac{p}{q}\right\} \sim \theta_n = a_n \sim \{a_n\} = 0,$$

因此所有有理数都与 0 相似.

引理 1.4.2 两个无理数 θ 和 θ' 相似的充要条件是它们的分数部分的连分数展开中, 从某项开始的所有不完全商全相同:

$$\{\theta\} = [0; a_1, a_2, \cdots, a_r, c_1, c_2, \cdots],$$

$$\{\theta'\} = [0; b_1, b_2, \cdots, b_s, c_1, c_2, \cdots].$$

证 充分性部分可见例 1.4.1(b). 下面证明必要性. 由例 1.4.1(a), 不妨认为 $0 < \theta, \theta' < 1$.

(i) 设 $\theta \sim \theta'$, 那么式 (1.4.1) 成立. 为确定起见, 设 $ru - ts = 1$ (若 $ru - ts = -1$, 证明类似). 于是

$$q\theta - p = \frac{q'\theta' - p'}{t\theta' + u}, \tag{1.4.2}$$

其中

$$q' = qr - pt, \quad p' = -qs + pu, \tag{1.4.3}$$

从而

$$q = q'u + p't, \quad p = q's + p'r. \tag{1.4.4}$$

对于每个整数 p 和 q, 我们按式 (1.4.3) 定义 p' 和 q'; 反之, 按式 (1.4.4) 由整数 p' 和 q' 确定 p 和 q. 因此我们定义了 $\mathbb{Z}^2$ 中的一个一一变换. 容易验证 $(a+b)' = a' + b' \, (a,b \in \mathbb{Z})$. 此外, 若

$$|q\theta - p| < \frac{r - t\theta}{|t|}, \quad r - t\theta > 0, \tag{1.4.5}$$

则

$$\begin{aligned}
q' &= qr - pt = q(r - t\theta) + t(q\theta - p) \\
&= q|t| \left(\frac{r - t\theta}{|t|} + \frac{t}{|t|}(q\theta - p) \right),
\end{aligned}$$

所以 q, q' 同号.

(ii) 现在证明: 当 n 充分大时, 若 p_n/q_n 和 p_{n+1}/q_{n+1} 是 θ 的两个相邻的最佳逼近, 则 p_n'/q_n' 和 p_{n+1}'/q_{n+1}' 也是 θ' 的两个相邻的最佳逼近.

如果 $r - t\theta < 0$, 那么我们用 $-r, -s, -t, -u$ 代替 r, s, t, u, 此时式 (1.4.1) 不变, 所以不妨认为 $r - t\theta > 0$. 于是当 n 充分大时, 数对 (p_n, q_n) 和 (p_{n+1}, q_{n+1}) 都满足条件 (1.4.5), 从而依步骤 (i) 中得到的结论可知 $q_n' > 0, q_{n+1}' > 0$. 我们有

$$|(q_{n+1} - q_n)\theta - (p_{n+1} - p_n)| \leqslant |q_{n+1}\theta - p_{n+1}| + |q_n\theta - p_n|.$$

因为 $(r - t\theta)/|t|$ 是一个常数, 并且当 $n \to \infty$ 时, $|q_{n+1}\theta - p_{n+1}|, |q_n\theta - p_n| \to 0$, 所以由上式可知: 当 n 充分大时, 数组 $(p_{n+1} - p_n, q_{n+1} - q_n)$ 也满足不等式 (1.4.5). 于是由 $q_{n+1} - q_n > 0$ 推出 $q_{n+1}' - q_n' = (q_{n+1} - q_n)' > 0$, 即得

$$0 < q_n' < q_{n+1}' \quad (\text{当 } n \text{ 充分大时}). \tag{1.4.6}$$

又根据式 (1.4.2), 有

$$\begin{aligned}
|q_{n+1}'\theta' - p_{n+1}'| &= |t\theta' + u||q_{n+1}\theta - p_{n+1}|, \\
|q_n'\theta' - p_n'| &= |t\theta' + u||q_n\theta - p_n|,
\end{aligned}$$

所以由 $|q_{n+1}\theta - p_{n+1}| < |q_n\theta - p_n|$ 推出

$$|q_{n+1}'\theta' - p_{n+1}'| < |q_n'\theta' - p_n'|. \tag{1.4.7}$$

还需要证明

$$0 < q' < q_{n+1}' \quad \Rightarrow \quad |q'\theta' - p'| \geqslant |q_n'\theta' - p_n'|. \tag{1.4.8}$$

用反证法. 设存在 (p', q') 满足不等式

$$0 < q' < q'_{n+1}, \quad |q'\theta' - p'| < |q'_n\theta' - p'_n|, \tag{1.4.9}$$

而 (p', q') 的原像是 (p, q), 则由式 (1.4.2) 和式 (1.4.9) 得到

$$|q\theta - p| = \left|\frac{q'\theta' - p'}{t\theta' + u}\right| < \left|\frac{q'_n\theta' - p'_n}{t\theta' + u}\right| = |q_n\theta - p_n|, \tag{1.4.10}$$

从而

$$|(q_{n+1} - q)\theta - (p_{n+1} - p)| < |q_{n+1}\theta - p_{n+1}| + |q\theta - p|$$
$$< |q_{n+1}\theta - p_{n+1}| + |q_n\theta - p_n|.$$

由此可知当 n 充分大时, 数组 $(q_{n+1} - q, p_{n+1} - p)$ 满足不等式 (1.4.5), 于是 $q_{n+1} - q$ 与 $(q_{n+1} - q)' = q'_{n+1} - q'$ 同号; 注意式 (1.4.9), 即得

$$0 < q < q_{n+1}. \tag{1.4.11}$$

但式 (1.4.10) 和式 (1.4.11) 显然与 p_n/q_n 是最佳逼近的假设矛盾. 因此命题 (1.4.8) 得证. 进而由式 (1.4.7) 和式 (1.4.8) 得知 p'_n/q'_n 和 p_{n+1}/q_{n+1}(其中 n 充分大) 确实是 θ' 的两个相邻的最佳逼近.

(iii) 最后, 还要注意 p'_n/q'_n 未必就是 θ' 的第 n 个最佳逼近. 设

$$\theta = [a_1, a_2, \cdots, a_n, \cdots],$$

则由式 (1.4.3) 得到

$$\begin{aligned}
q'_{n+1} &= rq_{n+1} - tp_{n+1} \\
&= r(a_n q_n + q_{n-1}) - t(a_n p_n + p_{n-1}) \\
&= a_n(rq_n - tp_n) + (rq_{n-1} - tp_{n-1}) \\
&= a_n q'_n + q'_{n-1}.
\end{aligned}$$

可见 θ 的第 n 个不完全商 a_n 也是 θ' 的某个不完全商 (未必是第 n 个), 所以当 $n \geqslant N$ 时有

$$\theta' = [b_1, b_2, \cdots, b_s, a_{N+1}, a_{N+2}, \cdots].$$

于是必要性得证. $\qquad\square$

1.4.3 $\nu(\theta)$ 的一个性质

下面的引理表明, 在集合 $\mathbb{R}$ 按相似关系划分的等价类上, $\nu(\theta)$ 是不变的.

引理 1.4.3 如果 $\theta,\theta'\in\mathbb{R},\theta\sim\theta'$, 则 $\nu(\theta)=\nu(\theta')$.

下面给出两个证明.

证 1 因为有理数皆相似, 并且当 θ 为有理数时 $\nu(\theta)=0$, 所以不妨认为 θ 和 θ' 都是无理数.

(i) 先证
$$\nu(\theta)\geqslant\nu(\theta'). \tag{1.4.12}$$

用反证法. 假定
$$\nu(\theta)<\nu(\theta'). \tag{1.4.13}$$

取定 $\mu>\nu(\theta)$, 则不等式
$$q|q\theta-p|<\mu \tag{1.4.14}$$

有无穷多个整数解 $q>0$. 按式 (1.4.3) 和式 (1.4.4) 定义变换 $(p,q)\to(p',q')$ 及其逆. 由 $\theta\sim\theta'$ 可知
$$\theta'=\frac{-u\theta+s}{t\theta-r},\quad ru-ts=\pm1,$$

我们得到
$$\begin{aligned}q'\theta'-p'&=q'\cdot\frac{-u\theta+s}{t\theta-r}-p'\\&=\frac{-(q'u+p't)\theta+(q's+rp')}{t\theta-r}\\&=\frac{q\theta-p}{r-t\theta};\end{aligned}$$

还有
$$q'=qr-pt=q(r-tp)+t(q\theta-p).$$

由此并应用不等式 (1.4.14), 得到
$$q'|q'\theta'-p'|\leqslant q|r-t\theta||q'\theta'-p'|+|t||q\theta-p||q'\theta'-p'|$$
$$=q|q\theta-p|+\frac{|t|}{|r-t\theta|}|q\theta-p|^2$$

$$\leqslant \mu + \frac{|t|}{|r - t\theta|}|q\theta - p|^2$$

$$\leqslant \mu + \frac{|t|}{|r - t\theta|}\left(\frac{\mu}{q}\right)^2.$$

对于任何给定的大于 μ 的实数 μ', 当 q 充分大时可使上式右边小于 μ', 于是不等式

$$q'|q'\theta' - p'| < \mu' \quad (\mu' > \mu) \tag{1.4.15}$$

有无穷多个正整数解 q'. 但依不等式 (1.4.13), 如果取 μ' 满足 $\nu(\theta') > \mu' > \mu$, 则 (由下极限的定义) 不等式 $q'\|q'\theta'\| < \mu$ 只有有限多个解 q, 这与刚才所得关于不等式 (1.4.15) 的结论矛盾. 因此不等式 (1.4.12) 得证.

(ii) 由相似关系的对称性, 交换 θ 和 θ' 的位置, 依 (i) 中所得结论得到 $\nu(\theta') \geqslant \nu(\theta)$. 因此 $\nu(\theta) = \nu(\theta')$.

证 2 不妨认为 θ, θ' 都是无理数, 并且 $0 < \theta, \theta' < 1$. 由 $\theta \sim \theta'$(依引理 1.4.2) 得知

$$\theta = [a_1, \cdots, a_r, c_1, c_2, \cdots],$$

$$\theta' = [a_1', \cdots, a_s', c_1, c_2, \cdots].$$

由引理 1.3.3 可知

$$q_n\|q_n\theta\| = (a_n + \theta_{n+1} + \varphi_{n-1})^{-1},$$

$$q_n'\|q_n'\theta'\| = (a_n' + \theta_{n+1}' + \varphi_{n-1}')^{-1},$$

其中 $a_{r+1} = c_1, a_{r+2} = c_2, \cdots; a_{s+1}' = c_1, a_{s+2}' = c_2, \cdots$. 当 n 充分大时, 有

$$\varphi_{n+r-1} = [c_{n-1}, \cdots, c_1, a_r, \cdots, a_1],$$

$$\varphi_{n+s-1}' = [c_{n-1}, \cdots, c_1, a_s', \cdots, a_1'],$$

从而依引理 1.3.4 得到

$$|\varphi_{n+r-1} - \varphi_{n+s-1}'| < 2^{-(n-3)} \to 0 \quad (n \to \infty).$$

所以

$$\overline{\lim_{n \to \infty}} \varphi_n = \overline{\lim_{n \to \infty}} \varphi_n'.$$

又由 θ_n 和 θ_n' 的定义可知当 n 充分大时, $\theta_n = \theta_n'$. 因此

$$\lim_{n \to \infty} q_n\|q_n\theta\| = \lim_{n \to \infty} q_n'\|q_n'\theta'\|.$$

由此及引理 1.4.1 即得 $\nu(\theta) = \nu(\theta')$. $\qquad\square$

1.4.4　Hurwitz 定理

现在给出 Dirichlet 逼近定理的一个改进形式, 称为 Hurwitz 定理.

定理 1.4.1　设 θ 为无理数, 则存在无穷多个正整数 q 满足

$$q\|q\theta\| < \frac{1}{\sqrt{5}}, \tag{1.4.16}$$

并且若 $\theta \sim (\sqrt{5}-1)/2$, 则 $1/\sqrt{5}$ 不能换为更小的常数; 不然 (即 $\theta \nsim (\sqrt{5}-1)/2$), 则存在无穷多个正整数 q 满足

$$q\|q\theta\| < \frac{1}{\sqrt{8}}. \tag{1.4.17}$$

证　(i) 因为考察的是不等式 (1.4.16) 和 (1.4.17) 的正整数解 q 个数的无穷性, 所以不妨限于 $q = q_n$ 来证明, 此处 q_n 是 θ 的最佳逼近 p_n/q_n 的分母.

记 $A_n = q_n\|q_n\theta\|$. 由推论 1.3.1 的 (c), 有

$$q_n\|q_{n-1}\theta\| + q_{n-1}\|q_n\theta\| = 1.$$

将此等式两边乘以 $\lambda = q_{n-1}/q_n$, 得到

$$\lambda^2 A_n - \lambda + A_{n-1} = 0. \tag{1.4.18}$$

类似地, 两边乘以 $\mu = q_{n+1}/q_n$, 得到

$$\mu^2 A_n - \mu + A_{n+1} = 0. \tag{1.4.19}$$

又由 λ 和 μ 的定义得到

$$\mu - \lambda = \frac{q_{n+1} - q_{n-1}}{q_n} = a_n. \tag{1.4.20}$$

将式 (1.4.18) 和式 (1.4.19) 相减, 并将式 (1.4.20) 代入所得之式, 可得

$$a_n A_n(\mu + \lambda) = a_n + A_{n-1} - A_{n+1}. \tag{1.4.21}$$

注意

$$a_n^2 A_n^2(\mu - \lambda)^2 + \left(a_n A_n(\mu + \lambda)\right)^2 = 2a_n^2 A_n^2(\lambda^2 + \mu^2),$$

将式 (1.4.20) 和式 (1.4.21) 代入上式得到

$$a_n^4 A_n^2 + (a_n + A_{n-1} - A_{n+1})^2 = 2a_n^2 A_n^2(\lambda^2 + \mu^2). \tag{1.4.22}$$

又将式 (1.4.18) 和式 (1.4.19) 相加, 可得

$$A_n(\lambda^2 + \mu^2) - (\lambda + \mu) + (A_{n-1} + A_{n+1}) = 0,$$

从而

$$2a_n^2 A_n^2(\lambda^2 + \mu^2) - 2a_n^2 A_n(\lambda + \mu) + 2a_n^2 A_n(A_{n-1} + A_{n+1}) = 0. \qquad (1.4.23)$$

最后, 将式 (1.4.21) 和式 (1.4.22) 代入式 (1.4.23), 即得

$$a_n^4 A_n^2 + (a_n + A_{n-1} - A_{n+1})^2 - 2a_n(a_n + A_{n-1} - A_{n+1})$$
$$+ 2a_n^2 A_n(A_{n-1} + A_{n+1}) = 0,$$

展开左边, 有

$$a_n^4 A_n^2 + a_n^2 + 2a_n(A_{n-1} - A_{n+1}) + (A_{n-1} - A_{n+1})^2$$
$$- 2a_n^2 - 2a_n(A_{n-1} - A_{n+1}) + 2a_n^2 A_n(A_{n-1} + A_{n+1}) = 0,$$

由此最终得到

$$a_n^2 A_n^2 + 2A_n(A_{n-1} + A_{n+1}) = 1 - a_n^{-2}(A_{n-1} - A_{n+1})^2 \leqslant 1.$$

于是

$$(a_n^2 + 4)\min\{A_{n-1}^2, A_n^2, A_{n+1}^2\} \leqslant a_n^2 A_n^2 + 2A_n(A_{n-1} + A_{n+1}) \leqslant 1. \qquad (1.4.24)$$

(ii) 若 $a_n > 1$, 则由式 (1.4.24) 可知

$$\min\{A_{n-1}, A_n, A_{n+1}\} \leqslant (a_n^2 + 4)^{-1/2} < \frac{1}{\sqrt{5}},$$

即 A_{n-1}, A_n, A_{n+1} 中至少有一个小于 $1/\sqrt{5}$.

若 $a_n = 1$, 则式 (1.4.24) 中不可能两个等号都成立. 因若不然, 由第一个等式得到 $A_n = A_{n-1} = A_{n+1}$, 进而由第二个等式得到 $A_n^2 + 2A_n(A_n + A_n) = 1$, 从而

$$A_{n-1} = A_n = A_{n+1} = \frac{1}{\sqrt{5}};$$

由此由式 (1.4.18) 解出 (注意 $\lambda > 1$)

$$\lambda = \frac{1 + \sqrt{5}}{2},$$

这与 $\lambda \in \mathbb{Q}$ 矛盾. 因此式 (1.4.24) 中至少出现一个严格的不等号, 从而也推出 A_{n-1}, A_n, A_{n+1} 中至少有一个小于 $1/\sqrt{5}$.

因此不等式 (1.4.16) 有无穷多个正整数解.

(iii) 现在证明: 若 $\theta \sim \theta_0 = (\sqrt{5}-1)/2$ (这等价于存在 n_0, 使得 $a_n = 1\,(n \geqslant n_0)$), 则对于任何给定的常数 $\mu < 1/\sqrt{5}$, 不等式

$$q\|q\theta\| < \mu \tag{1.4.25}$$

只有有限多个正整数解 q.

我们首先证明: 对于任何给定的常数 $\mu < 1/\sqrt{5}$, 不等式

$$q_n\|q_n\theta_0\| < \mu$$

(其中 q_n 是 θ_0 的渐近分数的分母) 只有有限多个解 q_n.

由数学归纳法可知 $\theta_0 = [1, 1, \cdots]$. 又由式 (1.3.14), 有

$$q_n\|q_n\theta_0\| = (1 + \theta_{n+1} + \varphi_{n-1})^{-1},$$

其中

$$\theta_{n+1} = [1, 1, \cdots], \quad \varphi_{n-1} = [\underbrace{1, 1, \cdots, 1}_{n-1 \text{个}}].$$

因为 $\theta_{n+1} = \xi_0$, 并且由引理 1.3.4 可知 $\varphi_{n-1} \to \xi_0\,(n \to \infty)$, 所以

$$
\begin{aligned}
\nu(\xi_0) &= \lim_{n \to \infty} q_n\|q_n\theta\| \\
&= \lim_{n \to \infty} (1 + \theta_{n+1} + \varphi_{n-1})^{-1} \\
&= (1 + 2\xi_0)^{-1} = \frac{1}{\sqrt{5}}.
\end{aligned}
$$

依引理 1.4.3, 我们有 $\nu(\theta) = \nu(\xi_0) = 1/\sqrt{5}$. 因此不等式 (1.4.25) 只有有限多个正整数解 q. 换言之, 若 $\theta \sim \theta_0$, 则不等式 (1.4.16) 右边的常数 $\sqrt{5}$ 不能减小.

(iv) 若 $\theta \nsim (\sqrt{5}-1)/2$, 则由引理 1.4.2 推出有无穷多个 $a_n > 1$. 类似于步骤 (ii) 中的推理, 若 $a_n > 2$, 则由不等式 (1.4.24), 有

$$\min\{A_{n-1}, A_n, A_{n+1}\} \leqslant (a_n^2 + 4)^{-1/2} < \frac{1}{\sqrt{8}},$$

于是 A_{n-1}, A_n, A_{n+1} 中至少有一个小于 $1/\sqrt{8}$.

若 $a_n = 2$, 并且式 (1.4.24) 中两个等号都成立, 则有 $A_n = A_{n-1} = A_{n+1}$, 以及 $4A_n^2 + 2A_n(A_n + A_n) = 1$, 从而

$$A_{n-1} = A_n = A_{n+1} = \frac{1}{\sqrt{8}};$$

由此由式 (1.4.18) 解出 $\lambda = 1 + \sqrt{2}$, 这与 $\lambda \in \mathbb{Q}$ 矛盾. 因此式 (1.4.24) 中至少出现一个严格的不等号, 从而也推出 A_{n-1}, A_n, A_{n+1} 中至少有一个小于 $1/\sqrt{8}$.

合起来, 即知不等式 (1.4.17) 有无穷多个正整数解. □

推论 1.4.1 设 θ 为无理数, 则

$$\nu(\theta) \leqslant \frac{1}{\sqrt{5}},$$

并且若 $\theta \sim (\sqrt{5} - 1)/2$, 则 $\nu(\theta) = 1/\sqrt{5}$; 不然$\left($即 $\theta \nsim (\sqrt{5} - 1)/2\right)$, 则

$$\nu(\theta) \leqslant \frac{1}{\sqrt{8}},$$

并且若 $\theta \sim \sqrt{2} + 1$, 则 $\nu(\theta) = 1/\sqrt{8}$.

证 只需证最后部分. 在例 1.1.1(c) 中取 $P(x) = x^2 - 2x - 1$(其判别式 $D = \sqrt{8}$), 则有根 $\theta_0 = \sqrt{2} + 1$. 于是不等式

$$q\|q\theta_0\| < \mu \quad \left(\mu < \frac{1}{\sqrt{8}}\right)$$

只有有限多个正整数解 q, 因此

$$\nu(\theta_0) \geqslant \frac{1}{\sqrt{8}}.$$

又因为 $\theta_0 \sim \sqrt{2} - 1 = [2, 2, \cdots]$, 所以不相似于 $(\sqrt{5} - 1)/2$, 于是

$$\nu(\theta_0) \leqslant \frac{1}{\sqrt{8}}.$$

因此 $\nu(\sqrt{2} + 1) = 1/\sqrt{8}$. □

推论 1.4.2 设

$$L_i(x, y) = \lambda_i x + \mu_i y \quad (i = 1, 2)$$

是两个实系数线性型, $\Delta = \lambda_1\mu_2 - \lambda_2\mu_1 \neq 0$. 则对于任何给定的 $\varepsilon > 0$, 存在无穷多对整数 (p, q) 满足

$$|L_1(p, q)||L_2(p, q)| \leqslant \frac{|\Delta|}{\sqrt{5}} + \varepsilon. \tag{1.4.26}$$

证 若 $\lambda_i, \mu_i (i = 1, 2)$ 中有一个为零, 则结论显然成立. 例如若 $\lambda_1 = 0$, 则取 p 为任意整数, $q = 0$, 即可满足不等式 (1.4.26).

若 $\lambda_i / \mu_i (i = 1, 2)$ 中有一个是有理数, 例如若

$$\frac{\lambda_1}{\mu_1} = \frac{\alpha}{\beta},$$

其中 α, β 是互素整数, 则取 $p = n\beta, q = n\alpha (n \in \mathbb{N})$, 可知不等式 (1.4.26) 成立.

或者: 若 $\lambda_i, \mu_i (i = 1, 2)$ 有一组 $\mathbb{Q}$-线性相关, 则结论显然成立, 因此可设它们都 $\mathbb{Q}$-线性无关. 于是 λ_1 / μ_1 是无理数.

下面设 λ_i, μ_i 均不为零, 并且 (例如)λ_1 / μ_1 是无理数. 在定理 1.4.1 中取 $\theta = -\lambda_1 / \mu_1, p_1/q_1$ 是任意一个解, 即

$$\left| -\frac{\lambda_1}{\mu_1} - \frac{p_1}{q_1} \right| < \frac{1}{\sqrt{5} q_1^2}.$$

令 $p = q_1, q = p_1$, 以及

$$\frac{\lambda_1}{\mu_1} + \frac{q}{p} = \frac{\delta}{p^2},$$

由定理 1.4.1 可知 $|\delta| < 1/\sqrt{5}(< 1)$. 于是

$$|\lambda_1 p + \mu_1 q||\lambda_2 p + \mu_2 q| = \frac{|\delta||\mu_1|}{|p|} \cdot |\lambda_2 p + \mu_2 q|$$

$$= |\delta| \left| \lambda_2 \mu_1 + \frac{q}{p} \cdot \mu_1 \mu_2 \right|$$

$$= |\delta| \left| \lambda_2 \mu_1 + \left(\frac{\delta}{p^2} - \frac{\lambda_1}{\mu_1} \right) \cdot \mu_1 \mu_2 \right|$$

$$= |\delta| \left| \lambda_2 \mu_1 - \lambda_1 \mu_2 + \frac{\delta \mu_1 \mu_2}{p^2} \right|$$

$$< |\delta||\Delta| + \left| \frac{\delta \mu_1 \mu_2}{p^2} \right|$$

$$< \frac{|\Delta|}{\sqrt{5}} + \left| \frac{\mu_1 \mu_2}{p^2} \right|.$$

因为定理 1.4.1 中的不等式有无穷多个解, 所以取 $|p| = |q_1|$ 充分大可使上式第二项小于 ε. □

注 1.4.1 **1.** 定理 1.4.1 有一些不同的证法, 可参见文献 [17,31,44,79] 等, 它的一个改进形式可见文献 [50].

2. 按照定理 1.4.1 的证法的思路, 如果对于 θ, 存在 n_0, 使得 $a_n = 2\,(n \geqslant n_0)$, 则 $\theta \sim \theta_1 = [2, 2, \cdots] = \sqrt{2} - 1$, 于是

$$q_n \|q_n \theta_1\| = (1 + \theta_{n+1} + \varphi_{n-1})^{-1} \to (1 + 2\theta_1)^{-1} = \frac{1}{2\sqrt{2} - 1} > \frac{1}{\sqrt{8}}.$$

因此这种方法不可能继续减小不等式 (1.4.17) 右边的常数.

1.5 Markov 的有关工作

1.5.1 Markov 谱

A. Markov 研究了一类特殊的二元二次型, 将定理 1.4.1 扩充为:

对于所有无理数 θ, 不等式

$$q\|q\theta\| < \frac{1}{\sqrt{5}}$$

有无穷多个 (正整数) 解; 如果 θ 等价于方程

$$x^2 + x - 1 = 0$$

的根 $\theta_1 = (\sqrt{5} - 1)/2$, 则常数 $1/\sqrt{5}$ 不能减小. 不然 (即 $\theta \not\sim \theta_1$), 则不等式

$$q\|q\theta\| < \frac{1}{\sqrt{8}}$$

有无穷多个解; 如果 θ 等价于方程

$$x^2 + 2x - 1 = 0$$

的根 $\theta_2 = 1 + \sqrt{2}$, 则常数 $1/\sqrt{8}$ 不能减小. 不然 (即 $\theta \not\sim \theta_1, \theta_2$), 则不等式

$$q\|q\theta\| < \frac{5}{\sqrt{221}}$$

有无穷多个解; 如果 θ 等价于方程

$$5x^2 + 11x - 5 = 0$$

的根 θ_3, 则常数 $5/\sqrt{221}$ 不能减小. 不然 (即 $\theta \not\sim \theta_1, \theta_2, \theta_3$), 则不等式

$$q\|q\theta\| < \frac{13}{\sqrt{1517}}$$

有无穷多个解; 如果 θ 等价于方程

$$13x^2 + 29x - 13 = 0$$

的根 θ_4, 则常数 $13/\sqrt{1517}$ 不能减小. 如此等等, 直至无穷. 这样得到一条逼近链, 相应的无穷数列 (称 Markov 谱)

$$\frac{1}{\sqrt{5}}, \quad \frac{1}{\sqrt{8}}, \quad \frac{5}{\sqrt{221}}, \quad \frac{13}{\sqrt{1517}}, \quad \frac{29}{\sqrt{7565}}, \quad \frac{17}{\sqrt{2600}}, \quad \frac{89}{\sqrt{71285}},$$

$$\frac{169}{\sqrt{257045}}, \quad \frac{97}{\sqrt{84680}}, \quad \frac{233}{\sqrt{488597}}, \quad \cdots$$

有极限 $1/3$(参见文献 [68]).

在下文中我们简要地介绍 Markov 的有关工作. 有关细节可参见文献 [29,34] 等. 文献 [13] 是关于这个论题的最新的系统完整的专著.

1.5.2　Markov 方程

我们将丢番图方程

$$m^2 + m_1^2 + m_2^2 = 3mm_1m_2 \quad ((m, m_1, m_2) \in \mathbb{N}^3) \tag{1.5.1}$$

称做 Markov 方程, 满足方程的正整数 m 称做 Markov 数.

如果 m, m_1, m_2 中有两个相等, 例如 $m_1 = m_2$, 那么 $m_1^2 | m^2$, 于是 $m = dm_1$, 代入式 (1.5.1), 可知 $d = 1, 2$. 在此两种情形都有 $m_1 = 1$, 于是得到方程的两组解

$$(1,1,1), \quad (2,1,1).$$

因为方程关于 m, m_1, m_2 对称, 所以通过置换还可得出另外一些解. 如果 $m = m_1 = m_2$, 那么只能得到解 $(1,1,1)$(与上面已经得到的解重复). 我们将这些解 (即 m, m_1, m_2 中至少有两个相等) 称为奇异解.

下面考察非奇异解 (即 m, m_1, m_2 互不相等). 如果 (m, m_1, m_2) 是方程 (1.5.1) 的一组解, 那么二次三项式

$$\Phi(x) = x^2 - 3m_1m_2x + (m_1^2 + m_2^2)$$

有正整数根 m. 设 m' 是另一根, 则

$$\Phi(x) = (x - m)(x - m'),$$

并且

$$m + m' = 3m_1 m_2, \quad mm' = m_1^2 + m_2^2,$$

因此 m' 也是正整数. 如果 $m_1 > m_2$, 则有

$$(m_1 - m)(m_1 - m') = \Phi(m_1) = 2m_1^2 + m_2^2 - 3m_1^2 m_2$$
$$= 2(m_1^2 - m_1^2 m_2) + (m_2^2 - m_1^2 m_2) < 0,$$

于是 $m_1 - m, m_1 - m'$ 异号, 从而 m_1 位于 m, m' 之间. 如果 $m_1 < m_2$, 也得出类似结果. 总之,$\max\{m_1, m_2\}$ 位于 m, m' 之间, 当然, 我们有可能得到奇异解 (即 m', m_1, m_2 中有相等的数).

由上述讨论可知: 通过引进 $\Phi(x)$, 若 (m, m_1, m_2) 是方程的一组解, 则

$$(m', m_1, m_2) \quad (\text{其中 } m' = 3m_1 m_2 - m)$$

也是方程的一组解. 又依据方程关于 m_1, m_2 的对称性可知

$$(m, m_1', m_2) \quad (\text{其中 } m_1' = 3mm_2 - m_1)$$

和

$$(m, m_1, m_2') \quad (\text{其中 } m_2' = 3mm_1 - m_2)$$

也都是方程的解. 特别地, 如果 (m, m_1, m_2) 是方程 (1.5.1) 的非奇异解, 则产生方程的下列三个不同的解:

$$(m', m_1, m_2), \quad (m, m_1', m_2), \quad (m, m_1, m_2'),$$

其中

$$m' = 3m_1 m_2 - m, \quad m_1' = 3mm_2 - m_1, \quad m_2' = 3mm_1 - m_2. \tag{1.5.2}$$

我们将上面三个解称做原始解 (m, m_1, m_2) 的邻接解.

如果 (m, m_1, m_2) 是非奇异解, 并且设

$$m = \max\{m, m_1, m_2\}, \tag{1.5.3}$$

那么由式 (1.5.2) 和上述 $\max\{m_1, m_2\}$ 所在的位置以及方程的对称性, 可知

$$m' < \max\{m_1, m_2\} < m, \tag{1.5.4a}$$

$$m_1' > \max\{m, m_2\} = m, \tag{1.5.4b}$$

$$m_2' > \max\{m, m_1\} = m. \tag{1.5.4c}$$

即对于解 (m', m_1, m_2) 有 $\max\{m_1, m_2\} < m$, 于是 $\max\{m', m_1, m_2\} < \max\{m, m_1, m_2\}$; 但对于解 (m, m_1', m_2) 和 (m, m_1, m_2'), 有 $\max\{m, m_1', m_2\}$ 和 $\max\{m, m_1, m_2'\} > \max\{m, m_1, m_2\}$. 可见三个邻接解中, 有一个的最大分量比原始解的最大分量小, 另两个的最大分量比原始解的最大分量大. 因此, 我们从任何一组解出发, 逐次作出具有较小最大分量的那个邻接解, 最终将得出奇异解 (因为最大分量最终可以缩小为 1, 所以能出现有两个分量为 1 的解). 另一方面,$(1,1,1)$ 有唯一的邻接解 $(2,1,1)$. 实际上, 由 $\Phi(x) = x^2 - 3x + 2$ 可知其解 $m = 1, m' = 2$, 产生邻接解 $(2,1,1)$; 对 $m_1 = 1$ 作 $\Phi_1(x)$, 产生邻接解 $(1,2,1)$; 对 $m_2 = 1$ 作 $\Phi_2(x)$, 产生邻接解 $(1,1,2)$. 不计分量置换即得唯一邻接解. 而 $(2,1,1)$ 只有唯一邻接解 $(5,2,1)$(也不计分量置换). 因此我们得到方程 (1.5.1) 的解的 Markov 链 (树)(图 1.5.1).

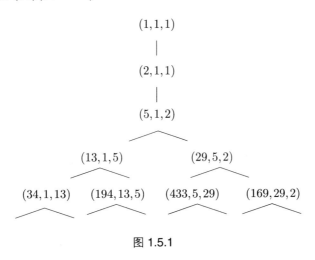

图 1.5.1

注意, 因为是沿树由上而下地逐次求邻接解, 而具有较小最大分量的邻接解必然在树的上面某个枝已出现, 所以从解 $(5,1,2)$ 起由一个解派生出两个枝.

引理 1.5.1 方程 (1.5.1) 的所有解都可以从 $(1,1,1)$ 开始以邻接解链的方式得到, 并且最大公因子

$$(m, m_1) = (m_1, m_2) = (m, m_2) = 1,$$

即同一组解中的三个分量两两互素.

证 因为以方程 (1.5.1) 的任何解为出发点, 逐次取具有较小最大分量的邻接解, 就能得出解 (1,1,1), 所以逆序而下, 该解可以由 (1,1,1) 按上列链得出.

设 $d = (m, m_1)$, 由方程 (1.5.1) 可知 $d | m_2$, 所以依式 (1.5.2), d 整除 m', m_1', m_2', 即 d 整除任何邻接解各分量的最大公因子, 特别地, d 整除最大公因子 $(1,1,1) = 1$, 所以 $d = 1$, 即 $(m, m_1) = 1$. 类似地, $(m, m_2) = 1, (m_1, m_2) = 1$. $\qquad\square$

下文中总假设非奇异解满足条件 (1.5.3); 注意在链中伸出的下枝是 (m, m_1', m_2) 和 (m, m_1, m_2'), 所以非奇异解满足条件 (1.5.4a),(1.5.4b),(1.5.4c).

1.5.3 有序 Markov 集

由方程 (1.5.1) 可知

$$m_1^2 + m_2^2 \equiv 0 \ (\text{mod } m),$$

$$m^2 + m_1^2 \equiv 0 \ (\text{mod } m_2),$$

$$m^2 + m_2^2 \equiv 0 \ (\text{mod } m_1),$$

因为 m, m_1, m_2 互素, 所以存在整数 k, k_1, k_2, 使得

$$k \equiv \frac{m_2}{m_1} \equiv \frac{-m_1}{m_2} \ (\text{mod } m) \quad (0 \leqslant k < m),$$

$$k_1 \equiv \frac{m}{m_2} \equiv \frac{-m_2}{m} \ (\text{mod } m_1) \quad (0 \leqslant k_1 < m_1),$$

$$k_2 \equiv \frac{m_1}{m} \equiv \frac{-m}{m_1} \ (\text{mod } m_2) \quad (0 \leqslant k_2 < m_2),$$

其中各式右端不等式中当 $m = m_1 = m_2 = 1$ 时 $\leqslant$ 取等号, 不然取 $<$. 我们将这样的数的总体称为有序 Markov 集, 约定记作

$$(m, k; m_1, k_1; m_2, k_2).$$

注意

$$k^2 \equiv \frac{m_2}{m_1} \cdot \frac{-m_1}{m_2} \ (\text{mod } m),$$

我们有

$$k^2 \equiv -1 \,(\mathrm{mod}\ m),$$
$$k_1^2 \equiv -1 \,(\mathrm{mod}\ m_1),$$
$$k_2^2 \equiv -1 \,(\mathrm{mod}\ m_2),$$

于是存在整数 l, l_1, l_2, 使得

$$k^2 + 1 = lm, \quad k_1^2 + 1 = l_1 m_1, \quad k_2^2 + 1 = l_2 m_2. \tag{1.5.5}$$

可以证明 (此处从略): 若 $m > 1, (m, k; m_1, k_1; m_2, k_2)$ 是有序 Markov 集, 则

$$(m_1', k_1'; m, k; m_2, k_2), \quad (m_2', k_2'; m_1, k_1; m, k)$$

(其中 k_1', k_2' 相应地确定) 也是有序 Markov 集. 这表明由原始解所对应的有序 Markov 集 $(m, k; m_1, k_1; m_2, k_2)$ 得出原始解的两个具有较大的最大分量的邻接解所对应的有序 Markov 集

$$(m_1', k_1'; m, k; m_2, k_2), \quad (m_2', k_2'; m_1, k_1; m, k),$$

这三个集的第一个元素总是相应的最大分量.

还可证明: 对于非奇异解 (m, m_1, m_2), 有

$$mk_2 - m_2 k = m_1, \quad m_1 k - m k_1 = m_2, \quad m_1 k_2 - m_2 k_1 = m' = 3m_1 m_2 - m.$$

这表明有序 Markov 集所起的作用是: 由原始解 (m, m_1, m_2) 得到有序 Markov 集 $(m_1', k_1'; m, k; m_2, k_2)$, 按上述关系式即可求出解 (m', m_1, m_2).

1.5.4 Markov 型

如上文所述, 设 m, m_1, m_2 是正整数, 满足

$$m^2 + m_1^2 + m_2^2 = 3mm_1m_2, \quad m > \max\{m_1, m_2\},$$

定义整数 k:

$$m_1 k \equiv m_2 \,(\mathrm{mod}\ m) \quad (0 \leqslant k < m),$$

以及整数 l:

$$k^2 + 1 = lm.$$

由此构造型 $F_m = F_m(x,y)$:

$$mF_m(x,y) = mx^2 + (3m - 2k)xy + (l - 3k)y^2. \tag{1.5.6}$$

将它称为 Markov 型.

我们可以适当调整 m_1, m_2 的位置, 使得 (细节从略)

$$0 \leqslant 2k \leqslant m. \tag{1.5.7}$$

此时由解 $(1,1,1)$ 唯一确定型 $F_1(x,y) = x^2 + 3xy + y^2$ (它等价于型 $x^2 + xy - y^2$). 我们总设式 (1.5.7) 成立.

方程 (1.5.1) 的解链 (图 1.5.1) 相应地确定 Markov 型链 (树), 见图 1.5.2, 其中用 $(m, 3m - 2k, l - 3k)$ 代表 mF_m. 不同的是, 此处存在某种不确定性, 即我们没有证明: 不可能有两个不同的解 $(m, m_1, m_2), (m, m_1^*, m_2^*)$ 在链的不同部位产生相同的 Markov 型. 虽然至今未出现这种现象, 但其仍然是一个未解决的猜想 (即 Markov 猜想, 或唯一性猜想).

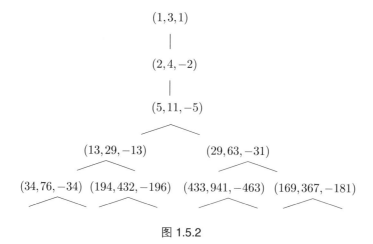

图 1.5.2

F_m 有许多重要性质. 例如, 可以证明 $F_m(x,1) = 0$ 的两个根等价; 对于非零整点 $(x,y), |F_m(x,y)| \geqslant 1$; 型 $F_m(x,y)$ 与 $-F_m(x,y)$ 等价 (关于二次型的等价, 参见文献 [51] 24.5 节); 等等.

1.5.5 Markov 逼近链

基于前面各小节的结果,Markov 得到:

定理 1.5.1 (Markov 逼近链定理)　设 θ 是无理数, 令

$$\nu = \nu(\theta) = \varliminf_{q\to\infty} q\|q\theta\|.$$

A. 如果 $\nu > 1/3$, 那么 θ 等价于方程 $F_m(x,1)=0$ 的根.

B. 如果 θ 等价于方程 $F_m(x,1)=0$ 的根, 那么

$$\nu = (9-4m^{-2})^{-1/2} > \frac{1}{3},$$

并且不等式

$$q\|q\theta\| < \nu$$

有无穷多个正整数解 q.

C. 存在 θ 的不可数集, 使得 $\nu(\theta)=1/3$.

例 1.5.1　由定理 1.4.1 可知, 对于任何无理数 θ, 不等式

$$q\|q\theta\| < 5^{-1/2}$$

有无穷多个正整数解 q. 若 θ 等价于方程

$$\theta_1^2 + \theta_1 - 1 = 0$$

的根 $\theta_1 = (5^{1/2}-1)/2$, 则常数 $5^{-1/2}$ 不可改进 (减小).

依定理 1.5.1, 对于无理数 θ, 有

$$\nu = \nu(\theta) > \frac{1}{3} \quad \Leftrightarrow \quad \theta \text{ 等价于某个方程 } F_m(x,1)=0 \text{ 的根}.$$

更强些, 若 θ 等价于某个方程 $F_m(x,1)=0$ 的根, 则

$$\nu = \nu(\theta) = (9-4m^{-2})^{-1/2},$$

并且 $q\|q\theta\| < \nu$ 有无穷多个正整数解 q; 若 θ 不等价于任何方程 $F_m(x,1)=0$ 的根, 则 $\nu = \nu(\theta) \leqslant 1/3$.

现在在定理 1.5.1 中取 $m=1$:

1. 若 θ 等价于方程 $F_1(x,0)=0$ 的根, 则 $\nu=(9-4)^{-1/2}=5^{-1/2}$, 而

$$q\|q\theta\| < 5^{-1/2}$$

有无穷多个正整数解 q.

2. 若 θ 不等价于任何方程 $F_m(x,1)=0$ 的根, 则 $\nu=\nu(\theta)\leqslant 1/3$. 所以

$$q\|q\theta\| < \frac{1}{3} < 5^{-1/2}$$

也有无穷多个正整数解 q.

最后注意到 $F_1(x,y)\sim x^2+xy-y^2, F_1(x,1)=x^2+x-1=0$. 可见我们由定理 1.5.1 推出定理 1.4.1 的结论.

类似地, 取 $m=2$, 那么 $\nu=(9-4\cdot 2^{-2})^{-1/2}=2^{-3/2}$, 不等式

$$q\|q\theta\| < 2^{-3/2}$$

有无穷多个解; 当 θ 等价于 $F_2(x,1)=0$ 即 $\theta_2^2+2\theta_2-1=0$ 的根 θ_2 时, 上述不等式中的常数 $2^{-3/2}$ 不可改进 (减小), 等等. 这也是前文提到过的结论. 继续推演下去, 即得逼近链.

1.6 多维情形

1.6.1 Dirichlet 联立逼近定理

本节中, 我们考虑用具有相同分母的一组分数 $(p_1/q,\cdots,p_n/q)$ 来逼近一组实数 $(\theta_1,\cdots,\theta_n)$, 使得误差 $|\theta_1-p_1/q|,\cdots,|\theta_n-p_n/q|$, 或者 $\|q\theta_1\|,\cdots,\|q\theta_n\|$ 同时很小.

首先将定理 1.1.1 推广到多个实数的情形 (即多维情形):

定理 1.6.1(Dirichlet 联立逼近定理) 设 $\theta_1,\cdots,\theta_n$ 是 n 个实数, $Q>1$ 是任意给定的实数, 则存在整数 q 满足不等式组

$$\|q\theta_i\| \leqslant \frac{1}{Q} \quad (1\leqslant i\leqslant n), \quad 0<q<Q^n.$$

这个定理有下列对偶形式:

定理 1.6.2 设 $\theta_1, \cdots, \theta_n$ 是 n 个实数,$Q > 1$ 是任意给定的实数, 则存在整数 $q_1, \cdots, q_n$ 满足不等式组

$$\|q_1\theta_1 + \cdots + q_n\theta_n\| \leqslant \frac{1}{Q},$$

$$0 < \max\{|q_1|, \cdots, |q_n|\} < Q^{1/n}.$$

上述两个定理是下面一般性定理的特殊情形:

定理 1.6.3 设有 m 个 n 变元 $x_1, \cdots, x_n$ 的实系数线性型

$$L_i(\boldsymbol{x}) = \sum_{j=1}^{n} \theta_{ij} x_j \quad (i = 1, \cdots, m), \tag{1.6.1}$$

其中 $\boldsymbol{x} = (x_1, \cdots, x_n)$, 系数 $\theta_{ij} \in \mathbb{R} (1 \leqslant i \leqslant m, 1 \leqslant j \leqslant n)$, 则对每个给定的实数 $Q > 1$, 存在非零整点 $\boldsymbol{x}$ (即所有 $x_i \in \mathbb{Z}$, 但不全为 0) 满足不等式组

$$\|L_i(\boldsymbol{x})\| \leqslant \frac{1}{Q} \quad (1 \leqslant i \leqslant m),$$

$$|x_j| < Q^{m/n} \quad (1 \leqslant j \leqslant n).$$

证 考虑含 $m + n$ 个变元 $x_1, \cdots, x_n, y_1, \cdots, y_m$ 的线性不等式组

$$|L_i(x_1, \cdots, x_n) - y_i| \leqslant \frac{1}{Q} \quad (1 \leqslant i \leqslant m),$$

$$|x_j| < Q^{m/n} \quad (1 \leqslant j \leqslant n).$$

因为线性型的系数行列式

$$\begin{vmatrix} \theta_{11} & \cdots & \theta_{1n} & -1 & \cdots & 0 \\ \vdots & \ddots & \vdots & \vdots & \ddots & \vdots \\ \theta_{m1} & \cdots & \theta_{mn} & 0 & \cdots & -1 \\ 1 & \cdots & 0 & 0 & \cdots & 0 \\ \vdots & \ddots & \vdots & \vdots & \ddots & \vdots \\ 0 & \cdots & 1 & 0 & \cdots & 0 \end{vmatrix}$$

的绝对值及不等式右边各常数之积相等 (都等于 1), 所以由 Minkowski 线性型定理得知存在 $\mathbb{Z}^{m+n}$ 中的非零整点 $(x_1,\cdots,x_n,y_1,\cdots,y_m)$ 满足上述不等式组. 如果 $(x_1,\cdots,x_n)=\mathbf{0}\in\mathbb{Z}^n$, 那么由上面前 m 个不等式得到

$$|y_i|\leqslant \frac{1}{Q}<1 \quad (1\leqslant i\leqslant m),$$

从而 $y_i=0(1\leqslant i\leqslant m)$, 于是 $(x_1,\cdots,x_n,y_1,\cdots,y_m)=\mathbf{0}$, 我们得到矛盾. 因此 $(x_1,\cdots,x_n)$ 就是所求的非零整点. □

注 1.6.1 **1.** 在定理 1.6.3 中取 $n=1$(然后将下标 m 改记为 n), 可得定理 1.6.1; 取 $m=1$ 即得定理 1.6.2.

2. 也可以应用抽屉原理推出定理 1.6.3, 但需假定 Q 是大于 1 的整数 (一般这不影响应用). 证明如下: 考虑 $\mathbb{R}^m$ 中由下列点组成的集合:

$$\underbrace{(1,1,\cdots,1)}_{m\text{个}},$$

$$(\{\theta_{11}x_1+\theta_{12}x_2+\cdots+\theta_{1n}x_n\},\cdots,\{\theta_{m1}x_1+\theta_{m2}x_2+\cdots+\theta_{mn}x_n\}),$$

其中 $x_1,x_2,\cdots,x_n$ 是区间

$$[0,[Q^{m/n}]] \quad (\text{当 } Q^{m/n}\notin\mathbb{Z} \text{ 时}) \quad \text{或} \quad [0,Q^{m/n}-1] \quad (\text{当 } Q^{m/n}\in\mathbb{Z} \text{ 时})$$

中的任意整数. 这些点的个数当 $Q^{m/n}\notin\mathbb{Z}$ 时等于

$$([Q^{m/n}]+1)^n+1>(Q^{m/n})^n+1=Q^m+1;$$

当 $Q^{m/n}\in\mathbb{Z}$ 时等于 Q^m+1. 它们都在 m 维单位正方体 $G_m=[0,1]^m$ 中. 将 G_m 各边 Q 等分, 得到 Q^m 个边长为 Q^{-1} 的 m 维 (小) 正方体. 依抽屉原理, 上述点集中至少有两点落在同一个小正方体中. 如果这两点是

$$(\{\theta_{11}x_1^{(i)}+\theta_{12}x_2^{(i)}+\cdots+\theta_{1n}x_n^{(i)}\},\cdots,$$

$$\{\theta_{m1}x_1^{(i)}+\theta_{m2}x_2^{(i)}+\cdots+\theta_{mn}x_n^{(i)}\})$$

$$=\big(\theta_{11}x_1^{(i)}+\theta_{12}x_2^{(i)}+\cdots+\theta_{1n}x_n^{(i)}-y_1^{(i)},\cdots,$$

$$\theta_{m1}x_1^{(i)}+\theta_{m2}x_2^{(i)}+\cdots+\theta_{mn}x_n^{(i)}-y_m^{(i)}\big) \quad (i=1,2),$$

其中 $y_1^{(i)},\cdots,y_m^{(i)}$ 是某些整数, 那么

$$x_j=x_j^{(1)}-x_j^{(2)} \quad (j=1,2,\cdots,n),$$

$$y_i = y_i^{(1)} - y_i^{(2)} \quad (i = 1, 2, \cdots, m)$$

满足

$$|L_i(x_1, \cdots, x_n) - y_i| \leqslant \frac{1}{Q} \quad (1 \leqslant i \leqslant m),$$

$$|x_j| < Q^{m/n} \quad (1 \leqslant j \leqslant n),$$

并且 $(x_1, x_2, \cdots, x_n) \neq (0, 0, \cdots, 0)$, 从而 $(x_1, x_2, \cdots, x_n)$ 就是所求的整数解. 如果这两点是 $(\underbrace{1, 1, \cdots, 1}_{m\uparrow})$ 和

$$\big(\{\theta_{11}x_1 + \theta_{12}x_2 + \cdots + \theta_{1n}x_n\}, \cdots,$$

$$\{\theta_{m1}x_1 + \theta_{m2}x_2 + \cdots + \theta_{mn}x_n\} \big)$$

$$= \big(\theta_{11}x_1 + \theta_{12}x_2 + \cdots + \theta_{1n}x_n - y_1, \cdots,$$

$$\theta_{m1}x_1 + \theta_{m2}x_2 + \cdots + \theta_{mn}x_n - y_m \big),$$

其中 $y_1, \cdots, y_m$ 是某些整数. 因为点 $(\underbrace{1, 1, \cdots, 1}_{m\uparrow})$ 和 $(0, 0, \cdots, 0)$ 不可能落在同一个小正方体中, 所以

$$(x_1, x_2, \cdots, x_n) \neq (0, 0, \cdots, 0),$$

从而

$$x_j \quad (j = 1, 2, \cdots, n), \quad y_i' = y_i + 1 \quad (i = 1, 2, \cdots, m)$$

满足

$$|L_i(x_1, \cdots, x_n) - y_i'| \leqslant \frac{1}{Q} \quad (1 \leqslant i \leqslant m),$$

$$|x_j| < Q^{m/n} \quad (1 \leqslant j \leqslant n),$$

从而 $(x_1, x_2, \cdots, x_n)$ 就是所求的整数解.

1.6.2 定理 1.6.3 的改进

在定理 1.6.3 的假定下, 不等式

$$\Big(\max_{1 \leqslant i \leqslant m} \|L_i(\boldsymbol{x})\| \Big)^m \Big(\max_{1 \leqslant j \leqslant n} |x_j| \Big)^n < 1$$

有非零解 $\boldsymbol{x} \in \mathbb{Z}^n$. 现在我们将此不等式的右边的常数 1 改进为

$$\gamma_{m,n} = \frac{m^m n^n}{(m+n)^{m+n}} \cdot \frac{(m+n)!}{m!n!}.$$

注意:$\gamma_{m,n}$ 是

$$1 = 1^{m+n} = \left(\frac{m}{m+n} + \frac{n}{m+n} \right)^{m+n}$$

的展开式中的一项, 所以 $\gamma_{m,n} < 1$.

定理 1.6.4 设实系数线性型 $L_i(\boldsymbol{x})\,(1 \leqslant i \leqslant m)$ 由式 (1.6.1) 给定, 则不等式

$$\left(\max_{1 \leqslant i \leqslant m} \|L_i(\boldsymbol{x})\| \right)^m \left(\max_{1 \leqslant j \leqslant n} |x_j| \right)^n < \gamma_{m,n} \tag{1.6.2}$$

有非零解 $\boldsymbol{x} \in \mathbb{Z}^n$. 此外, 若对于任何非零的 $\boldsymbol{x} \in \mathbb{Z}^n$, $(L_1(\boldsymbol{x}), \cdots, L_m(\boldsymbol{x})) \notin \mathbb{Z}^m$, 则不等式 (1.6.2) 有无穷多个非零解 $\boldsymbol{x} \in \mathbb{Z}^n$.

证 我们应用数的几何的方法.

(i) 设 $\mathscr{R} = \mathscr{R}(\beta)$ 是由不等式

$$t^{-m} \max_{1 \leqslant j \leqslant n} |x_j| + t^n \max_{1 \leqslant i \leqslant m} |L_i(\boldsymbol{x}) - y_i| \leqslant \beta \tag{1.6.3}$$

(其中 $t > 1, \beta > 0$ 是给定实数) 的解所定义的点

$$(\boldsymbol{x}, \boldsymbol{y}) = (x_1, \cdots, x_n, y_1, \cdots, y_m) \in \mathbb{R}^{m+n}$$

组成的集合. 显然 $\mathscr{R}$ 是对称闭集. 首先证明它是凸集. 设 $(\boldsymbol{x}^{(k)}, \boldsymbol{y}^{(k)})\,(k=1,2)$ 是 $\mathscr{R}$ 中任意两点, 对于任意满足条件 $\lambda + \mu = 1, \lambda, \mu \in [0,1]$ 的实数 λ, μ, 记

$$(\boldsymbol{x}, \boldsymbol{y}) = \lambda(\boldsymbol{x}^{(1)}, \boldsymbol{y}^{(1)}) + \mu(\boldsymbol{x}^{(2)}, \boldsymbol{y}^{(2)})$$

$$= (\lambda\boldsymbol{x}^{(1)} + \mu\boldsymbol{x}^{(2)}, \lambda\boldsymbol{y}^{(1)} + \mu\boldsymbol{y}^{(2)})$$

$$= (x_1, \cdots, x_n, y_1, \cdots, y_m),$$

那么

$$\max_{1 \leqslant j \leqslant n} |x_j| = \max_{1 \leqslant j \leqslant n} |\lambda x_j^{(1)} + \mu x_j^{(2)}| \leqslant \lambda \max_{1 \leqslant j \leqslant n} |x_j^{(1)}| + \mu \max_{1 \leqslant j \leqslant n} |x_j^{(2)}|,$$

$$\max_{1 \leqslant i \leqslant m} |L_i(\boldsymbol{x}) - y_i| = \max_{1 \leqslant i \leqslant m} |L_i(\lambda\boldsymbol{x}^{(1)} + \mu\boldsymbol{x}^{(2)}) - (\lambda y_i^{(1)} + \mu y_i^{(2)})|$$

$$= \max_{1 \leqslant i \leqslant m} \left| \left(L_i(\lambda\boldsymbol{x}^{(1)}) - \lambda y_i^{(1)} \right) + \left(L_i(\mu\boldsymbol{x}^{(2)}) - \mu y_i^{(2)} \right) \right|$$

$$\leqslant \lambda \max_{1\leqslant i\leqslant m}\left|L_i(\boldsymbol{x}^{(1)})-y_i^{(1)}\right|+\mu \max_{1\leqslant i\leqslant m}\left|L_i(\boldsymbol{x}^{(2)})-y_i^{(2)}\right|.$$

因此由不等式 (1.6.3) 得到

$$t^{-m}\max_{1\leqslant j\leqslant n}|x_j|+t^n\max_{1\leqslant i\leqslant m}|L_i(\boldsymbol{x})-y_i|$$

$$\leqslant \lambda\Big(t^{-m}\max_{1\leqslant j\leqslant n}|x_j^{(1)}|+t^n\max_{1\leqslant i\leqslant m}|L_i(\boldsymbol{x}^{(1)})-y_i^{(1)}|\Big)$$

$$+\mu\Big(t^{-m}\max_{1\leqslant j\leqslant n}|x_j^{(2)}|+t^n\max_{1\leqslant i\leqslant m}|L_i(\boldsymbol{x}^{(2)})-y_i^{(2)}|\Big)$$

$$\leqslant \lambda\beta+\mu\beta=(\lambda+\mu)\beta=\beta,$$

可见 $\lambda(\boldsymbol{x}^{(1)},\boldsymbol{y}^{(1)})+\mu(\boldsymbol{x}^{(2)},\boldsymbol{y}^{(2)})\in\mathscr{R}$, 从而 $\mathscr{R}$ 是凸集.

现在计算 $\mathscr{R}$ 的体积 $V=V(\beta)$. 作变量代换

$$u_j=t^{-m}x_j \quad (j=1,2,\cdots,n);$$

$$v_i=t^n\big(L_i(\boldsymbol{x})-y_i\big) \quad (i=1,2,\cdots,m).$$

易算出 Jacobi 式等于 1, 并且 $\mathscr{R}$ 由

$$\max_{1\leqslant j\leqslant n}|u_j|+\max_{1\leqslant i\leqslant m}|v_i|\leqslant \beta$$

定义. 用 $\mathscr{R}_0$ 表示 $\mathscr{R}$ 中满足 $u_j\geqslant 0(j=1,2,\cdots,n),v_i\geqslant 0(i=1,2,\cdots,m)$ 的部分, 那么由 $\mathscr{R}$ 的 (中心) 对称性得到

$$V=2^{m+n}V_0.$$

又用 $\mathscr{R}_{0,k}$ 表示 $\mathscr{R}_0$ 中满足 $\max_{1\leqslant j\leqslant n}u_j=u_k(k=1,2,\cdots,n)$ 的部分, 那么由对称性可知

$$V_0=\sum_{k=1}^n\int_{\mathscr{R}_{0,k}}\cdots\int \mathrm{d}u_1\cdots\mathrm{d}u_n\mathrm{d}v_1\cdots\mathrm{d}v_m$$

$$=n\int_{\mathscr{R}_{0,1}}\cdots\int \mathrm{d}u_1\cdots\mathrm{d}u_n\mathrm{d}v_1\cdots\mathrm{d}v_m.$$

因为 $\mathscr{R}_{0,1}$ 由不等式

$$0\leqslant u_1\leqslant \beta, \quad 0\leqslant u_j\leqslant u_1 \quad (j=2,\cdots,n),$$

$$0\leqslant v_i\leqslant \beta-u_1 \quad (i=1,2,\cdots,m)$$

定义, 所以

$$V_0 = n \int_0^\beta u_1^{n-1}(\beta - u_1)^m \mathrm{d}u_1$$

$$= n\beta^{m+n} \frac{(n-1)!m!}{(m+n)!}$$

$$= \frac{m!n!}{(m+n)!}\beta^{m+n}.$$

因此

$$V(\beta) = \frac{m!n!}{(m+n)!}(2\beta)^{m+n}.$$

(ii) 在不等式 (1.6.3) 中取

$$\beta = \beta_0 = \left(\frac{m!n!}{(m+n)!} \right)^{-1/(m+n)},$$

则 $V(\beta_0) = 2^{m+n}$. 依 Minkowski 第一凸体定理, 存在 $m+n$ 维非零整点 $(\boldsymbol{x},\boldsymbol{y})$ 满足不等式 (1.6.3). 此外, 若 $\boldsymbol{x} = \boldsymbol{0}$, 则由式 (1.6.3) 可知

$$t^n \max_{1 \leqslant i \leqslant m} |y_i| \leqslant \beta_0 \quad 或 \quad \max_{1 \leqslant i \leqslant m} |y_i| \leqslant t^{-n}\beta_0,$$

取 $t > \max\{1, \beta_0^{1/n}\}$, 将有 $y_1 = \cdots = y_m = 0$, 从而 $(\boldsymbol{x},\boldsymbol{y}) = (\boldsymbol{0},\boldsymbol{0})$. 我们得到矛盾. 因此 $\boldsymbol{x} \neq \boldsymbol{0}$.

(iii) 对于任何给定的非零的 $(\boldsymbol{x},\boldsymbol{y}) \in \mathbb{Z}^{m+n}$, 使式 (1.6.3) 成为等式的 $t > 1$ 只有有限多个, 但 $\mathbb{Z}^{m+n}$ 中的点是可数无穷的, 而实数集 $\{t > 1\}$ 具有连续统的势, 所以有无穷多个实数 $t > 1$, 使得不等式

$$t^{-m} \max_{1 \leqslant j \leqslant n} |x_j| + t^n \max_{1 \leqslant i \leqslant m} |L_i(\boldsymbol{x}) - y_i| < \beta_0 \tag{1.6.4}$$

有非零解 $(\boldsymbol{x},\boldsymbol{y}) \in \mathbb{Z}^{m+n}$. 下面只考虑这样的 t. 将不等式 (1.6.4) 左边改写为

$$\underbrace{\frac{1}{n}t^{-m} \max_{1 \leqslant j \leqslant n} |x_j| + \cdots + \frac{1}{n}t^{-m} \max_{1 \leqslant j \leqslant n} |x_j|}_{n\text{个}}$$

$$+ \underbrace{\frac{1}{m}t^n \max_{1 \leqslant i \leqslant m} |L_i(\boldsymbol{x}) - y_i| + \cdots + \frac{1}{m}t^n \max_{1 \leqslant i \leqslant m} |L_i(\boldsymbol{x}) - y_i|}_{m\text{个}},$$

然后应用算术–几何平均不等式, 即得

$$n^{-n}m^{-m}\left(\max_{1 \leqslant j \leqslant n} |x_j| \right)^n \left(\max_{1 \leqslant i \leqslant m} |L_i(\boldsymbol{x}) - y_i| \right)^m$$

$$\leqslant \left(\frac{n \cdot \dfrac{1}{n} t^{-m} \max\limits_{1 \leqslant j \leqslant n} |x_j| + m \cdot \dfrac{1}{m} t^n \max\limits_{1 \leqslant i \leqslant m} |L_i(\boldsymbol{x}) - y_i|}{m+n} \right)^{m+n}$$

$$= \left(\frac{t^{-m} \max\limits_{1 \leqslant j \leqslant n} |x_j| + t^n \max\limits_{1 \leqslant i \leqslant m} |L_i(\boldsymbol{x}) - y_i|}{m+n} \right)^{m+n}$$

$$< \left(\frac{\beta_0}{m+n} \right)^{m+n},$$

于是式 (1.6.2) 得证.

(iv) 设对于任何非零的 $\boldsymbol{x} \in \mathbb{Z}^n, (L_1(\boldsymbol{x}), \cdots, L_m(\boldsymbol{x})) \notin \mathbb{Z}^m$. 如果只有有限多个非零的 $\boldsymbol{x} \in \mathbb{Z}^n$ 满足不等式 (1.6.4), 那么对应的 $\max\limits_{1 \leqslant j \leqslant n} |x_j|$ 只有有限多个值; 对应的 $\max\limits_{1 \leqslant i \leqslant m} |L_i(\boldsymbol{x}) - y_i|$ 不等于零, 并且也只有有限多个值. 于是取 $t > 1$ 充分大, 可使不等式 (1.6.4) 左边大于 β_0, 我们得到矛盾. 因此一定有无穷多个非零的 $\boldsymbol{x} \in \mathbb{Z}^n$ 满足不等式 (1.6.4), 从而满足不等式 (1.6.2).   □

推论 1.6.1   如果对于某个 $i\,(1 \leqslant i \leqslant m)$, 数 $1, \theta_{i,1}, \cdots, \theta_{i,n}$ 在 $\mathbb{Q}$ 上线性无关, 则不等式 (1.6.2) 有无穷多个非零解 $\boldsymbol{x} \in \mathbb{Z}^n$.

证   此时对于任何非零的 $\boldsymbol{x} \in \mathbb{Z}^n, L_i(\boldsymbol{x}) \notin \mathbb{Z}$, 所以由定理 1.6.4 的后半部分得到结论.   □

推论 1.6.2   设 $\theta_1, \cdots, \theta_m$ 是任意实数, 则不等式

$$q^{1/m} \max\{\|q\theta_1\|, \cdots, \|q\theta_m\|\} < \frac{m}{m+1}$$

有无穷多个正整数解 q.

证   在定理 1.6.4 中取 $n = 1$. 如果 $\theta_1, \cdots, \theta_m$ 中有一个无理数, 则由推论 1.6.1 得到结论. 如果 $\theta_1, \cdots, \theta_m$ 都是有理数, 设 d 是它们的最小公分母, 则 $q = td\,(t \in \mathbb{N})$ 给出不等式的无穷多个正整数解.   □

推论 1.6.3   设 $\theta_1, \cdots, \theta_n$ 是任意实数, 则不等式

$$\left(\max_{1 \leqslant i \leqslant n} |x_i| \right)^n \|\theta_1 x_1 + \cdots + \theta_n x_n\| < \left(\frac{n}{n+1} \right)^n$$

有无穷多个非零整数解 $\boldsymbol{x} = (x_1, \cdots, x_n)$.

证   在定理 1.6.4 中取 $m = 1$. 如果 $\theta_1, \cdots, \theta_n$ 在 $\mathbb{Q}$ 上线性无关, 则由推论 1.6.1 得

到结论. 不然, 则存在不全为零的有理数 $u_0, u_1, \cdots, u_n$, 使得

$$u_0 + u_1\theta_1 + \cdots + u_n\theta_n = 0.$$

设 d 是 $u_0, u_1, \cdots, u_n$ 的最小公分母, 那么 $\boldsymbol{x} = d(u_1, \cdots, u_n)$ 给出不等式的无穷多个非零整数解. □

1.6.3 反向结果

现在给出一个与式 (1.6.2) 反向的不等式, 它表明在一定意义下定理 1.6.4 是不可改进的.

定理 1.6.5 对于任何正整数 m 和 n, 存在常数 $\gamma > 0$ 和实系数线性型 (1.6.1), 使得对于所有非零的 $\boldsymbol{x} = (x_1, \cdots, x_n) \in \mathbb{Z}^n$, 都有

$$\left(\max_{1 \leqslant i \leqslant m} \|L_i(\boldsymbol{x})\| \right)^m \left(\max_{1 \leqslant j \leqslant n} |x_j| \right)^n \geqslant \gamma. \tag{1.6.5}$$

证 (i) 首先考虑 l 次多项式

$$P(x) = (x-2)(x-4)\cdots(x-2l) - 2.$$

由 Eisenstein 判别法则, $P(x)$ (在 $\mathbb{Q}$ 上) 不可约. 又因为

$$P(1) + 2 = (-1)^l \cdot 1 \cdot 3 \cdots (2l-1),$$
$$P(3) + 2 = 1 \cdot (-1)^{l-1} \cdot 1 \cdot 3 \cdots (2l-3),$$
$$P(5) + 2 = 3 \cdot 1 \cdot (-1)^{l-2} \cdot 1 \cdot 3 \cdots (2l-5),$$

等等, 是符号正负相间并且绝对值大于 2 的奇数, 可见

$$P(1), \quad P(3), \quad P(5), \quad \cdots, \quad P(l+1)$$

的符号也正负相间, 因而 $P(x) = 0$ 有 l 个不同的实根. 它们形成实 l 次共轭代数整数组 $\varphi_1, \varphi_2, \cdots, \varphi_l$.

(ii) 令 $l = m + n (> 1)$. 作 l 个线性型

$$Q_k(\boldsymbol{x}, \boldsymbol{y}) = \sum_{i=1}^{m} \varphi_k^{i-1} y_i + \sum_{j=1}^{n} \varphi_k^{m+j-1} x_j \quad (k = 1, 2, \cdots, l), \tag{1.6.6}$$

其中 $(\boldsymbol{x},\boldsymbol{y})=(x_1,\cdots,x_n,y_1,\cdots,y_m)$. 当 $(\boldsymbol{x},\boldsymbol{y})\in\mathbb{Z}^{m+n}$ 非零时, $Q_k(\boldsymbol{x},\boldsymbol{y})(1\leqslant k\leqslant l)$ 是 l 个共轭代数整数, 所以其范数是非零 (有理) 整数, 即得

$$\prod_{k=1}^{l}|Q_k(\boldsymbol{x},\boldsymbol{y})|\geqslant 1. \tag{1.6.7}$$

(iii) 解未知数为 $\xi_1,\cdots,\xi_m$ 的线性方程组

$$\sum_{i=1}^{m}\varphi_k^{i-1}\xi_i=-\sum_{j=1}^{n}\varphi_k^{m+j-1}x_j \quad (k=1,2,\cdots,m).$$

方程组的系数行列式是 $\varphi_1,\cdots,\varphi_k$ 的 Vandermonde 行列式, 不为零 (因 φ_k 两两互异), 所以解出

$$\xi_i=L_i(\boldsymbol{x}) \quad (i=1,2,\cdots,m),$$

其中 $L_i(\boldsymbol{x})$ 是 $\boldsymbol{x}=(x_1,\cdots,x_n)$ 的实系数线性型. 于是

$$\sum_{j=1}^{n}\varphi_k^{m+j-1}x_j=-\sum_{i=1}^{m}\varphi_k^{i-1}\xi_i=-\sum_{i=1}^{m}\varphi_k^{i-1}L_i(\boldsymbol{x}).$$

由此及式 (1.6.6) 可知: 当 $k=1,2,\cdots,m$ 时, 有

$$Q_k(\boldsymbol{x},\boldsymbol{y})=\sum_{i=1}^{m}\varphi_k^{i-1}\big(y_i-L_i(\boldsymbol{x})\big);$$

而当 $k=m+1,\cdots,m+n+1$ 时, 有

$$Q_k(\boldsymbol{x},\boldsymbol{y})=\sum_{i=1}^{m}\varphi_k^{i-1}\big(y_i-L_i(\boldsymbol{x})\big)+\sum_{i=1}^{m}\varphi_k^{i-1}L_i(\boldsymbol{x})+\sum_{j=1}^{n}\varphi_k^{m+j-1}x_j$$

$$=\sum_{i=1}^{m}\varphi_k^{i-1}\big(y_i-L_i(\boldsymbol{x})\big)+\sum_{j=1}^{n}\omega_{kj}x_j,$$

其中 ω_{kj} 是只与 $\varphi_k(1\leqslant k\leqslant l)$ 有关的常数.

(iv) 最后, 对于非零的 $\boldsymbol{x}\in\mathbb{Z}^n$, 令

$$X=\max_{1\leqslant j\leqslant n}|x_j|, \quad C=\max_{1\leqslant i\leqslant m}\|L_i(\boldsymbol{x})\|,$$

则 $C<1\leqslant X$, 并且存在整数 $y_1,y_2,\cdots,y_m$, 使得

$$\|L_i(\boldsymbol{x})\|=|L_i(\boldsymbol{x})-y_i| \quad (i=1,2,\cdots,m).$$

由步骤 (iii) 中得到的 $Q_k(\boldsymbol{x},\boldsymbol{y})$ 的表达式推出

$$|Q_k(\boldsymbol{x},\boldsymbol{y})|\leqslant\gamma_1 C \quad (k=1,2,\cdots,m),$$

以及

$$|Q_k(\boldsymbol{x},\boldsymbol{y})| \leqslant \gamma_2 C + \gamma_3 X \leqslant \gamma_4 X \quad (k=1,2,\cdots,m),$$

其中常数 $\gamma_1,\cdots,\gamma_4$ 只与 $\varphi_k(1 \leqslant k \leqslant l)$ 有关. 由此以及不等式 (1.6.7) 推出

$$1 \leqslant \prod_{k=1}^{l} |Q_k(\boldsymbol{x},\boldsymbol{y})| \leqslant \gamma_1^m \gamma_4^n C^m X^n.$$

取 $\gamma = \gamma_1^{-m} \gamma_4^{-n}$, 立得不等式 (1.6.5). $\qquad\qquad\square$

注 1.6.2 由推论 1.6.2 知可取 $\gamma_{1,1} = 1/2$. 由 Hurwitz 定理, $\gamma_{1,1}$ 可改进为 $1/\sqrt{5}$, 并且是最优的 (即不可减小). 由定理 1.6.4, 对于一般情形, 存在最优的常数 $\gamma_{m,n}$, 但目前尚不知道其值.

关于实数的联立有理逼近的其他一些结果, 还可参见文献 [33,71,87] 等.

第2章

Kronecker逼近定理

第 1 章只涉及变量的齐次线性型, 例如 $q\theta$ 或 $L(\boldsymbol{x}) = \sum\limits_{i=1}^{n} \theta_i x_i$, 需求整数 $q > 0$ 或非零整点 $\boldsymbol{x}$, 使得 $\|q\theta\|$ 或 $\|L(\boldsymbol{x})\|$ 尽可能小. 本章研究非齐次式 $q\theta - \alpha$ 或更一般的 $L(\boldsymbol{x}) - \alpha$, 需求整数 q 或非零整点 $\boldsymbol{x}$, 使得 $\|q\theta - \alpha\|$ 或 $\|L(\boldsymbol{x}) - \alpha\|$ 尽可能小, 称为实数的非齐次 (有理) 逼近问题. 它与齐次逼近问题有一些本质性的差别. 例如, 对于 $\|q\theta\|$, 只需考虑正整数变量 q, 而对于 $\|q\theta - \alpha\|$, 一般需考虑变量 q 取正值、负值和零. 又如, 可以证明, 存在实数 θ 和 α, 使得不等式组 $\|q\theta - \alpha\| < Q^{-1}, |q| < Q$ 对无穷多个 Q 无整数解 q. 这与定理 1.1.1 全然不同. 至于联立情形, 则有一些新的考虑. 如果对于给定的实数 θ_i, α_i 以及任何充分小 $\varepsilon > 0$, 需求整数 q, 使得同时有

$$\|q\theta_i - \alpha_i\| < \varepsilon \quad (i = 1, 2, \cdots, n);$$

又设存在不全为零的整数组 $u_1, u_2, \cdots, u_n$, 使得 $u_1\theta_1 + u_2\theta_2 + \cdots + u_n\theta_n$ 为整数, 那么将有

$$\|u_1\alpha_1 + u_2\alpha_2 + \cdots + u_n\alpha_n\| < (|u_1| + |u_2| + \cdots + |u_n|)\varepsilon.$$

于是应当 $\|u_1\alpha_1 + u_2\alpha_2 + \cdots + u_n\alpha_n\| = 0$, 从而 $u_1\alpha_1 + u_2\alpha_2 + \cdots + u_n\alpha_n \in \mathbb{Z}$. 这导致一般形式的 Kronecker 逼近定理.

当然, 对于某些特殊的 θ(如 θ 是有理数), 非齐次问题可以转化为齐次问题. 我们还将看到与齐次情形关于 $q\|q\theta\| < 1/\sqrt{5}$ 的解数的命题类似的非齐次结果 (即定理 2.1.3). 但总体而言, 非齐次问题要比齐次问题复杂或困难.

非齐次逼近的重要结果之一是 Kronecker 逼近定理, 这是本章的主题. 在 2.1 节中我们比较详细地讨论一维情形的基本结果, 并给出一个简单应用例子. 2.2 节给出多维情形的定性结果, 包括一般形式和常见推论, 定理的证明是纯代数的, 比较复杂. 2.3 节给出一般形式的定量结果, 证明基于数的几何的经典结果, 并由定量结果推出定性结果. 限于篇幅, 没有涉及它们的应用.

2.1 一维情形

2.1.1 一维 Kronecker 逼近定理

这个定理的一个常见叙述形式如下:

定理 2.1.1 设 α 是给定的无理数,β 是任意实数, 那么对于任何 $N > 0$, 存在整数 $q > N$ 和整数 p 满足不等式

$$|q\alpha - p - \beta| < \frac{3}{q}.$$

证 由定理 1.1.1, 存在互素整数 p', q', 其中 $q' > 2N$, 满足不等式

$$|q'\alpha - p'| < \frac{1}{q'}. \tag{2.1.1}$$

因为 $q'\beta$ 必落在某个长度为 1 的区间 $[a, a+1]$(其中 a 为整数) 中, 所以存在整数 Q, 满足

$$|q'\beta - Q| \leqslant \frac{1}{2}. \tag{2.1.2}$$

又因为 p', q' 互素, 所以 (依 Euclid 算法) 存在整数 u_0, v_0, 使得

$$v_0 p' - u_0 q' = 1,$$

从而对于任意整数 t, 有

$$(q't + v_0 Q)p' - (p't + u_0 Q)q' = Q.$$

选取整数 t 满足 $-1/2 - v_0 Q/q' \leqslant t \leqslant 1/2 - v_0 Q/q'$, 即知存在整数 u, v, 使得 Q 可以表示为

$$Q = vp' - uq',$$

其中 $|v| \leqslant q'/2$. 注意

$$q'(v\alpha - u - \beta) = v(q'\alpha - p') - (q'\beta - Q),$$

由式 (2.1.1) 和式 (2.1.2) 可得

$$|q'(v\alpha - u - \beta)| < |v||q'\alpha - p'| + |q'\beta - Q|$$

$$< \frac{1}{2}q' \cdot \frac{1}{q'} + \frac{1}{2} = 1. \tag{2.1.3}$$

记 $q = q' + v, p = p' + u$, 则有

$$N < \frac{1}{2}q' \leqslant q \leqslant \frac{3}{2}q'. \tag{2.1.4}$$

最后, 由 (2.1.1),(2.1.3),(2.1.4) 诸式推出

$$|q\alpha - p - \beta| \leqslant |v\alpha - u - \beta| + |q'\alpha - p'|$$

$$< \frac{1}{q'} + \frac{1}{q'} = \frac{2}{q'} \leqslant \frac{3}{q}. \qquad \square$$

注 2.1.1　在定理 2.1.1 中令 N 取一列无穷递增的值 $N_1 < N_2 < \cdots$, 我们可得无穷递增的正整数列 $q_j (j \geqslant 1)$ 及无穷整数列 p_j 满足

$$|q_j \alpha - p_j - \beta| < \frac{3}{q_j} \quad (j \geqslant 1),$$

从而

$$\left| \alpha - \frac{p_j}{q_j} - \frac{\beta}{q_j} \right| < \frac{3}{q_j^2},$$

$$\frac{p_j}{q_j} \to \alpha \quad (j \to \infty).$$

因此, 在定理 2.1.1 中, 可以认为当 N(或 q) 足够大时 p 与 α 同号.

我们给出这个结果的一个简单应用：

例 2.1.1 设 $\xi > 1$ 是给定实数, 在小数点后依次写出所有正整数 $[\xi], [\xi^2], [\xi^3], \cdots$, 得到无限十进小数

$$\eta = 0.[\xi][\xi^2][\xi^3]\cdots[\xi^n]\cdots,$$

那么 η 是无理数.

证 首先设 $\lg \xi = a/b$ 是有理数, 此处 a, b 是互素正整数, 那么 $\xi = 10^{a/b}, \xi^b = 10^a, \xi^{lb} = 10^{la}$(这里 l 是正整数), 因此

$$[\xi^{lb}] = [10^{la}] = 10^{la} = 10\cdots 0 \quad (la \text{ 个 } 0).$$

因为 l 可以任意大, 所以 η 的十进表示中含有任意长的全由 0 组成的数字段, 从而是无理数.

其次设 $\lg \xi$ 是无理数. 设 $k > 1$ 是一个取定的整数, 记 $b = 10^k$. 在定理 2.1.1 中取 $\alpha = \lg \xi, \beta = \big(\lg(b+1) + \lg b\big)/2$, 以及 $N > 6/\big(\lg(b+1) - \lg b\big)$. 那么存在正整数 $q = q(k)$ 和整数 $p = p(k)$ 满足

$$\left| q \lg \xi - p - \frac{\lg(b+1) + \lg b}{2} \right| < \frac{\lg(b+1) - \lg b}{2}.$$

设 N 足够大, 我们可以认为 $p > 0$(见注 2.1.1). 由上式可得

$$10^{k+p} < \xi^n < 10^{k+p} + 10^p,$$

$$10^{k+p} \leqslant [\xi^n] < 10^{k+p} + 10^p.$$

由此可知在 $[\xi^n]$ 的十进表示中, 最高数位的数字是 1, 其后紧接 k 个 0. 因为 k 可以任意大, 所以 η 是无理数. □

2.1.2 一维 Kronecker 逼近定理的改进

定理 2.1.1 中的不等式可写成

$$|q| \|q\alpha - \beta\| < 3,$$

Minkowski 将不等式右边的常数改进为 1/4(定理 2.1.2), 并且这个常数是最优的 (定理 2.1.3).

定理 2.1.2 设 α 是无理数,β 是实数, 但不等于 $m\alpha+n\,(m,n\in\mathbb{Z})$, 则存在无穷多个整数 q 满足不等式

$$|q|\|q\alpha-\beta\|<\frac{1}{4}.$$

注 2.1.2 若 $\beta=m\alpha+n\,(m,n\in\mathbb{Z})$, 则 $\|q\alpha-\beta\|=\|(q-m)\alpha\|$, 从而化为齐次问题. 上述定理的证明需要下面两个辅助引理.

引理 2.1.1 设 $\theta,\phi,\psi,\omega\in\mathbb{R},M>0$ 是给定常数. 若

$$|\theta\omega-\phi\psi|\leqslant\frac{1}{2}M,\quad|\psi\omega|\leqslant M,\quad\psi>0, \tag{2.1.5}$$

则存在 $u\in\mathbb{Z}$ 满足不等式组

$$|\theta+\psi u\|\phi+\omega u|\leqslant\frac{1}{4}M,\quad|\theta+\psi u|<\psi. \tag{2.1.6}$$

证 (i) 不妨认为

$$\phi\geqslant0,\quad-\psi\leqslant\theta<0. \tag{2.1.7}$$

因为若 $\phi<0$, 则分别用 $-\phi,-\omega$ 代替 ϕ,ω, 式 (2.1.5) 不变. 若 $-\psi\leqslant\theta<0$ 不成立, 则由 $\psi>0$ 可知存在整数 u_0 满足

$$-1-\frac{\theta}{\psi}\leqslant u_0<-\frac{\theta}{\psi},$$

从而 $-\psi\leqslant\theta+u_0\psi<0$. 进而分别用 $\theta+u_0\psi,\phi+u_0\omega$ 代替 θ,ϕ, 则式 (2.1.5) 不变, 而不等式组 (2.1.6) 可改写为

$$|(\theta+u_0\psi)+\psi(u-u_0)\|(\phi+u_0\omega)+\omega(u-u_0)|\leqslant\frac{1}{4}M,$$

$$|(\theta+u_0\psi)+\psi(u-u_0)|<\psi.$$

于是若证明了 $u'=u-u_0$ 的存在性即得 u 的存在性.

(ii) 如果 $\theta=-\psi$, 那么显然 $u=1$ 满足不等式组 (2.1.6). 因此我们可以假设

$$-\psi<\theta<0,\quad\phi\geqslant0. \tag{2.1.8}$$

于是 $|\theta|<\psi,|\theta+\psi|<\psi$. 这表明 $u=0,1$ 都满足不等式组 (2.1.6) 中的第二式. 从而只需证明 $u=0,1$ 中至少有一个满足不等式组 (2.1.6) 中的第一式, 即

$$|\theta+\psi u\|\phi+\omega u|\leqslant\frac{1}{4}M. \tag{2.1.9}$$

(iii) 现在在假设 (2.1.8) 下证明 $u = 0$ 或 1 满足不等式 (2.1.9). 首先, 如果 $\phi + \omega \leqslant 0$, 那么由算术-几何平均不等式得到

$$16|\theta\phi||(\theta+\psi)(\phi+\omega)| = (4|\theta||\theta+\psi|) \cdot (4|\phi||\phi+\omega|)$$
$$\leqslant (|\theta| + |\theta+\psi|)^2 \cdot (|\phi| + |\phi+\omega|)^2.$$

因为由式 (2.1.8) 可知

$$|\theta| + |\theta+\psi| = -\theta + (\theta+\psi) = \psi,$$
$$|\phi| + |\phi+\omega| = \phi - (\phi+\omega) = -\omega,$$

所以(应用条件 (2.1.5))

$$16|\theta\phi||(\theta+\psi)(\phi+\omega)| \leqslant \psi^2\omega^2 \leqslant M^2.$$

于是

$$\min\{|\theta\phi|, |(\theta+\psi)(\phi+\omega)|\} \leqslant \frac{1}{4}M.$$

其次, 如果 $\phi + \omega > 0$, 那么由式 (2.1.8) 可知 $\theta(\phi+\omega) < 0, \phi(\theta+\psi) \geqslant 0$, 所以

$$2(|\theta\phi||(\theta+\psi)(\phi+\omega)|)^{1/2} \leqslant |\phi(\theta+\psi)| + |\theta(\phi+\omega)|$$
$$= |\phi(\theta+\psi) - \theta(\phi+\omega)|$$
$$= |\phi\psi - \theta\omega|.$$

于是(注意条件 (2.1.5))也有

$$\min\{|\theta\phi|, |(\theta+\psi)(\phi+\omega)|\} \leqslant \frac{1}{4}M.$$

合起来可知, 不等式 (2.1.9) 当 $u = 0$ 或 $u = 1$ 时总有一个能成立. □

引理 2.1.2 设

$$L_i = L_i(x,y) = \lambda_i x + \mu_i y \quad (i = 1, 2)$$

是两个实系数线性型, $\Delta = \lambda_1\mu_2 - \lambda_2\mu_1 \neq 0$, λ_1/μ_1 是无理数, 则对任何实数 ρ_1, ρ_2 和任意给定的 $\varepsilon > 0$, 存在整数组 (x, y) 满足不等式组

$$|L_1(x,y) + \rho_1||L_2(x,y) + \rho_2| \leqslant \frac{1}{4}|\Delta|, \quad |L_1(x,y) + \rho_1| < \varepsilon. \tag{2.1.10}$$

证 (i) 由 Minkowski 线性型定理, 存在非零整点 (x_0, y_0) 满足不等式组

$$|\lambda_1 x_0 + \mu_1 y_0| < \varepsilon, \quad |\lambda_2 x_0 + \mu_2 y_0| \leqslant \varepsilon^{-1}|\Delta|. \tag{2.1.11}$$

不妨认为 x_0, y_0 互素 (不然可用 $x_0/d, y_0/d$ 代替它们, 此处 d 是它们的最大公约数). 又因为 λ_1/μ_1 是无理数, 所以 $\lambda_1 x_0 + \mu_1 y_0 \neq 0$. 必要时以 $-x_0, -y_0$ 代替 x_0, y_0, 可将式 (2.1.11) 写成

$$0 < \lambda_1 x_0 + \mu_1 y_0 < \varepsilon, \quad |\lambda_2 x_0 + \mu_2 y_0| \leqslant \varepsilon^{-1}|\Delta|. \tag{2.1.12}$$

(ii) 因为 x_0, y_0 互素, 所以存在整数 x_1, y_1 满足 $x_0 y_1 - x_1 y_0 = 1$. 作变换

$$(x, y) = (x', y') \begin{pmatrix} x_0 & y_0 \\ x_1 & y_1 \end{pmatrix}, \tag{2.1.13}$$

则有

$$\begin{aligned}
\big(L_1(x, y), L_2(x, y)\big) &= (x, y) \begin{pmatrix} \lambda_1 & \lambda_2 \\ \mu_1 & \mu_2 \end{pmatrix} \\
&= (x', y') \begin{pmatrix} x_0 & y_0 \\ x_1 & y_1 \end{pmatrix} \begin{pmatrix} \lambda_1 & \lambda_2 \\ \mu_1 & \mu_2 \end{pmatrix} \\
&= (x', y') \begin{pmatrix} \lambda_1' & \lambda_2' \\ \mu_1' & \mu_2' \end{pmatrix} \\
&= \big(L_1'(x', y'), L_2'(x', y')\big),
\end{aligned} \tag{2.1.14}$$

其中已令

$$\begin{pmatrix} \lambda_1' & \lambda_2' \\ \mu_1' & \mu_2' \end{pmatrix} = \begin{pmatrix} x_0 & y_0 \\ x_1 & y_1 \end{pmatrix} \begin{pmatrix} \lambda_1 & \lambda_2 \\ \mu_1 & \mu_2 \end{pmatrix}, \tag{2.1.15}$$

以及

$$L_i'(x', y') = \lambda_i' x' + \mu_i' y' \quad (i = 1, 2),$$

并且还有

$$\begin{vmatrix} \lambda_1' & \lambda_2' \\ \mu_1' & \mu_2' \end{vmatrix} = \begin{vmatrix} \lambda_1 & \lambda_2 \\ \mu_1 & \mu_2 \end{vmatrix} = \Delta.$$

由式 (2.1.12) 和式 (2.1.15) 得到

$$0 < \lambda_1' < \varepsilon, \quad |\lambda_2'| \leqslant \varepsilon^{-1}|\Delta|. \tag{2.1.16}$$

依式 (2.1.14), 不等式组 (2.1.10) 等价于

$$|L_1'(x',y') + \rho_1||L_2'(x',y') + \rho_2| \leqslant \frac{1}{4}|\Delta|, \quad |L_1'(x',y') + \rho_1| < \varepsilon. \qquad (2.1.17)$$

因此我们只需证明存在整数组 (x', y') 满足不等式组 (2.1.17).

(iii) 设整数 y' 由下式定义:

$$\left|\frac{\rho_1\lambda_2' - \rho_2\lambda_1'}{\Delta} - y'\right| = \left\|\frac{\rho_1\lambda_2' - \rho_2\lambda_1'}{\Delta}\right\| \leqslant \frac{1}{2}.$$

在引理 2.1.1 中取

$$\theta = \mu_1'y' + \rho_1, \quad \phi = \mu_2'y' + \rho_2, \quad \psi = \lambda_1', \quad \omega = \lambda_2',$$

那么直接验证, 并依 y' 的定义, 可知

$$|\theta\omega - \psi\phi| = |\rho_1\lambda_2' - \rho_2\lambda_1' - \Delta y'| \leqslant \frac{1}{2}|\Delta|.$$

又由式 (2.1.16) 得到 $|\psi\omega| = |\lambda_1'\lambda_2'| < |\Delta|$, 以及 $\psi > 0$. 因此引理 2.1.1 的各项条件在此都成立, 于是存在整数 u(记作 x') 满足

$$|(\mu_1'y' + \rho_1) + \lambda_1'x'||(\mu_2'y' + \rho_2) + \lambda_2'x'| \leqslant \frac{1}{4}|\Delta|,$$

以及(注意式 (2.1.16) 的第一式)

$$|(\mu_1'y' + \rho_1) + \lambda_1'x'| \leqslant \lambda_1' < \varepsilon,$$

从而引理得证. $\qquad\qquad\qquad\qquad\qquad\qquad\qquad\qquad\qquad\qquad\qquad\qquad\qquad\qquad\square$

定理 2.1.2 之证 在引理 2.1.2 中取

$$L_1(x,y) + \rho_1 = \alpha x - y - \beta,$$
$$L_2(x,y) + \rho_2 = x,$$

则 $|\Delta| = 1$. 于是存在整数 $x = q, y = p$ 满足

$$|q||q\alpha - p - \beta| \leqslant \frac{1}{4}, \quad |q\alpha - p - \beta| < \varepsilon. \qquad (2.1.18)$$

依定理假设, 对于任何整数 $p, q, \beta \neq q\alpha - p$, 因此当 $\varepsilon \to 0$ 时, 得到无穷多组整数 (p, q) 满足式 (2.1.18).

我们来证明, 在这无穷多组 (p,q) 中至多有一组使得式 (2.1.18) 中的第一式成为等式. 假定有两个不相等的整数组 (p,q) 和 (p',q') 满足

$$|q||q\alpha - p - \beta| = \frac{1}{4},$$

$$|q'||q'\alpha - p' - \beta| = \frac{1}{4},$$

则有

$$q\alpha - p - \beta = \pm\frac{1}{4q},$$

$$q'\alpha - p' - \beta = \pm\frac{1}{4q'}.$$

如果 $q = q'$, 那么将上两式相减可推出 $p - p' = 0$ 或者 $\pm 1/(2q)$. 因为 p,p' 都是整数, 所以不可能. 如果 $q \neq q'$, 那么类似地得到 $(q - q')\alpha$ 是有理数, 与定理假设矛盾. 于是有无穷多组整数 (p,q) 满足不等式 $|q|\|q\alpha - \beta\| < 1/4$. □

定理 2.1.3 对于任意给定的 $\varepsilon > 0$, 存在无理数 α 和实数 $\beta \neq m\alpha + n\,(m,n \in \mathbb{Z})$, 使得

$$|q|\|q\alpha - \beta\| > \frac{1}{4} - \varepsilon \quad (\forall q \neq 0), \tag{2.1.19}$$

并且

$$\lim_{|q| \to \infty} |q|\|q\alpha - \beta\| = \frac{1}{4}. \tag{2.1.20}$$

证 (i) 我们应用连分数构造适合要求的 α 和 β. 取

$$\alpha \in (0,1), \quad \beta = \frac{1}{2}(1 - \alpha).$$

于是有连分数展开

$$\alpha = [0; a_1, a_2, \cdots],$$

其中 $a_n\,(n \geqslant 1)$ 是严格单调增加的正整数列, 将在下文附加其他性质. 设 p_n/q_n 是 α 的渐近分数, 则

$$\left|\frac{q_{n+1}\alpha - p_{n+1}}{q_n\alpha - p_n}\right| = \theta_{n+1} = [0; a_{n+1}, a_{n+2}, \cdots] \leqslant \frac{1}{a_{n+1}}. \tag{2.1.21}$$

并且当 $n \geqslant 1$ 时, 有

$$\frac{q_n}{q_{n+1}} = \varphi_n = [0; a_n, a_{n-1}, \cdots, a_1] \leqslant \frac{1}{a_n}. \tag{2.1.22}$$

于是 (见引理 1.3.3)

$$|q_n(q_n\alpha - p_n)| = (a_n + \varphi_{n-1} + \theta_{n+1})^{-1} = (a_n + O(1))^{-1}, \qquad (2.1.23)$$

以及

$$|q_{n+1}(q_n\alpha - p_n)| = (1 + \theta_{n+1}\varphi_n)^{-1} = 1 + O(a_n^{-1}a_{n+1}^{-1}), \qquad (2.1.24)$$

其中 O 中常数与 α, β, n 以及下文中的 p, q 无关 (下同).

(ii) 我们只需考虑适合下式的整数 $q \neq 0$ 和 p:

$$1 \geqslant 4|q||q\alpha - p - \beta| = |2q||(2q+1)\alpha - (2p+1)|. \qquad (2.1.25)$$

因若不然, 则式 (2.1.19) 自然成立.

首先取 $a_1 \geqslant 4$. 若对于 $q \neq 0$ 有 $|2q+1| < a_1^{1/2}$, 则由 $|\alpha| < a_1^{-1}$ 可知

$$|(2q+1)\alpha| < a_1^{1/2}a_1^{-1} = a_1^{-1/2},$$

从而

$$|2q||(2q+1)\alpha - (2p+1)| > 2(1 - a_1^{-1/2}) \geqslant 1,$$

这与式 (2.1.25) 矛盾. 因此 (注意 $q_1 = 1$)

$$|2q+1| \geqslant a_1^{1/2} = a_1^{1/2}q_1.$$

又由 a_n 的取法可知 $a_n^{1/2}q_n$ 严格单调增加, 从而存在整数 $n \geqslant 1$, 使得

$$a_n^{1/2}q_n \leqslant |2q+1| < a_{n+1}^{1/2}q_{n+1}. \qquad (2.1.26)$$

注意 $|(2q+1)/(2q)| < 2$, 我们由式 (2.1.23)、式 (2.1.25) 和式 (2.1.26) 推出

$$\frac{|(2q+1)\alpha - (2p+1)|}{|q_n\alpha - p_n|} \leqslant \frac{|2q+1|}{2q} \cdot \frac{q_n}{|2q+1|} \cdot \frac{1}{|q_n(q_n\alpha - p_n)|} = O(a_n^{1/2}). \qquad (2.1.27)$$

(iii) 因为 $|p_{n+1}q_n - p_nq_{n+1}| = 1$, 所以存在整数 u, v 满足

$$p_nu + p_{n+1}v = 2p+1, \quad q_nu + q_{n+1}v = 2q+1, \qquad (2.1.28)$$

并且可解出

$$u = (2p+1)q_{n+1} - (2q+1)p_{n+1}.$$

由此及式 (2.1.26) 和式 (2.1.27) 推出

$$|u| = |(2q+1)(q_{n+1}\alpha - p_{n+1}) - q_{n+1}((2q+1)\alpha - (2p+1))|$$
$$= O(a_{n+1}^{1/2}q_{n+1}|q_{n+1}\alpha - p_{n+1}|) + O(a_n^{1/2}q_{n+1}|q_n\alpha - p_n|),$$

进而由式 (2.1.23) 和式 (2.1.24) 可得

$$|u| = O(a_{n+1}^{1/2}a_{n+1}^{-1}) + O(a_n^{1/2}(1 + a_n^{-1}a_{n+1}^{-1})) = O(a_n^{1/2}).$$

由此并应用式 (2.1.28)、式 (2.1.26) 和式 (2.1.22) 可知

$$v = \frac{2q+1}{q_{n+1}} - \frac{q_n}{q_{n+1}}u = O(a_{n+1}^{1/2}) + O(a_n^{-1}a_n^{1/2}) = O(a_{n+1}^{1/2}).$$

类似地, 得到

$$\frac{2q+1}{q_{n+1}} = v + \frac{q_n}{q_{n+1}}u = v + O(a_n^{-1/2}); \tag{2.1.29}$$

以及(注意式 (2.1.28) 和式 (2.1.21))

$$\frac{(2q+1)\alpha - (2p+1)}{q_n\alpha - p_n} = \frac{(uq_n + vq_{n+1})\alpha - (up_n + vp_{n+1})}{q_n\alpha - p_n}$$

$$= u + \frac{q_{n+1}\alpha - p_{n+1}}{q_n\alpha - p_n}\cdot v$$

$$= u + O(a_{n+1}^{-1/2}). \tag{2.1.30}$$

(vi) 现在取一切 a_n 为偶数. 由引理 1.3.1 用数学归纳法可证, 或者所有 q_n, p_{n+1} 都是奇数而所有 p_n, q_{n+1} 都是偶数, 或者所有 q_n, p_{n+1} 都是偶数而所有 p_n, q_{n+1} 都是奇数. 因此由式 (2.1.28) 推出 u, v 都是奇数, 从而 $uv \neq 0$. 于是由式 (2.1.29) 和式 (2.1.30) 得到

$$\frac{|2q+1||(2q+1)\alpha - (2p+1)|}{q_{n+1}|q_n\alpha - p_n|} = |v + O(a_n^{-1/2})||u + O(a_{n+1}^{-1/2})|$$

$$\geqslant (1 - O(a_n^{-1/2}))(1 - O(a_{n+1}^{-1/2}))$$

$$\geqslant 1 - O(a_n^{-1/2}) - O(a_{n+1}^{-1/2}) \tag{2.1.31}$$

(当 n 充分大时, 不等式右边是正数). 又由式 (2.1.26) 可知

$$\left|\frac{2q}{2q+1}\right| = \left|1 - \frac{1}{2q+1}\right| \geqslant 1 - O(q_n^{-1}a_n^{-1/2}).$$

由此及式 (2.1.24) 和式 (2.1.31) 推出

$$4|q(q\alpha - p - \beta)| = \left|\frac{2q}{2q+1}\right| \left|\frac{(2q+1)\big((2q+1)\alpha - (2p+1)\big)}{q_{n+1}(q_n\alpha - p_n)}\right| |q_{n+1}(q_n\alpha - p_n)|$$

$$\geqslant \big(1 - O(q_n^{-1}a_n^{-1/2})\big)\big(1 - O(a_n^{-1/2}) - O(a_{n+1}^{-1/2})\big)\big(1 + O(a_n^{-1}a_{n+1}^{-1})\big)$$

$$> 1 - O(a_n^{-1/2}) - O(a_{n+1}^{-1/2}) > 1 - O(a_n^{-1/2}). \tag{2.1.32}$$

因为 a_n 严格单调增加, 所以对于任何给定的 $\varepsilon > 0$, 存在 $n_0 = n_0(\varepsilon)$, 使得当 $n \geqslant n_0$ 时 $O(a_n^{-1/2}) < 4\varepsilon$, 从而

$$|q(q\alpha - p - \beta)| > \frac{1}{4} - \varepsilon.$$

即式 (2.1.19) 得证.

(v) 由式 (2.1.26) 可知当 $|q| \to \infty$ 时, $n \to \infty$, 于是由式 (2.1.32) 得到

$$\varliminf_{|q| \to \infty} |q(q\alpha - p - \beta)| \geqslant \frac{1}{4}.$$

由此和定理 2.1.2 结合, 立得式 (2.1.20). □

2.1.3 反向结果

定理 2.1.4 设 $\varphi(q)$ 是整数变量 q 的正函数, $\varphi(q) \to \infty \, (q \to \infty)$, 则存在实数 α 和无理数 β, 使对于无穷多个正整数 Q, 不等式组

$$\|q\alpha - \beta\| < \varphi(Q), \quad |q| \leqslant Q$$

没有整数解 q.

证 我们取 $\beta = 1/2$, 然后构造无理数 α 满足定理的要求.

(i) 归纳地定义正整数 $Q_n, u_n, v_n \, (n \geqslant 1)$. 首先任意取定正整数 Q_1, 并取正整数 u_1, v_1 满足

$$\frac{u_1}{v_1} = \frac{1}{3}, \quad 2 \nmid v_1. \tag{2.1.33}$$

设 $Q_m, u_m, v_m \, (m \leqslant n)$ 已经定义, 则取 Q_{n+1} 为满足下列条件的任意正整数:

$$\varphi(Q_{n+1}) < \frac{1}{4v_n} \quad (\text{当 } n \geqslant 1 \text{ 时}); \quad Q_{n+1} > 2Q_n \quad (\text{当 } n \geqslant 2 \text{ 时}) \tag{2.1.34}$$

(不要求 $Q_2 > 2Q_1$), 由于 $\varphi(q)$ 的性质, Q_{n+1} 总是可以取得的; 然后取 u_{n+1}, v_{n+1} 为满足下列不等式的任意正整数:

$$0 < \left| \frac{u_{n+1}}{v_{n+1}} - \frac{u_n}{v_n} \right| < \frac{1}{8v_n Q_{n+1}}, \quad 2 \nmid v_{n+1}, \quad v_{n+1} > 2v_n. \tag{2.1.35}$$

(ii) 由式 (2.1.34) 和式 (2.1.35) 可得: 对于任何 $k > 0$, 有

$$\left| \frac{u_{n+k}}{v_{n+k}} - \frac{u_n}{v_n} \right| \leqslant \sum_{j=1}^{k} \left| \frac{u_{n+j}}{v_{n+j}} - \frac{u_{n+j-1}}{v_{n+j-1}} \right|$$

$$< \sum_{j=1}^{k} \frac{1}{8v_{n+j-1} Q_{n+j}}$$

$$< \frac{1}{8v_n Q_{n+1}} \left(1 + \frac{1}{2^2} + \frac{1}{2^4} + \cdots + \frac{1}{2^{2(k-1)}} \right)$$

$$\to 0 \quad (n, k \to \infty).$$

因此依 Cauchy 收敛准则, 数列 u_n/v_n 收敛, 我们记

$$\alpha = \lim_{n \to \infty} \frac{u_n}{v_n} = \sum_{n=1}^{\infty} \left(\frac{u_{n+1}}{v_{n+1}} - \frac{u_n}{v_n} \right) + \frac{u_1}{v_1}. \tag{2.1.36}$$

(iii) 现在证明 α 是无理数. 为此注意

$$\frac{u_n}{v_n} = \frac{u_1}{v_1} + \sum_{j=1}^{n-1} \left(\frac{u_{j+1}}{v_{j+1}} - \frac{u_j}{v_j} \right),$$

那么由 u_n, v_n 的取法, 由式 (2.1.36) 可知

$$0 < \left| \alpha - \frac{u_n}{v_n} \right|$$

$$= \left| \alpha - \sum_{j=1}^{n-1} \left(\frac{u_{j+1}}{v_{j+1}} - \frac{u_j}{v_j} \right) - \frac{u_1}{v_1} \right|$$

$$= \left| \sum_{j=1}^{\infty} \left(\frac{u_{n+j}}{v_{n+j}} - \frac{u_{n+j-1}}{v_{n+j-1}} \right) \right|$$

$$< \sum_{j=1}^{\infty} \frac{1}{8v_{n+j-1} Q_{n+j}}$$

$$< \frac{1}{8v_n Q_{n+1}} \left(1 + \frac{1}{2^2} + \frac{1}{2^4} + \cdots \right)$$

$$< \frac{1}{4v_n Q_{n+1}}. \tag{2.1.37}$$

如果 $\alpha = a/b$, 其中 a, b 是互素整数, 那么由上式得到

$$1 < |av_n - bu_n| < \frac{b}{4Q_{n+1}} \to 0 \quad (n \to \infty),$$

此不可能.

(iv) 因为 v_n 是奇数, 所以

$$\frac{1}{2} = \left\| qu_n - \frac{v_n}{2} \right\| = \left\| v_n \left(q \cdot \frac{u_n}{v_n} - \frac{1}{2} \right) \right\|$$

$$\leqslant v_n \left\| q \cdot \frac{u_n}{v_n} - \frac{1}{2} \right\|,$$

所以

$$\left\| q \cdot \frac{u_n}{v_n} - \frac{1}{2} \right\| \geqslant \frac{1}{2v_n}. \tag{2.1.38}$$

又由式 (2.1.37) 可知, 对于整数 q, 有

$$\left| q \left(\alpha - \frac{u_n}{v_n} \right) \right| < \frac{|q|}{4v_n Q_{n+1}},$$

当 $|q| \leqslant Q_{n+1}$ 时, 上式右边小于 $1/2$, 从而

$$\left\| q \left(\alpha - \frac{u_n}{v_n} \right) \right\| = \left| q \left(\alpha - \frac{u_n}{v_n} \right) \right| < \frac{|q|}{4v_n Q_{n+1}}. \tag{2.1.39}$$

于是, 若 $|q| \leqslant Q_{n+1}$, 依式 (2.1.38)、式 (2.1.39) 和式 (2.1.34), 就有

$$\|q\alpha - \beta\| = \left\| q\alpha - \frac{1}{2} \right\|$$

$$\geqslant \left\| \frac{u_n}{v_n} q - \frac{1}{2} \right\| - \left\| q \left(\alpha - \frac{u_n}{v_n} \right) \right\|$$

$$\geqslant \frac{1}{2v_n} - \frac{|q|}{4v_n Q_{n+1}}$$

$$\geqslant \frac{1}{4v_n} > \varphi(Q_{n+1}).$$

这表明不等式组

$$\|q\alpha - \beta\| < \varphi(Q_{n+1}), \quad |q| \leqslant Q_{n+1}$$

没有整数解 q. 可见正数列 $Q_2, Q_3, \cdots$ 合乎要求. $\qquad \square$

注 2.1.3 **1.** 在定理 2.1.4 中取 $\varphi(q) = q^{-1}$, 则存在无理数 α 和实数 β, 使得不等式组 $\|q\alpha - \beta\| < Q^{-1}, |q| \leqslant Q$ 无解. 这与齐次逼近情形不同.

2. 如果 $\alpha = m/n$ 是有理数, 那么

$$\|q\alpha - \beta\| = \left\| \frac{mq - n\beta}{n} \right\|$$

$$\geqslant \frac{1}{n} \left\| n \cdot \frac{mq - n\beta}{n} \right\| = \frac{\|n\beta\|}{n}.$$

若函数 $\varphi(q) \to 0 (q \to \infty)$, 则当 Q 充分大时,$\|n\beta\|/n > \varphi(Q)$, 从而当 Q 充分大时, 对于任何实数 β, 不等式组 $\|q\alpha - \beta\| < \varphi(Q), |q| \leqslant Q$ 无整数解 q.

3. 我们可以构造无理数 β 满足定理 2.1.4 的要求. 取 u_n/v_n 同上面的证明, 并取 u'_n/v'_n 满足

$$v'_n = 2v_n, \quad u'_n \neq u_n, 2u_n \quad (n \geqslant 1),$$

以及

$$0 < \left| \frac{u'_{n+1}}{v'_{n+1}} - \frac{u'_n}{v'_n} \right| < \frac{1}{8v'_n Q_{n+1}},$$

那么存在极限

$$\beta = \lim_{n \to \infty} \frac{u'_n}{v'_n},$$

并且 α 是无理数. 还可类似地证明

$$\left| q \cdot \frac{u_n}{v_n} - \frac{u'_n}{v'_n} \right| \geqslant \frac{1}{2v_n},$$

$$\left| \frac{u'_n}{v'_n} - \beta \right| < \frac{1}{4v'_n Q_{n+1}} = \frac{1}{8v_n Q_{n+1}}.$$

于是当 $|q| \leqslant Q_{n+1}$ 时, 有

$$\|q\alpha - \beta\| \geqslant \left\| q \cdot \frac{u_n}{v_n} - \frac{u'_n}{v'_n} \right\| - \left\| \frac{u'_n}{v'_n} - \beta \right\| - \left\| q\left(\alpha - \frac{u_n}{v_n} \right) \right\|$$

$$\geqslant \frac{1}{2v_n} - \frac{1}{8v_n} - \frac{1}{4v_n}$$

$$= \frac{1}{8v_n} > \varphi(Q_{n+1}).$$

因此只需将式 (2.1.34) 中的第一式代以 $\varphi(Q_{n+1}) < 1/(8v_n)\, (n \geqslant 1)$, 即得 $\|q\alpha - \beta\| \geqslant \varphi(Q_{n+1})\,(n \geqslant 1)$.

下面是另一个反向结果.

定理 2.1.5 设 $\varphi(q)$ 是整数变量 q 的正函数, 当 $q \to +\infty$ 时, $\varphi(q)$ 单调趋于无穷, 则存在无理数 α 和 β, 使对于无穷多个正整数 Q, 不等式组

$$\|q\alpha - \beta\| < \frac{1}{Q}, \quad |q| \leqslant \varphi(Q) \tag{2.1.40}$$

没有整数解 q.

证 由定理 1.1.2 和例 1.1.1(d) 可知存在无理数 α, 使得有无穷多个有理数 a/b(其中 a,b 是互素整数,$b > 0$) 满足不等式

$$\left|\alpha - \frac{a}{b}\right| < \frac{1}{b^3\varphi(b^3)}. \tag{2.1.41}$$

取 $\beta = (\sqrt{5}-1)/2$, 令 $Q = b^3$. 我们断言:α, β, Q 使不等式组 (2.1.40) 无解. 设不然, 则存在整数 p, q 满足

$$|q\alpha - p - \beta| < \frac{1}{b^3}, \quad |q| \leqslant \varphi(b^3). \tag{2.1.42}$$

因为

$$q\left(\alpha - \frac{a}{b}\right) + \frac{aq}{b} - p - \beta = q\alpha - p - \beta,$$

所以由式 (2.1.41) 和式 (2.1.42) 得到

$$\left|\beta - \frac{aq - bp}{b}\right| \leqslant |q\alpha - p - \beta| + \left|q\left(\alpha - \frac{a}{b}\right)\right|$$
$$< \frac{1}{b^3} + \varphi(b^3) \cdot \frac{1}{b^3\varphi(b^3)} = \frac{2}{b^3}.$$

因为 a/b 有无穷多个不同的值, 所以 $(aq - bp)/b$ 也有无穷多个不同的值, 这与定理 1.4.1 矛盾. □

2.2 多维情形

2.2.1 多维 Kronecker 逼近定理

这个定理的一般叙述形式如下:

定理 2.2.1 设 $L_i(\boldsymbol{x}) = L_i(x_1, x_2, \cdots, x_n)$ $(i = 1, 2, \cdots, m)$ 是 m 个 n 变元 $\boldsymbol{x} = (x_1, x_2, \cdots, x_n) \in \mathbb{R}^n$ 的实系数齐次线性型. 那么下列两个关于实向量 $\boldsymbol{\beta} = (\beta_1, \beta_2, \cdots, \beta_m)$ 的命题等价:

命题 A 对于任何 $\varepsilon > 0$, 存在整向量 $\boldsymbol{a} = (a_1, a_2, \cdots, a_n)$ 满足不等式

$$\|L_i(\boldsymbol{a}) - \beta_i\| < \varepsilon \quad (i = 1, 2, \cdots, m). \tag{2.2.1}$$

命题 B 如果 $\boldsymbol{u} = (u_1, u_2, \cdots, u_m)$ 是任意整向量, 使得 $u_1 L_1(\boldsymbol{x}) + u_2 L_2(\boldsymbol{x}) + \cdots + u_m L_m(\boldsymbol{x})$ 是 $x_1, x_2, \cdots, x_n$ 的整系数线性型, 那么

$$\boldsymbol{u} \cdot \boldsymbol{\beta} = u_1 \beta_1 + u_2 \beta_2 + \cdots + u_m \beta_m \in \mathbb{Z}. \tag{2.2.2}$$

下文将分别证明 "命题 A $\Rightarrow$ 命题 B" 和 "命题 B $\Rightarrow$ 命题 A", 后者要比前者复杂得多.

2.2.2 命题 A$\Rightarrow$ 命题 B

设对于任何 $\varepsilon > 0$, 存在 $\boldsymbol{a} = (a_1, a_2, \cdots, a_n) \in \mathbb{Z}^n$ 满足不等式 (2.2.1), 又设 $\boldsymbol{u} = (u_1, u_2, \cdots, u_m) \in \mathbb{Z}^m$ 使 $u_1 L_1(\boldsymbol{x}) + u_2 L_2(\boldsymbol{x}) + \cdots + u_m L_m(\boldsymbol{x})$ 是 $x_1, x_2, \cdots, x_n$ 的整系数线性型. 那么

$$\begin{aligned}
\|\boldsymbol{u} \cdot \boldsymbol{\beta}\| &= \|u_1 \beta_1 + u_2 \beta_2 + \cdots + u_m \beta_m\| \\
&= \|u_1 \beta_1 + u_2 \beta_2 + \cdots + u_m \beta_m \\
&\quad - (u_1 L_1(\boldsymbol{a}) + u_2 L_2(\boldsymbol{a}) + \cdots + u_m L_m(\boldsymbol{a}))\| \\
&= \|u_1(\beta_1 - L_1(\boldsymbol{a})) + u_2(\beta_2 - L_2(\boldsymbol{a})) + \cdots + u_m(\beta_m - L_m(\boldsymbol{a}))\| \\
&< (|u_1| + |u_2| + \cdots + |u_m|)\varepsilon.
\end{aligned}$$

因为 $\varepsilon > 0$ 可以任意接近 0, 所以 $\|\boldsymbol{u} \cdot \boldsymbol{\beta}\| = 0$, 即式 (2.2.2) 成立.

2.2.3 命题 B$\Rightarrow$ 命题 A

1. 设 U_1 是所有使得 $\sum_{i=1}^{m} u_i L_i(\boldsymbol{x})$ 成为 $\boldsymbol{x} = (x_1, x_2, \cdots, x_n)$ 的整系数线性型的向量 $\boldsymbol{u} = (u_1, u_2, \cdots, u_m) \in \mathbb{Z}^m$ 形成的集合. 显然命题 B 可以表示为 $\boldsymbol{u} \cdot \boldsymbol{\beta} \in \mathbb{Z}(\forall \boldsymbol{u} \in U_1)$. 因此

我们只需证明下列命题:

命题 I 若 $\boldsymbol{u} \cdot \boldsymbol{\beta} \in \mathbb{Z}(\forall \boldsymbol{u} \in U_1)$, 则对任何 $\varepsilon > 0$, 不等式组 (2.2.1) 有解 $\boldsymbol{a} = (a_1, a_2, \cdots, a_n) \in \mathbb{Z}^n$.

我们将给出命题 I 的两个等价命题 (II 和 III), 最后证明其中一个, 从而完成 "命题 B $\Rightarrow$ 命题 A" 的证明.

2. 为引进命题 II, 我们用 Λ 表示所有下列形式的向量 $\boldsymbol{z} \in \mathbb{R}^m$ 形成的集合:

$$\boldsymbol{z} = (z_1, z_2, \cdots, z_m) = \big(L_1(\boldsymbol{a}) - b_1, L_2(\boldsymbol{a}) - b_2, \cdots, L_m(\boldsymbol{a}) - b_m\big),$$

其中 $\boldsymbol{a} = (a_1, a_2, \cdots, a_n) \in \mathbb{Z}^n, \boldsymbol{b} = (b_1, b_2, \cdots, b_m) \in \mathbb{Z}^m$. 还设 U_2 是所有使得 $\boldsymbol{u} \cdot \boldsymbol{z} \in \mathbb{Z}(\forall \boldsymbol{z} \in \Lambda)$ 的向量 $\boldsymbol{u} = (u_1, u_2, \cdots, u_m) \in \mathbb{R}^m$ 形成的集合.

引理 2.2.1 (a) Λ 是一个模, 并且 $\mathbb{Z}^m \subseteq \Lambda$.

(b) 若 $\boldsymbol{u} \in \mathbb{Z}^m$, 则 $\boldsymbol{u} \in U_1 \Leftrightarrow \boldsymbol{u} \cdot \boldsymbol{z} \in \mathbb{Z}(\forall \boldsymbol{z} \in \Lambda)$.

(c) 若 $\boldsymbol{u} \in U_2$, 则 $\boldsymbol{u} \in \mathbb{Z}^m$.

(d) $U_1 = U_2$.

证 (a) (i) 按模的定义, 只需验证: 若

$$\boldsymbol{z} = (z_1, z_2, \cdots, z_m), \quad \boldsymbol{z}' = (z_1', z_2', \cdots, z_m') \in \Lambda,$$

而 λ, μ 是任意整数, 则 $\lambda \boldsymbol{z} + \mu \boldsymbol{z}' \in \Lambda$. 事实上, 此时对于每个 j, 有 $z_j = L_j(\boldsymbol{a}) - b_j, z_j' = L_j(\boldsymbol{a}') - b_j'$, 其中 $\boldsymbol{a}$ 和 $\boldsymbol{a}' \in \mathbb{Z}^n, \boldsymbol{b} = (b_1, b_2, \cdots, b_m)$ 和 $\boldsymbol{b}' = (b_1', b_2', \cdots, b_m') \in \mathbb{Z}^m$. 于是

$$\lambda z_j + \mu z_j' = \lambda\big(L_j(\boldsymbol{a}) - b_j\big) + \mu\big(L_j(\boldsymbol{a}') - b_j'\big)$$
$$= L_j(\lambda \boldsymbol{a} + \mu \boldsymbol{a}') - (\lambda b_j + \mu b_j'),$$

因为 $\lambda \boldsymbol{a} + \mu \boldsymbol{a}' \in \mathbb{Z}^n, \lambda \boldsymbol{b} + \mu \boldsymbol{b}' = (\lambda b_1 + \mu b_1', \lambda b_2 + \mu b_2', \cdots, \lambda b_m + \mu b_m') \in \mathbb{Z}^m$, 所以 $\lambda \boldsymbol{z} + \mu \boldsymbol{z}' = (\lambda z_1 + \mu z_1', \lambda z_2 + \mu z_2', \cdots, \lambda z_m + \mu z_m') \in \Lambda$.

(ii) 若 $\boldsymbol{z} = (z_1, z_2, \cdots, z_m) \in \mathbb{Z}^m$, 则其分量 z_i 可以表示为 $z_i = L_i(\boldsymbol{0}) - (-z_i)$, 所以 $\boldsymbol{z} \in \Lambda$, 从而 $\mathbb{Z}^m \subseteq \Lambda$.

(b) 设 $\boldsymbol{u} \in \mathbb{Z}^m$. 若 $\boldsymbol{u} \in U_1$, 则 $\sum\limits_{i=1}^{m} u_i L_i(\boldsymbol{x})$ 是 $\boldsymbol{x} = (x_1, x_2, \cdots, x_n)$ 的整系数线性型. 因为任何 $\boldsymbol{z} \in \Lambda$ 可以表示为

$$\boldsymbol{z} = \big(L_1(\boldsymbol{a}) - b_1, L_2(\boldsymbol{a}) - b_2, \cdots, L_m(\boldsymbol{a}) - b_m\big),$$

其中 $\boldsymbol{a} \in \mathbb{Z}^n, \boldsymbol{b} = (b_1, b_2, \cdots, b_m) \in \mathbb{Z}^m$, 所以 $\sum\limits_{i=1}^{m} u_i b_i$ 是一个整数; 并且 $\sum\limits_{i=1}^{m} u_i L_i(\boldsymbol{a})$ 是 $\boldsymbol{a}$ 的整系数线性型, 因而也是一个整数. 于是

$$\boldsymbol{u} \cdot \boldsymbol{z} = \sum_{i=1}^{m} u_i \big(L_i(\boldsymbol{a}) - b_i\big) = \sum_{i=1}^{m} u_i L_i(\boldsymbol{a}) - \sum_{i=1}^{m} u_i b_i \in \mathbb{Z}.$$

反之, 设 $\boldsymbol{u} \in \mathbb{Z}^m$, 并且 $\boldsymbol{u} \cdot \boldsymbol{z} \in \mathbb{Z}(\forall \boldsymbol{z} \in \Lambda)$. 那么依 Λ 的定义, 对于任何 $\boldsymbol{a} \in \mathbb{Z}^n$ 和 $\boldsymbol{b} \in \mathbb{Z}^m$, 有

$$\sum_{i=1}^{m} u_i \big(L_i(\boldsymbol{a}) - b_i\big) = \sum_{i=1}^{m} u_i L_i(\boldsymbol{a}) - \sum_{i=1}^{m} u_i b_i \in \mathbb{Z}.$$

由此并注意 $\sum\limits_{i=1}^{m} u_i b_i \in \mathbb{Z}$, 可知 $\sum\limits_{i=1}^{m} u_i L_i(\boldsymbol{a}) \in \mathbb{Z}$. 特别地, 取 $\boldsymbol{a}$ 为 n 维单位向量

$$\boldsymbol{e}_1 = (1, 0, \cdots, 0), \quad \boldsymbol{e}_2 = (0, 1, 0, \cdots, 0), \quad \cdots, \quad \boldsymbol{e}_n = (0, 0, \cdots, 0, 1),$$

则 $\sum\limits_{i=1}^{m} u_i L_i(\boldsymbol{e}_j) \in \mathbb{Z}(j = 1, 2, \cdots, n)$. 注意

$$\boldsymbol{x} = (x_1, x_2, \cdots, x_n) = \sum_{j=1}^{n} x_j \boldsymbol{e}_j,$$

可见 $\sum\limits_{i=1}^{m} u_i L_i(\boldsymbol{x})$ 是 $\boldsymbol{x}$ 的整系数线性型. 这表明 $\boldsymbol{u} \in U_1$.

(c) 设 $\boldsymbol{u} \in U_2$. 依次取 $\boldsymbol{z}$ 为 m 维单位向量 $\boldsymbol{e}_j(j = 1, 2, \cdots, m)$, 由性质 (a) 可知 $\boldsymbol{e}_j \in \Lambda$, 所以依 U_2 的定义得到 $u_i = \boldsymbol{u} \cdot \boldsymbol{e}_i \in \mathbb{Z}(i = 1, 2, \cdots, m)$, 因此 $\boldsymbol{u} \in \mathbb{Z}^m$.

(d) 若 $\boldsymbol{u} \in U_2$, 则 $\boldsymbol{u} \cdot \boldsymbol{z} \in \mathbb{Z}(\forall \boldsymbol{z} \in \Lambda)$, 并且由本引理之 (c) 得知 $\boldsymbol{u} \in \mathbb{Z}^m$, 进而由本引理之 (b)($\Leftarrow$ 方向) 推出 $\boldsymbol{u} \in U_1$. 反之, 若 $\boldsymbol{u} \in U_1$, 则由本引理之 (b)($\Rightarrow$ 方向) 以及 U_2 的定义立知 $\boldsymbol{u} \in U_2$. 因此 $U_1 = U_2$. □

命题 II 若 $\boldsymbol{u} \cdot \boldsymbol{\beta} \in \mathbb{Z}(\forall \boldsymbol{u} \in U_2)$, 则对于任何 $\varepsilon > 0$, 存在向量 $\boldsymbol{z}^{(\varepsilon)} = (z_1^{(\varepsilon)}, z_2^{(\varepsilon)}, \cdots, z_m^{(\varepsilon)}) \in \Lambda$, 满足

$$|z_i^{(\varepsilon)} - \beta_i| < \varepsilon \quad (i = 1, 2, \cdots, m).$$

引理 2.2.2 命题 I 等价于命题 II.

证 (i) 命题 I $\Rightarrow$ 命题 II. 设命题 I 成立, 并且命题 II 的条件在此成立, 要推出命题 II 的结论. 因为 $U_1 = U_2$(见引理 2.2.1(d)), 所以命题 I 的条件在此也成立, 于是 (依命题 I) 对于任何 $\varepsilon > 0$, 存在 $\boldsymbol{a} = (a_1, a_2, \cdots, a_n) \in \mathbb{Z}^n$ 满足不等式

$$\|L_i(\boldsymbol{a}) - \beta_i\| < \varepsilon \quad (i = 1, 2, \cdots, m),$$

将此不等式写为

$$|L_i(\boldsymbol{a}) - b_i - \beta_i| < \varepsilon \quad (i = 1, 2, \cdots, m),$$

其中 $\boldsymbol{b} = (b_1, b_2, \cdots, b_m) \in \mathbb{Z}^m$. 令

$$\boldsymbol{z}^{(\varepsilon)} = (z_1^{(\varepsilon)}, z_2^{(\varepsilon)}, \cdots, z_m^{(\varepsilon)}) = (L_1(\boldsymbol{a}) - b_1, L_2(\boldsymbol{a}) - b_2, \cdots, L_m(\boldsymbol{a}) - b_m),$$

则 $\boldsymbol{z}^{(\varepsilon)} \in \Lambda$, 而且

$$|z_i^{(\varepsilon)} - \beta_i| < \varepsilon \quad (i = 1, 2, \cdots, m),$$

即知命题 II 的结论成立.

(ii) 命题 II $\Rightarrow$ 命题 I. 设命题 II 成立, 并且命题 I 的条件被满足, 要推出命题 I 的结论. 由 $U_1 = U_2$ 可知命题 II 的条件在此也成立, 于是 (依命题 II) 对于任何 $\varepsilon > 0$, 存在 $\boldsymbol{z}^{(\varepsilon)} = (z_1^{(\varepsilon)}, z_2^{(\varepsilon)}, \cdots, z_n^{(\varepsilon)}) \in \Lambda$ 满足不等式

$$|z_i^{(\varepsilon)} - \beta_i| < \varepsilon \quad (i = 1, 2, \cdots, m),$$

依 Λ 的定义, 可将 $\boldsymbol{z}^{(\varepsilon)}$ 表示为

$$\boldsymbol{z}^{(\varepsilon)} = (L_1(\boldsymbol{a}) - b_1, L_2(\boldsymbol{a}) - b_2, \cdots, L_m(\boldsymbol{a}) - b_m),$$

其中 $\boldsymbol{a} \in \mathbb{Z}^n, \boldsymbol{b} = (b_1, b_2, \cdots, b_m) \in \mathbb{Z}^m$. 于是得知 $\boldsymbol{a}$ 满足

$$\|L_i(\boldsymbol{a}) - \beta_i\| < \varepsilon \quad (i = 1, 2, \cdots, m),$$

这正是命题 I 的结论. □

3. 为引进命题 III, 需要下面的引理:

引理 2.2.3 U_2 是一个模, 并且存在由 $s(\leqslant m)$ 个向量 $\boldsymbol{u}^{(t)} \in \mathbb{Z}^m (t = 1, 2, \cdots, s)$ 组成的基, 具有下列性质:

(a) $\boldsymbol{u} \in U_2 \Leftrightarrow \boldsymbol{u} = \sum\limits_{t=1}^{s} v_t \boldsymbol{u}^{(t)} \ (v_t \in \mathbb{Z})$.

(b) $\boldsymbol{u}^{(t)} = (0, \cdots, 0, u_{tt}, u_{t,t+1}, \cdots, u_{tm})$, 其中 $u_{tt} \neq 0, u_{tr} \in \mathbb{Z} \ (t = 1, 2, \cdots, s; r = t, t+1, \cdots, m)$.

(c) 对于任何一组整数 $\omega_1, \omega_2, \cdots, \omega_s$, 方程组

$$\boldsymbol{u}^{(t)} \cdot \boldsymbol{z} = \omega_t \quad (t = 1, 2, \cdots, s) \tag{2.2.3}$$

有解 $\boldsymbol{z} \in \Lambda$.

证 容易按定义验证 U_2 是一个模. 由模的基本性质, 存在一组基

$$\boldsymbol{w}^{(t)} = (0, \cdots, 0, w_{tt}, w_{t,t+1}, \cdots, w_{tm}) \quad (t = 1, 2, \cdots, s),$$

其中 $w_{tt} \neq 0, w_{tr} \in \mathbb{Z}(t = 1, 2, \cdots, s; r = t, t+1, \cdots, m)$ (必要时应对 $L_i(\boldsymbol{x})$ 重新编号), 即这组基满足 (a) 和 (b).

我们从基 $\boldsymbol{w}^{(j)}(j = 1, 2, \cdots, s)$ 出发, 归纳地构造 U_2 的一组新基 $\boldsymbol{u}^{(j)}(j = 1, 2, \cdots, s)$, 使得它保留性质 (a) 和 (b). 并且还构造一组向量 $\boldsymbol{z}^{(1)}, \boldsymbol{z}^{(2)}, \cdots, \boldsymbol{z}^{(s)} \in \varLambda$, 满足方程组

$$\boldsymbol{u}^{(t)} \cdot \boldsymbol{z}^{(r)} = \delta_{tr} \quad (t, r = 1, 2, \cdots, s),$$

此处 δ_{tr} 是 Kronecker 符号. 显然此时 $\boldsymbol{z} = \sum_{t=1}^{s} \omega_t \boldsymbol{z}^{(t)}$ 就是方程 (2.2.3) 的解, 从而也具备性质 (c).

构造 $\boldsymbol{u}^{(j)}$ 和 $\boldsymbol{z}^{(j)}$ 的步骤如下:

(i) 令

$$D_s = \{d \mid d = \boldsymbol{w}^{(s)} \cdot \boldsymbol{z}, \boldsymbol{z} \in \varLambda\}.$$

由 U_2 的定义可知 $D_s \subset \mathbb{Z}$. 易见 D_s 是一个 (一维) 模, 于是存在向量 $\boldsymbol{z}^{(s)} \in \varLambda$, 使得 $d_0 = \boldsymbol{w}^{(s)} \cdot \boldsymbol{z}^{(s)}$ 是其基; 特别地, d_0 整除 D 中任何数. 于是 $\boldsymbol{w}^{(s)} \cdot \boldsymbol{z}/d_0 = d/d_0 \in \mathbb{Z}(\forall \boldsymbol{z} \in \varLambda)$. 因为 $\boldsymbol{w}^{(t)}(t = 1, 2, \cdots, s)$ 具备性质 (a), 所以

$$\frac{1}{d_0} \boldsymbol{w}^{(s)} = \sum_{t=1}^{s} v_t \boldsymbol{w}^{(t)}.$$

依向量组 $\boldsymbol{w}^{(t)}$ 的线性无关性可知 $d_0 v_s = 1$, 于是 $d_0 = 1$. 由此得到向量 $\boldsymbol{z}^{(s)} \in \varLambda$ 满足

$$\boldsymbol{w}^{(s)} \cdot \boldsymbol{z}^{(s)} = 1. \tag{2.2.4}$$

记 $g_s = \boldsymbol{w}^{(s-1)} \cdot \boldsymbol{z}^{(s)}$, 令 $\widetilde{\boldsymbol{w}}^{(s-1)} = \boldsymbol{w}^{(s-1)} - g_s \boldsymbol{w}^{(s)}$, 那么

$$\widetilde{\boldsymbol{w}}^{(s-1)} \cdot \boldsymbol{z}^{(s)} = \boldsymbol{w}^{(s-1)} \cdot \boldsymbol{z}^{(s)} - g_s \boldsymbol{w}^{(s)} \cdot \boldsymbol{z}^{(s)} = g_s - g_s = 0. \tag{2.2.5}$$

这表明在向量组 $\boldsymbol{w}^{(t)}(t = 1, 2, \cdots, s)$ 中用 $\widetilde{\boldsymbol{w}}^{(s-1)}$ 代替 $\boldsymbol{w}^{(s-1)}$ 所得到的向量组 $\boldsymbol{w}^{(1)}, \cdots, \boldsymbol{w}^{(s-2)}, \widetilde{\boldsymbol{w}}^{(s-1)}, \boldsymbol{w}^{(s)}$ 仍然是 U_2 的一组满足 (a) 和 (b) 的基, 并且还存在向量 $\boldsymbol{z}^{(s)} \in \varLambda$ 满足式 (2.2.4) 和式 (2.2.5).

进而考虑集合

$$D_{s-1} = \{d \mid d = \widetilde{\boldsymbol{w}}^{(s-1)} \cdot \boldsymbol{z}, \boldsymbol{z} \in \varLambda\}.$$

那么类似于上述推理可知存在向量 $\widetilde{\boldsymbol{z}}^{(s-1)} \in \Lambda$ 满足

$$\widetilde{\boldsymbol{w}}^{(s-1)} \cdot \widetilde{\boldsymbol{z}}^{(s-1)} = 1. \tag{2.2.6}$$

记 $h_s = \boldsymbol{w}^{(s)} \cdot \widetilde{\boldsymbol{z}}^{(s-1)}$, 令 $\boldsymbol{z}^{(s-1)} = \widetilde{\boldsymbol{z}}^{(s-1)} - h_s \boldsymbol{z}^{(s)}$, 那么 $\boldsymbol{z}^{(s-1)} \in \Lambda$, 并且由式 (2.2.4)$\sim$ 式 (2.2.6) 可知

$$\begin{aligned}
\widetilde{\boldsymbol{w}}^{(s-1)} \cdot \boldsymbol{z}^{(s-1)} &= \widetilde{\boldsymbol{w}}^{(s-1)} \cdot \widetilde{\boldsymbol{z}}^{(s-1)} - h_s \widetilde{\boldsymbol{w}}^{(s-1)} \cdot \boldsymbol{z}^{(s)} \\
&= 1 - h_s \cdot 0 = 1,
\end{aligned} \tag{2.2.7}$$

以及

$$\begin{aligned}
\boldsymbol{w}^{(s)} \cdot \boldsymbol{z}^{(s-1)} &= \widetilde{\boldsymbol{w}}^{(s)} \cdot \widetilde{\boldsymbol{z}}^{(s-1)} - h_s \boldsymbol{w}^{(s)} \cdot \boldsymbol{z}^{(s)} \\
&= h_s - h_s = 0.
\end{aligned} \tag{2.2.8}$$

这表明对于 U_2 的一组满足 (a) 和 (b) 的基 $\boldsymbol{w}^{(1)}, \cdots, \boldsymbol{w}^{(s-2)}, \widetilde{\boldsymbol{w}}^{(s-1)}, \boldsymbol{w}^{(s)}$, 我们构造了两个向量 $\boldsymbol{z}^{(s)}, \boldsymbol{z}^{(s-1)} \in \Lambda$ 满足式 (2.2.4)、式 (2.2.5)、式 (2.2.7) 和式 (2.2.8).

(ii) 一般地, 设对于某个 $t\,(1 < t \leqslant s)$, 我们已经构造了向量

$$\boldsymbol{z}^{(s)}, \boldsymbol{z}^{(s-1)}, \cdots, \boldsymbol{z}^{(t)} \in \Lambda,$$

使得 U_2 的一组具有性质 (a) 和 (b) 的基 $\boldsymbol{w}^{(1)}, \boldsymbol{w}^{(2)}, \cdots, \boldsymbol{w}^{(s)}$ (注意, 其中某些 $\boldsymbol{w}^{(l)}$ 未必是最初的基 $\boldsymbol{w}^{(j)}\,(j = 1, 2, \cdots, s)$ 中的向量, 而实际上是由相应的线性组合得到的向量 $\widetilde{\boldsymbol{w}}^{(l)}$, 只是在此仍然采用记号 $\boldsymbol{w}^{(l)}$ 而已) 满足

$$\boldsymbol{w}^{(l)} \cdot \boldsymbol{z}^{(r)} = \delta_{lr} \quad (l, r = t, t+1, \cdots, s). \tag{2.2.9}$$

我们来构造满足要求的向量 $\boldsymbol{z}^{(t-1)}$. 为此记

$$g_l = g_l(t) = \boldsymbol{w}^{(t-1)} \cdot \boldsymbol{z}^{(l)} \quad (l = t, t+1, \cdots, s),$$

并令

$$\widetilde{\boldsymbol{w}}^{(t-1)} = \boldsymbol{w}^{(t-1)} - \sum_{l=t}^{s} g_l \boldsymbol{w}^{(l)}.$$

那么 $\boldsymbol{w}^{(1)}, \cdots, \boldsymbol{w}^{(t-2)}, \widetilde{\boldsymbol{w}}^{(t-1)}, \boldsymbol{w}^{(t)}, \cdots, \boldsymbol{w}^{(s)}$ 仍然组成 U_2 的满足 (a) 和 (b) 的一组基, 并且由式 (2.2.9) 可知对于 $r = t, t+1, \cdots, s$, 有

$$\widetilde{\boldsymbol{w}}^{(t-1)} \cdot \boldsymbol{z}^{(r)} = \boldsymbol{w}^{(t-1)} \cdot \boldsymbol{z}^{(r)} - g_r \boldsymbol{w}^{(r)} \cdot \boldsymbol{z}^{(r)} - \sum_{\substack{1 \leqslant l \leqslant s \\ l \neq r}} g_l \boldsymbol{w}^{(l)} \cdot \boldsymbol{z}^{(r)} = 0. \tag{2.2.10}$$

进而考虑集合

$$D_{t-1} = \{d\,|\,d = \widetilde{\boldsymbol{w}}^{(t-1)} \cdot \boldsymbol{z}, \boldsymbol{z} \in \Lambda\}.$$

应用类似于步骤 (i) 的推理可知存在 $\widetilde{\boldsymbol{z}}^{(t-1)} \in \Lambda$ 满足

$$\widetilde{\boldsymbol{w}}^{(t-1)} \cdot \widetilde{\boldsymbol{z}}^{(t-1)} = 1. \tag{2.2.11}$$

记

$$h_l = h_l(t) = \boldsymbol{w}^{(l)} \cdot \widetilde{\boldsymbol{z}}^{(t-1)} \quad (l = t, t+1, \cdots, s),$$

令

$$\boldsymbol{z}^{(t-1)} = \widetilde{\boldsymbol{z}}^{(t-1)} - \sum_{l=t}^{s} h_l \boldsymbol{z}^{(l)},$$

则 $\boldsymbol{z}^{(t-1)} \in \Lambda$, 并且由式 (2.2.9)$\sim$ 式 (2.2.11) 得到

$$\boldsymbol{w}^{(r)} \cdot \boldsymbol{z}^{(t-1)} = 0 \quad (r = t, t+1, \cdots, s). \tag{2.2.12}$$

以及

$$\widetilde{\boldsymbol{w}}^{(t-1)} \cdot \boldsymbol{z}^{(t-1)} = 1. \tag{2.2.13}$$

于是对于 U_2 的满足 (a) 和 (b) 的基 $\boldsymbol{w}^{(1)}, \cdots, \boldsymbol{w}^{(t-2)}, \widetilde{\boldsymbol{w}}^{(t-1)}, \boldsymbol{w}^{(t)}, \cdots, \boldsymbol{w}^{(s)}$, 我们构造了向量 $\boldsymbol{z}^{(s)}, \cdots, \boldsymbol{z}^{(t)}, \boldsymbol{z}^{(t-1)} \in \Lambda$, 满足式 (2.2.9)、式 (2.2.10)、式 (2.2.12) 和式 (2.2.13).

(iii) 继续这个过程，最终得到 U_2 的一组基, 记作 $\boldsymbol{u}_1, \boldsymbol{u}_2, \cdots, \boldsymbol{u}_s$, 具备所要求的性质 (a),(b) 和 (c). □

依引理 2.2.3, 我们可将命题 II 中的条件 $\boldsymbol{u} \cdot \boldsymbol{\beta} \in \mathbb{Z}(\forall \boldsymbol{u} \in U_2)$ 减弱为 $\boldsymbol{u}^{(t)} \cdot \boldsymbol{\beta} \in \mathbb{Z}(t = 1, 2, \cdots, s)$. 下面的命题 III 将此进一步减弱为

$$\boldsymbol{u}^{(t)} \cdot \boldsymbol{\beta} = 0 \quad (t = 1, 2, \cdots, s). \tag{2.2.14}$$

命题 III 如果 $\boldsymbol{\beta} = (\beta_1, \beta_2, \cdots, \beta_m)$ 是任一满足式 (2.2.14) 的 m 维实向量(此处 $\boldsymbol{u}^{(t)}(t = 1, 2, \cdots, s)$ 是引理 2.2.3 所确定的 U_2 的一组基), 那么对于任何 $\varepsilon > 0$, 存在 $\boldsymbol{z}^{(\varepsilon)} = (z_1^{(\varepsilon)}, z_2^{(\varepsilon)}, \cdots, z_m^{(\varepsilon)}) \in \Lambda$ 满足不等式组

$$|z_i^{(\varepsilon)} - \beta_i| < \varepsilon \quad (i = 1, 2, \cdots, m). \tag{2.2.15}$$

引理 2.2.4 命题 II 等价于命题 III.

证 (i) 命题 II ⇒ 命题 III. 因为 $\boldsymbol{u}^{(t)}$ $(t=1,2,\cdots,s)$ 是 U_2 的基，所以命题 III 的条件 (2.2.14) 蕴含 $\boldsymbol{u}\cdot\boldsymbol{\beta}=0\in\mathbb{Z}(\forall\boldsymbol{u}\in U_2)$（即命题 II 的条件被满足）. 于是, 若命题 II 成立, 则存在 $\boldsymbol{z}^{(\varepsilon)}=(z_1^{(\varepsilon)},z_2^{(\varepsilon)},\cdots,z_m^{(\varepsilon)})\in\Lambda$ 满足不等式组 (2.2.15), 从而命题 III 成立.

(ii) 命题 III ⇒ 命题 II. 设 $\boldsymbol{\beta}=(\beta_1,\beta_2,\cdots,\beta_m)$ 满足 $\boldsymbol{u}\cdot\boldsymbol{\beta}\in\mathbb{Z}(\forall\boldsymbol{u}\in U_2)$. 定义 $\omega_t=\boldsymbol{u}^{(t)}\cdot\boldsymbol{\beta}\,(t=1,2,\cdots,s)$, 则知所有 ω_t 都是整数. 因为 $\boldsymbol{u}^{(t)}$ 具有引理 2.2.3 的性质 (c), 所以存在向量 $\boldsymbol{z}'=(z_1',z_2',\cdots,z_m')\in\Lambda$ 满足方程组 $\boldsymbol{u}^{(t)}\cdot\boldsymbol{z}'=\omega_t\,(t=1,2,\cdots,s)$. 令 $\boldsymbol{\beta}'=(\beta_1',\beta_2',\cdots,\beta_m')=\boldsymbol{\beta}-\boldsymbol{z}'$, 则有 $\boldsymbol{u}^{(t)}\cdot\boldsymbol{\beta}'=0\,(t=1,2,\cdots,s)$. 于是若命题 III 成立, 则对于任何 $\varepsilon>0$, 存在 $\boldsymbol{z}''=(z_1'',z_2'',\cdots,z_m'')\in\Lambda$ 满足不等式

$$|z_i''-\beta_i'|<\varepsilon\quad(i=1,2,\cdots,m),$$

即

$$|z_i''+z_i'-\beta_i'|<\varepsilon\quad(i=1,2,\cdots,m).$$

令 $\boldsymbol{z}^{(\varepsilon)}=\boldsymbol{z}'+\boldsymbol{z}''\in\Lambda$, 即知命题 II 的结论成立. □

4. 由引理 2.2.4 可知"命题 B ⇒ 命题 A"的证明归结为证明命题 III. 或者说, 证明了命题 III 即完成了定理 2.2.1 的证明. 我们首先给出一些辅助引理.

引理 2.2.5 设 $\varepsilon>0$, 则集合

$$\Lambda_\varepsilon=\{\boldsymbol{z}=(z_1,z_2,\cdots,z_m)\,|\,\boldsymbol{z}\in\Lambda,\max_{1\leqslant i\leqslant m}|z_i|<\varepsilon\}$$

非空.

证 依定理 1.6.3, 对任何 $Q>1$, 存在非零整点 $\boldsymbol{a}=(a_1,a_2,\cdots,a_n)$ 满足不等式组

$$\|L_i(\boldsymbol{a})\|\leqslant\frac{1}{Q}\quad(i=1,2,\cdots,m),$$
$$|a_j|<Q^{m/n}\quad(j=1,2,\cdots,n).$$

n 充分大可使得 $1/Q<\varepsilon$. 记 $\|L_i(\boldsymbol{a})\|=|L_i(\boldsymbol{a})-b_i|$（其中 $b_i\in\mathbb{Z}$）, $\boldsymbol{b}=(b_1,b_2,\cdots,b_m)$, 则得到 m 维向量

$$\boldsymbol{z}=(z_1,z_2,\cdots,z_m)=\big(L_1(\boldsymbol{a})-b_1,L_2(\boldsymbol{a})-b_2,\cdots,L_m(\boldsymbol{a})-b_m\big),$$

依 Λ 的定义, $\boldsymbol{z}\in\Lambda$, 并且 $|z_i|<\varepsilon(i=1,2,\cdots,m)$. 因此 $\boldsymbol{z}\in\Lambda_\varepsilon$. □

引理 2.2.6 存在 $\varepsilon_0>0$, 使得对于任何 $\boldsymbol{z}\in\Lambda_{\varepsilon_0}$, 有

$$\boldsymbol{u}^{(t)}\cdot\boldsymbol{z}=0\quad(t=1,2,\cdots,s).$$

证 取 $\varepsilon_0 < \min\limits_{1 \leqslant t \leqslant s}(|u_{tt}| + |u_{t,t+1}| + \cdots + |u_{tm}|)^{-1}$, 则对任何 $\boldsymbol{z} \in \Lambda_{\varepsilon_0}$, 有

$$|\boldsymbol{u}^{(t)} \cdot \boldsymbol{z}| \leqslant \max_{1 \leqslant i \leqslant m} |z_i| \cdot (|u_{tt}| + |u_{t,t+1}| + \cdots + |u_{tm}|)$$

$$\leqslant \varepsilon_0(|u_{tt}| + |u_{t,t+1}| + \cdots + |u_{tm}|) < 1 \quad (t = 1, 2, \cdots, s).$$

因为 $\boldsymbol{u}^{(t)} \cdot \boldsymbol{z}$ 是整数, 所以 $\boldsymbol{u}^{(t)} \cdot \boldsymbol{z} = 0 (t = 1, 2, \cdots, s)$. □

引理 2.2.7 若存在 $\varepsilon > 0$ 以及 $\boldsymbol{\lambda} = (\lambda_1, \lambda_2, \cdots, \lambda_m) \in \mathbb{R}^m$, 满足

$$\boldsymbol{\lambda} \cdot \boldsymbol{z} = 0 \quad (\forall \boldsymbol{z} \in \Lambda_\varepsilon), \tag{2.2.16}$$

则

$$\boldsymbol{\lambda} = \nu_1 \boldsymbol{u}^{(1)} + \nu_2 \boldsymbol{u}^{(2)} + \cdots + \nu_s \boldsymbol{u}^{(s)} \quad (\nu_i \in \mathbb{R} \ (i = 1, 2, \cdots, s)). \tag{2.2.17}$$

证 (i) 对于实数 $\lambda_1, \lambda_2, \cdots, \lambda_m$, 存在 $l(\leqslant m)$ 个在 $\mathbb{Q}$ 上线性无关的实数 $\mu_1, \mu_2, \cdots, \mu_l$, 使得每个 λ_i 可以通过它们线性表示, 即

$$\lambda_i = t_{i1}\mu_1 + t_{i2}\mu_2 + \cdots + t_{il}\mu_l \quad (i = 1, 2, \cdots, m),$$

其中诸系数 $t_{ik} \in \mathbb{Q}$(可对 m 用数学归纳法证明这个事实). 记 $\boldsymbol{t}_k = (t_{1k}, t_{2k}, \cdots, t_{mk}) (k = 1, 2, \cdots, l)$. 那么 $\boldsymbol{t}_k \in \mathbb{Q}^m$, 并且

$$\boldsymbol{\lambda} = \mu_1 \boldsymbol{t}_1 + \mu_2 \boldsymbol{t}_2 + \cdots + \mu_l \boldsymbol{t}_l. \tag{2.2.18}$$

(ii) 首先证明: 类似于 $\boldsymbol{\lambda}$ 满足条件 (2.2.16), 每个向量 $\boldsymbol{t}_k \in \mathbb{Q}^m$ 满足

$$\boldsymbol{t}_k \cdot \boldsymbol{z} = 0 \quad (\forall \boldsymbol{z} \in \Lambda_\varepsilon; \ k = 1, 2, \cdots, l). \tag{2.2.19}$$

事实上, 任取非零向量 $\boldsymbol{z} \in \Lambda_\varepsilon$, 以及 $\varepsilon_1 \in (0, \varepsilon)$. 由定理 1.6.1 可知存在整数 $\omega \neq 0$ 以及 $\boldsymbol{t} = (t_1, t_2, \cdots, t_m) \in \mathbb{Z}^m$, 满足

$$\max_{1 \leqslant i \leqslant m} |\omega z_i - t_i| < \varepsilon_1 (< \varepsilon). \tag{2.2.20}$$

因为 Λ 是一个模, 并且 $\mathbb{Z}^m \subseteq \Lambda$(见引理 2.2.1), 所以 $\omega \boldsymbol{z} - \boldsymbol{t} \in \Lambda$, 并且由式 (2.2.20) 得知 $\omega \boldsymbol{z} - \boldsymbol{t} \in \Lambda_\varepsilon$. 在式 (2.2.16) 中用 $\omega \boldsymbol{z} - \boldsymbol{t}$ 代替 $\boldsymbol{z}$, 便得 $\boldsymbol{\lambda} \cdot (\omega \boldsymbol{z} - \boldsymbol{t}) = 0$. 由此及式 (2.2.16) 可推出 $\boldsymbol{\lambda} \cdot \boldsymbol{t} = 0$, 进而由式 (2.2.18) 得到

$$\mu_1(\boldsymbol{t}_1 \cdot \boldsymbol{t}) + \mu_2(\boldsymbol{t}_2 \cdot \boldsymbol{t}) + \cdots + \mu_l(\boldsymbol{t}_l \cdot \boldsymbol{t}) = \boldsymbol{\lambda} \cdot \boldsymbol{t} = 0.$$

因为 $\mu_1, \mu_2, \cdots, \mu_l$ 在 $\mathbb{Q}$ 上线性无关，并且所有的 $\boldsymbol{t}_k \cdot \boldsymbol{t} \in \mathbb{Q}$，所以

$$\boldsymbol{t}_k \cdot \boldsymbol{t} = 0 \quad (k = 1, 2, \cdots, l). \tag{2.2.21}$$

因为 $|\omega| \geqslant 1$，所以由式 (2.2.20) 和式 (2.2.21) 推出当 $\varepsilon_1 \to 0$ 时

$$|\boldsymbol{t}_k \cdot \boldsymbol{z}| \leqslant |\omega| |\boldsymbol{t}_k \cdot \boldsymbol{z}| = |\omega \boldsymbol{t}_k \cdot \boldsymbol{z} - \boldsymbol{t}_k \cdot \boldsymbol{t}|$$
$$= |\boldsymbol{t}_k \cdot (\omega \boldsymbol{z} - \boldsymbol{t})| < \varepsilon_1 \sum_{i=1}^{m} |t_{ik}| \to 0,$$

从而得到式 (2.2.19).

(iii) 现在证明: 每个 $\boldsymbol{t}_k \, (k = 1, 2, \cdots, l)$ 都可表示为

$$\boldsymbol{t}_k = \gamma_{k1} \boldsymbol{u}^{(1)} + \gamma_{k2} \boldsymbol{u}^{(2)} + \cdots + \gamma_{ks} \boldsymbol{u}^{(s)} \quad (\gamma_{ki} \in \mathbb{Q} \, (i = 1, 2, \cdots, s)) \tag{2.2.22}$$

的形式. 由此及式 (2.2.18), 我们即可得到式 (2.2.17). 在下面的证明中, 式 (2.2.19) 起着式 (2.2.16) 的作用, 但用加强了的条件 $\boldsymbol{t}_k \in \mathbb{Q}^m$ 代替题设条件 $\boldsymbol{\lambda} \in \mathbb{R}^m$.

任取 $\boldsymbol{y} = (y_1, y_2, \cdots, y_m) \in \Lambda$, 于是

$$y_i = L_i(\boldsymbol{a}) - b_i \quad (i = 1, 2, \cdots, m), \tag{2.2.23}$$

其中 $\boldsymbol{a} \in \mathbb{Z}^n, \boldsymbol{b} = (b_1, b_2, \cdots, b_m) \in \mathbb{Z}^m$. 类似于步骤 (ii) 的推理可知, 存在整数 $\sigma > 0$ 和 $\boldsymbol{c} = (c_1, c_2, \cdots, c_m) \in \mathbb{Z}^m$ 满足

$$|\sigma y_i - c_i| < \varepsilon \quad (i = 1, 2, \cdots, m),$$

并且进而可推出 $\sigma \boldsymbol{y} - \boldsymbol{c} \in \Lambda_\varepsilon$. 在式 (2.2.19) 中用 $\sigma \boldsymbol{y} - \boldsymbol{c}$ 代替 $\boldsymbol{z}$ 得到 $\boldsymbol{t}_k \cdot (\sigma \boldsymbol{y} - \boldsymbol{c}) = 0$, 从而 $\boldsymbol{t}_k \cdot \boldsymbol{y} = \sigma^{-1} \boldsymbol{t}_k \cdot \boldsymbol{c} \in \mathbb{Q}$, 即

$$\boldsymbol{t}_k \cdot \boldsymbol{y} = \sum_{i=1}^{m} t_{ik} \big(L_i(\boldsymbol{a}) - b_i \big) \in \mathbb{Q}. \tag{2.2.24}$$

由 $\boldsymbol{t}_k \in \mathbb{Q}^m$, 可知式 (2.2.24) 关于所有 b_i 都有有理系数; 特别地, 分别取

$$\boldsymbol{y} = \big(L_1(\boldsymbol{e}_j) - 0, L_2(\boldsymbol{e}_j) - 0, \cdots, L_m(\boldsymbol{e}_j) - 0 \big) \in \Lambda \quad (j = 1, 2, \cdots, n),$$

即在式 (2.2.23) 中分别取 $\boldsymbol{a} = \boldsymbol{e}_j$ (第 j 个 n 维单位向量, $j = 1, 2, \cdots, n$) 以及 $\boldsymbol{b} = \boldsymbol{0}$, 可知式 (2.2.24) 关于所有 a_j 也都有有理系数. 于是存在正整数 q_k, 使得

$$q_k(\boldsymbol{t}_k \cdot \boldsymbol{y}) = \sum_{i=1}^{m} (q_k t_{ik}) \big(L_i(\boldsymbol{a}) - b_i \big)$$

关于所有 a_i 和 b_j 都有整系数. 由此即知

$$(q_k \boldsymbol{t}_k) \cdot \boldsymbol{y} \in \mathbb{Z} \quad (\forall \boldsymbol{y} \in \Lambda),$$

这表明 $q_k \boldsymbol{t}_k \in U_2$. 于是依引理 2.2.3(a), 有

$$q_k \boldsymbol{t}_k = p_{k1} \boldsymbol{u}^{(1)} + p_{k2} \boldsymbol{u}^{(2)} + \cdots + p_{ks} \boldsymbol{u}^{(s)},$$

令 $\gamma_{ki} = p_{ki}/q_k \, (i = 1, 2, \cdots, s)$, 即得式 (2.2.22). $\qquad \square$

引理 2.2.8 对于任何 $\varepsilon > 0, \Lambda_\varepsilon$ 中存在 $m - s$ 个在 $\mathbb{R}$ 上线性无关的向量 $\boldsymbol{z}^{(1)}, \boldsymbol{z}^{(2)}, \cdots, \boldsymbol{z}^{(m-s)}$.

证 (i) 因为 Λ_ε 非空 (见引理 2.2.5), 所以 $m - s \geqslant 1$. 若 $m - s = 1$ (即 $s = m - 1$), 则结论显然成立, 因此不妨认为 $s < m - 1$.

(ii) 首先任取非零向量 $\boldsymbol{z}^{(1)} \in \Lambda_\varepsilon$. 我们考虑以 $\boldsymbol{\lambda} \in \mathbb{R}^m$ 为变元的方程

$$\boldsymbol{\lambda} \cdot \boldsymbol{z}^{(1)} = 0.$$

其解空间 L 的维数是 $m - 1$, 而向量 $\boldsymbol{u}^{(1)}, \cdots, \boldsymbol{u}^{(s)}$ 张成的子空间 $\varGamma_s$ 的维数 $s < m - 1$, 所以存在向量 $\boldsymbol{\lambda}_1 \in L \setminus \varGamma_s$, 从而

$$\boldsymbol{\lambda}_1 \cdot \boldsymbol{z}^{(1)} = 0, \tag{2.2.25}$$

并且 $\boldsymbol{\lambda}_1$ 不可能表示为 $\boldsymbol{u}^{(1)}, \cdots, \boldsymbol{u}^{(s)}$ 的实系数线性组合. 于是依引理 2.2.7, 式 (2.2.16)(其中 $\boldsymbol{\lambda}$ 换成 $\boldsymbol{\lambda}_1$) 不可能成立, 即知存在向量 $\boldsymbol{z}^{(2)} \in \Lambda_\varepsilon$ 满足

$$\boldsymbol{\lambda}_1 \cdot \boldsymbol{z}^{(2)} \neq 0. \tag{2.2.26}$$

若 $\boldsymbol{z}^{(1)}, \boldsymbol{z}^{(2)}$ 存在线性关系

$$c_1 \boldsymbol{z}^{(1)} + c_2 \boldsymbol{z}^{(2)} = \boldsymbol{0} \quad (c_1, c_2 \in \mathbb{R}), \tag{2.2.27}$$

则有

$$c_1 \boldsymbol{\lambda}_1 \cdot \boldsymbol{z}^{(1)} + c_2 \boldsymbol{\lambda}_1 \cdot \boldsymbol{z}^{(2)} = 0, \tag{2.2.28}$$

由此及式 (2.2.25) 和式 (2.2.26) 推出 $c_2 = 0$; 进而由式 (2.2.28) 并注意 $\boldsymbol{z}^{(1)}$ 非零, 可知 $c_1 = 0$. 因此 $\boldsymbol{z}^{(1)}, \boldsymbol{z}^{(2)}$ 在 $\mathbb{R}$ 上线性无关.

(iii) 若 $s < m - 2$, 则继续考虑以 $\boldsymbol{\lambda} \in \mathbb{R}^m$ 为变元的方程组

$$\boldsymbol{\lambda} \cdot \boldsymbol{z}^{(1)} = 0, \quad \boldsymbol{\lambda} \cdot \boldsymbol{z}^{(2)} = 0.$$

类似于步骤 (ii) 的推理, 可知存在向量 $\boldsymbol{\lambda}_2 \notin \Gamma_s$, 以及 $\boldsymbol{z}^{(3)} \in \Lambda_\varepsilon$, 满足

$$\boldsymbol{\lambda}_2 \cdot \boldsymbol{z}^{(1)} = 0, \quad \boldsymbol{\lambda}_2 \cdot \boldsymbol{z}^{(2)} = 0, \quad \boldsymbol{\lambda}_2 \cdot \boldsymbol{z}^{(3)} \neq 0,$$

并且 $\boldsymbol{z}^{(1)}, \boldsymbol{z}^{(2)}, \boldsymbol{z}^{(3)}$ 一起形成一个 $\mathbb{R}$ 上的线性无关向量组.

这个过程重复进行有限次后, 逐步定义出 $\mathbb{R}$ 上的线性无关向量组 $\boldsymbol{z}^{(1)}, \boldsymbol{z}^{(2)}, \cdots, \boldsymbol{z}^{(q)} \in \Lambda_\varepsilon$, 并且 $m - q = s + 1$. 那么考虑方程组

$$\boldsymbol{\lambda} \cdot \boldsymbol{z}^{(t)} = 0 \quad (t = 1, 2, \cdots, q),$$

其解空间的维数等于 $m - q > s$, 所以得到向量 $\boldsymbol{\lambda}_q \notin \Gamma_s$, 以及 $\boldsymbol{z}^{(q+1)} \in \Lambda_\varepsilon$, 满足

$$\boldsymbol{\lambda}_q \cdot \boldsymbol{z}^{(t)} = 0 \quad (t = 1, 2, \cdots, q),$$
$$\boldsymbol{\lambda}_q \cdot \boldsymbol{z}^{(q+1)} \neq 0,$$

并且 $\boldsymbol{z}^{(1)}, \cdots, \boldsymbol{z}^{(q)}, \boldsymbol{z}^{(q+1)}$ 一起形成一个 $\mathbb{R}$ 上的线性无关向量组. 此时若考虑方程组

$$\boldsymbol{\lambda} \cdot \boldsymbol{z}^{(t)} = 0 \quad (t = 1, 2, \cdots, q+1),$$

则其解空间的维数等于 $m - (q+1) = s$, 所以过程终止. 于是我们得到 Λ_ε 中 $q + 1 = m - s$ 个 $\mathbb{R}$ 上的线性无关向量 $\boldsymbol{z}^{(1)}, \boldsymbol{z}^{(2)}, \cdots, \boldsymbol{z}^{(m-s)}$. $\qquad \square$

5. 命题 III 之证　定义集合

$$\mathscr{L} = \{\boldsymbol{\beta} \mid \boldsymbol{\beta} \in \mathbb{R}^m, \boldsymbol{u}^{(t)} \cdot \boldsymbol{\beta} = 0 \ (t = 1, 2, \cdots, s)\}.$$

那么容易验证 $\mathscr{L}$ 是 $\mathbb{R}^m$ 的子空间. 对于引理 2.2.6 中确定的 $\varepsilon_0 > 0$ 以及任何给定的 $\varepsilon > 0$, 取

$$\varepsilon_1 = \min\left\{\frac{2\varepsilon}{m}, \varepsilon_0\right\}. \tag{2.2.29}$$

依引理 2.2.8, 存在 $\mathbb{R}$ 上线性无关的向量

$$\boldsymbol{z}^{(1)}, \boldsymbol{z}^{(2)}, \cdots, \boldsymbol{z}^{(m-s)} \in \Lambda_{\varepsilon_1} \subseteq \Lambda_{\varepsilon_0} \subseteq \Lambda. \tag{2.2.30}$$

因为由 ε_0 的定义 (见引理 2.2.6) 可知

$$\boldsymbol{u}^{(t)} \cdot \boldsymbol{z}^{(k)} = 0 \quad (t = 1, 2, \cdots, s; k = 1, 2, \cdots, m-s),$$

所以向量组 (2.2.30) 属于子空间 $\mathscr{L}$. 注意 $\mathscr{L}$ 的维数等于它的定义方程

$$\boldsymbol{u}^{(t)} \cdot \boldsymbol{\beta} = 0 \quad (t = 1, 2, \cdots, s)$$

的解空间的维数, 即 $m-s$; 而向量组 (2.2.30) 在 $\mathbb{R}$ 上线性无关, 因而构成 $\mathscr{L}$ 的一组基. 于是任何 $\boldsymbol{\beta} \in \mathscr{L}$ 可表示为

$$\boldsymbol{\beta} = \gamma_1 \boldsymbol{z}^{(1)} + \gamma_2 \boldsymbol{z}^{(2)} + \cdots + \gamma_{m-s} \boldsymbol{z}^{(m-s)}, \tag{2.2.31}$$

其中 $\gamma_k \in \mathbb{R} \, (k = 1, 2, \cdots, m-s)$. 显然可取整数 $c_1, c_2, \cdots, c_{m-s}$ 满足

$$|\gamma_k - c_k| \leqslant \frac{1}{2} \quad (k = 1, 2, \cdots, m-s). \tag{2.2.32}$$

定义向量

$$\boldsymbol{z}^{(\varepsilon)} = c_1 \boldsymbol{z}^{(1)} + c_2 \boldsymbol{z}^{(2)} + \cdots + c_{m-s} \boldsymbol{z}^{(m-s)}. \tag{2.2.33}$$

因为 Λ 是一个模, 所以由式 (2.2.30) 可知 $\boldsymbol{z}^{(\varepsilon)} \in \Lambda$. 此外, 由式 (2.2.29) 和式 (2.2.32) 可知向量

$$\boldsymbol{\beta} - \boldsymbol{z}^{(\varepsilon)} = (\gamma_1 - c_1)\boldsymbol{z}^{(1)} + (\gamma_2 - c_2)\boldsymbol{z}^{(2)} + \cdots + (\gamma_{m-s} - c_{m-s})\boldsymbol{z}^{(m-s)}$$

的第 $i \, (i = 1, 2, \cdots, m)$ 个分量的绝对值不超过

$$|\gamma_1 - c_1||z_i^{(1)}| + |\gamma_2 - c_2||z_i^{(2)}| + \cdots + |\gamma_{m-s} - c_{m-s}||z_i^{(m-s)}|$$

$$< \frac{1}{2} \cdot (m-s)\varepsilon_1 < \frac{m\varepsilon_1}{2} < \varepsilon$$

(其中 $z_i^{(k)}$ 是向量 $\boldsymbol{z}^{(k)}$ 的第 i 个分量), 因此 $\boldsymbol{z}^{(\varepsilon)}$ 满足不等式组 (2.2.15). 于是命题 Ⅲ 得证, 从而完成定理 2.2.1 的证明.

注 2.2.1 在 2.3.2 小节中, 我们将给出定理 2.2.1 的一个相当简单的证明 (基于经典的数的几何的结果).

2.2.4 多维 Kronecker 逼近定理的一些推论

推论 2.2.1 设对于 m 维实向量 $\boldsymbol{\beta} = (\beta_1, \beta_2, \cdots, \beta_m)$, (定理 2.2.1 中) 命题 B 成立, 则对于任何 $\varepsilon > 0$, 存在正整数 $Q = Q(\varepsilon)$, 使得存在 $\boldsymbol{a} = (a_1, a_2, \cdots, a_n) \in \mathbb{Z}^n$ 满足不等式组

$$\|L_i(\boldsymbol{a}) - \beta_i\| < \varepsilon \quad (i = 1, 2, \cdots, m),$$

$$\max_{1 \leqslant j \leqslant n} |a_j| \leqslant Q.$$

证 1 (i) 不妨设 $\beta_i \in [0,1)$(不然可用 $\{\beta_i\}$ 代替 β_i, 不影响推论的条件和结论). 下文沿用 2.2.3 小节 5 中的记号. 还要注意: 对于向量 $\boldsymbol{\beta}$ 命题 B 成立等价于 $\boldsymbol{\beta}$ 具有性质 $\boldsymbol{u} \cdot \boldsymbol{\beta} \in \mathbb{Z}(\forall \boldsymbol{u} \in U_1)$.

(ii) 如果 $\boldsymbol{\beta} \in \mathscr{L}$, 那么式 (2.2.31) 成立. 将它看作以 $\gamma_1, \gamma_2, \cdots, \gamma_{m-s}$ 为未知数的方程组, 由向量组 (2.2.30) 在 $\mathbb{R}$ 上的线性无关性可知方程组系数矩阵的秩等于 $m-s$, 因而可解出 $\gamma_1, \gamma_2, \cdots, \gamma_{m-s}$. 因为诸 $\beta_i \in [0,1)$, 所以 $|\gamma_k|$ 有界 (界值只与 ε 有关). 于是满足不等式组 (2.2.32) 的整数组 $(c_1, c_2, \cdots, c_{m-s})$ 个数有限, 从而式 (2.2.33) 定义的不等式组 (2.2.15) 的解 $\boldsymbol{z}^{(\varepsilon)}$ 个数也有限. 注意这些 $\boldsymbol{z}^{(\varepsilon)} \in \Lambda$, 依 Λ 的定义, $\boldsymbol{z}^{(\varepsilon)}$ 的每个分量可表示为

$$L_i(\boldsymbol{a}) - b_i \quad (\boldsymbol{a} \in \mathbb{Z}^n, \ (b_1, b_2, \cdots, b_m) \in \mathbb{Z}^m),$$

于是出现在这些表示式中的向量 $\boldsymbol{a}$ 的个数也有限. 因此可取所有这些 $\boldsymbol{a}$ 的各个分量的绝对值的最大者作为 $Q(\varepsilon)$.

(iii) 如果 $\boldsymbol{\beta} \notin \mathscr{L}$, 那么

$$\omega_t = \boldsymbol{u}^{(t)} \cdot \boldsymbol{\beta} \neq 0 \quad (t = 1, 2, \cdots, s). \tag{2.2.34}$$

因为 $\boldsymbol{u}^{(t)} \in U_2 = U_1$(见引理 2.2.1), 所以由关于 $\boldsymbol{\beta}$ 的假设可知所有 ω_t 都是整数. 于是依引理 2.2.3(c), 存在 $\boldsymbol{z}' \in \Lambda$, 使得

$$\boldsymbol{u}^{(t)} \cdot \boldsymbol{z}' = \omega_t \quad (t = 1, 2, \cdots, s). \tag{2.2.35}$$

令 $\boldsymbol{\beta}' = \boldsymbol{\beta} - \boldsymbol{z}'$, 那么 $\boldsymbol{u}^{(t)} \cdot \boldsymbol{\beta}' = 0(t = 1, 2, \cdots, s)$, 于是 $\boldsymbol{\beta}' \in \mathscr{L}$, 从而归结为步骤 (ii) 考虑的情形. 但需补充: 因为诸 $\beta_i \in [0,1)$, 所以 $\boldsymbol{u}^{(t)} \cdot \boldsymbol{\beta}$ 有界, 从而由式 (2.2.34) 定义的整数组 $(\omega_1, \omega_2, \cdots, \omega_s)$ 个数有限, 进而可知满足方程 (2.2.35) 的向量 $\boldsymbol{z}'$ 个数有限, 于是 $\boldsymbol{\beta}'$ 个数也有限. 这保证了在现在情形 $Q(\varepsilon)$ 的存在性.

证 2 因为对于向量 $\boldsymbol{\beta}$, 定理 2.2.1 中命题 B 成立, 依该定理可知命题 A 也成立, 于是对于任何 $\varepsilon > 0$, 存在向量 $\boldsymbol{a} = (a_1, a_2, \cdots, a_n) \in \mathbb{Z}^n$ 满足不等式组

$$\|L_i(\boldsymbol{a}) - \beta_i\| < \varepsilon \quad (i = 1, 2, \cdots, m). \tag{2.2.36}$$

若满足此不等式的向量 $\boldsymbol{a}$ 个数有限, 则可取这些 $\boldsymbol{a}$ 的所有分量绝对值的最大值作为所要的整数 $Q(\varepsilon)$. 若不然, 则有无穷多个 $\boldsymbol{a}$ 使不等式 (2.2.36) 成立. 设

$$\|L_i(\boldsymbol{a}) - \beta_i\| = |L_i(\boldsymbol{a}) - y_i - \beta_i|,$$

其中 $y_i = y_i(\boldsymbol{a}) \in \mathbb{Z}$. 不妨认为所有 $\beta_i \in [0,1)$. 那么有无穷多个 $\boldsymbol{a}$ 使得

$$L_i(\boldsymbol{a}) - y_i(\boldsymbol{a}) - \varepsilon < \beta_i < L_i(\boldsymbol{a}) - y_i(\boldsymbol{a}) + \varepsilon \quad (i = 1, 2, \cdots, m).$$

这表明 m 维正方体 $[0,1)^m$ 被无穷多个下列形式的 m 维长方体覆盖:

$$\bigl(L_1(\boldsymbol{a}) - y_1(\boldsymbol{a}) - \varepsilon, L_1(\boldsymbol{a}) - y_1(\boldsymbol{a}) + \varepsilon\bigr)$$
$$\times \bigl(L_2(\boldsymbol{a}) - y_2(\boldsymbol{a}) - \varepsilon, L_2(\boldsymbol{a}) - y_2(\boldsymbol{a}) + \varepsilon\bigr)$$
$$\times \cdots \times \bigl(L_m(\boldsymbol{a}) - y_m - \varepsilon, L_m(\boldsymbol{a}) - y_m + \varepsilon\bigr) \quad (m \text{ 重乘积}).$$

依 Hane-Borel 引理, 其中存在有限个上述形式的 m 维长方体也覆盖 $[0,1)^m$. 于是有有限多个 $\boldsymbol{a} \in \mathbb{Z}^n$ 使式 (2.2.36) 成立, 从而也可确定整数 $Q(\varepsilon)$. □

推论 2.2.2 如果 $\alpha_1, \alpha_2, \cdots, \alpha_m$ 和 $\beta_1, \beta_2, \cdots, \beta_m$ 是两组实数, 并且 $1, \alpha_1, \alpha_2, \cdots, \alpha_m$ 在 $\mathbb{Q}$ 上线性无关, 那么对于任何 $\varepsilon > 0$, 不等式组

$$\|q\alpha_i - \beta_i\| < \varepsilon \quad (i = 1, 2, \cdots, m)$$

有整数解 q.

证 在推论 2.2.1 中取 $n = 1, \boldsymbol{x} = (x_1)$(记作 x), 以及线性型

$$L_i(\boldsymbol{x}) = \alpha_i x \quad (i = 1, 2, \cdots, m).$$

若 $\boldsymbol{u} = (u_1, u_2, \cdots, u_m) \in \mathbb{Z}^m$, 则

$$u_1 L_1(\boldsymbol{x}) + u_2 L_2(\boldsymbol{x}) + \cdots + u_m L_m(\boldsymbol{x}) = (u_1\alpha_1 + u_2\alpha_2 + \cdots + u_m\alpha_m)x,$$

因为 $1, \alpha_1, \alpha_2, \cdots, \alpha_m$ 在 $\mathbb{Q}$ 上线性无关, 所以若 x 的系数 $u_1\alpha_1 + u_2\alpha_2 + \cdots + u_m\alpha_m \in \mathbb{Z}$, 则必有 $u_1 = u_2 = \cdots = u_m = 0$, 即 $\boldsymbol{u} = \boldsymbol{0}$, 从而集合 $U_1 = \{\boldsymbol{0}\}$. 因此 $\boldsymbol{\beta}$ 具有性质 $\boldsymbol{u} \cdot \boldsymbol{\beta} \in \mathbb{Z}(\forall \boldsymbol{u} \in U_1)$. 依推论 2.2.1, 存在 $q \in \mathbb{Z}$ 满足不等式组 $\|q\alpha_i - \beta_i\| < \varepsilon (i = 1, 2, \cdots, m)$(它还满足的另一个条件 $|q| < Q(\varepsilon)$ 在此实际上无意义, 因为 $Q(\varepsilon)$ 在此是不可计算的). □

注 2.2.2 **1.** 我们给出:

命题 A_1 对于任何 $\varepsilon > 0$, 存在正整数 $Q = Q(\varepsilon)$, 使得存在 $\boldsymbol{a} = (a_1, a_2, \cdots, a_n) \in \mathbb{Z}^n$ 满足不等式

$$\|L_i(\boldsymbol{a}) - \beta_i\| < \varepsilon \quad (i = 1, 2, \cdots, m),$$
$$\max_{1 \leqslant j \leqslant n} |a_j| \leqslant Q.$$

显然命题 $A_1 \Rightarrow$ 命题 A, 由定理 2.2.1 可知命题 A $\Rightarrow$ 命题 B, 又由推论 2.2.1 得知命题 B $\Rightarrow$ 命题 A_1, 因此命题 $A_1 \Leftrightarrow$ 命题 B.

2. 推论 2.2.2 的一些变体和不同证法可见文献 [14, 51] 等. 进一步的结果可参见文献 [43].

2.3　Kronecker 逼近定理的定量形式

2.3.1　定量形式

设 $m, n \geqslant 1, \boldsymbol{x} = (x_1, x_2, \cdots, x_n), \boldsymbol{u} = (u_1, u_2, \cdots, u_m), \theta_{ij} \in \mathbb{R}\, (i = 1, 2, \cdots, m; j = 1, 2, \cdots, n)$. 若给定 m 个 n 变元 $\boldsymbol{x}$ 的线性型

$$L_i(\boldsymbol{x}) = \sum_{j=1}^{n} \theta_{ij} x_j \quad (i = 1, 2, \cdots, m),$$

则将 n 个 m 变元 $\boldsymbol{u} = (u_1, u_2, \cdots, u_m)$ 的线性型

$$M_j(\boldsymbol{u}) = \sum_{i=1}^{m} \theta_{ij} u_i \quad (j = 1, 2, \cdots, n)$$

称为 $L_i\,(i = 1, 2, \cdots, m)$ 的转置系.

定量 Kronecker 逼近定理的一个一般叙述形式如下:

定理 2.3.1　设线性型系 $L_i(\boldsymbol{x}), M_j(\boldsymbol{u})$ 如上, 并且给定实数 $C > 0, X > 1$ 及实向量 $\boldsymbol{\beta} = (\beta_1, \beta_2, \cdots, \beta_m)$.

(a) 若存在 $\boldsymbol{a} = (a_1, a_2, \cdots, a_n) \in \mathbb{Z}^n$ 满足不等式组

$$\|L_i(\boldsymbol{a}) - \beta_i\| \leqslant C \quad (i = 1, 2, \cdots, m), \quad \max_{1 \leqslant j \leqslant n} |a_j| \leqslant X, \tag{2.3.1}$$

则对任何 $\boldsymbol{u} = (u_1, u_2, \cdots, u_m) \in \mathbb{Z}^m$ 有

$$\|\boldsymbol{u} \cdot \boldsymbol{\beta}\| \leqslant (m+n) \max\{X \max_{1 \leqslant j \leqslant n} \|M_j(\boldsymbol{u})\|, C \max_{1 \leqslant i \leqslant m} |u_i|\}. \tag{2.3.2}$$

(b) 若对任何 $\boldsymbol{u} = (u_1, u_2, \cdots, u_m) \in \mathbb{Z}^m$ 有

$$\|\boldsymbol{u} \cdot \boldsymbol{\beta}\| \leqslant \frac{2^{m-1}}{(m+n)!^2} \max\{X \max_{1 \leqslant j \leqslant n} \|M_j(\boldsymbol{u})\|, C \max_{1 \leqslant i \leqslant m} |u_i|\}, \tag{2.3.3}$$

则存在 $\boldsymbol{a} = (a_1, a_2, \cdots, a_n) \in \mathbb{Z}^n$ 满足不等式组 (2.3.1).

定理 2.3.1 是下列一般性结果的推论.

定理 2.3.2 设 $f_k(\boldsymbol{z})$ 和 $g_k(\boldsymbol{w})(k = 1, 2, \cdots, l)$ 分别是变元 $\boldsymbol{z} = (z_1, z_2, \cdots, z_l)$ 和 $\boldsymbol{w} = (w_1, w_2, \cdots, w_l)$ 的线性型, 并且

$$\sum_{k=1}^{l} f_k(\boldsymbol{z}) g_k(\boldsymbol{w}) = \sum_{k=1}^{l} z_k w_k. \tag{2.3.4}$$

还设 $\boldsymbol{\alpha} = (\alpha_1, \alpha_2, \cdots, \alpha_l)$ 是任意给定的实向量.

(a) 若存在某个向量 $\boldsymbol{b} \in \mathbb{Z}^l$ 满足不等式组

$$|f_k(\boldsymbol{b}) - \alpha_k| \leqslant 1 \quad (k = 1, 2, \cdots, l), \tag{2.3.5}$$

则对任何 $\boldsymbol{w} \in \mathbb{Z}^l$ 有

$$\left\| \sum_{k=1}^{l} g_k(\boldsymbol{w}) \alpha_k \right\| \leqslant l \max_{1 \leqslant k \leqslant l} |g_k(\boldsymbol{w})|. \tag{2.3.6}$$

(b) 若对任何 $\boldsymbol{w} \in \mathbb{Z}^l$ 有

$$\left\| \sum_{k=1}^{l} g_k(\boldsymbol{w}) \alpha_k \right\| \leqslant \frac{2^{l-1}}{l!^2} \max_{1 \leqslant k \leqslant l} |g_k(\boldsymbol{w})|, \tag{2.3.7}$$

则存在某个向量 $\boldsymbol{b} \in \mathbb{Z}^l$ 满足不等式组 (2.3.5).

证 (a) 因为 $\boldsymbol{w}$ 和 $\boldsymbol{b}$ 是整向量, 所以由式 (2.3.4) 可知

$$\sum_{k=1}^{l} f_k(\boldsymbol{b}) g_k(\boldsymbol{w}) = \sum_{k=1}^{l} b_k w_k \in \mathbb{Z}.$$

由此及式 (2.3.5) 推出

$$\left\| \sum_{k=1}^{l} g_k(\boldsymbol{w}) \alpha_k \right\| = \left\| \sum_{k=1}^{l} g_k(\boldsymbol{w}) \alpha_k - \sum_{k=1}^{l} f_k(\boldsymbol{b}) g_k(\boldsymbol{w}) \right\|$$

$$= \left\| \sum_{k=1}^{l} g_k(\boldsymbol{w}) \big(\alpha_k - f_k(\boldsymbol{b}) \big) \right\|$$

$$\leqslant \sum_{k=1}^{l} \| g_k(\boldsymbol{w}) \big(\alpha_k - f_k(\boldsymbol{b}) \big) \|.$$

因为

$$|g_k(\boldsymbol{w}) \big(\alpha_k - f_k(\boldsymbol{b}) \big)| = |g_k(\boldsymbol{w})| |\alpha_k - f_k(\boldsymbol{b})| \leqslant |g_k(\boldsymbol{w})|,$$

所以

$$\|g_k(\boldsymbol{w})(\alpha_k - f_k(\boldsymbol{b}))\| = \||g_k(\boldsymbol{w})(\alpha_k - f_k(\boldsymbol{b}))|\| \leqslant |g_k(\boldsymbol{w})|,$$

从而

$$\left\|\sum_{k=1}^{l} g_k(\boldsymbol{w})\alpha_k\right\| \leqslant \sum_{k=1}^{l} |g_k(\boldsymbol{w})| \leqslant l \max_{1\leqslant k\leqslant l} |g_k(\boldsymbol{w})|,$$

于是式 (2.3.5) 得证.

(b) (i) 在此证明中若不加说明, 则出现的向量理解为行向量. 设 $\boldsymbol{F}$ 是 l 阶方阵, 其第 k 行由线性型

$$f_k(\boldsymbol{z}) = \varphi_{k1}z_1 + \varphi_{k2}z_2 + \cdots + \varphi_{kl}z_l$$

的系数组成:$(\varphi_{k1}, \varphi_{k2}, \cdots, \varphi_{kl})$. $\boldsymbol{G}$ 是 l 阶方阵, 其第 k 行由线性型

$$g_k(\boldsymbol{w}) = \gamma_{k1}w_1 + \gamma_{k2}w_2 + \cdots + \gamma_{kl}w_l$$

的系数组成:$(\gamma_{k1}, \gamma_{k2}, \cdots, \gamma_{kl})$. 于是

$$\boldsymbol{F}\boldsymbol{z}' = \big(f_1(\boldsymbol{z}), f_2(\boldsymbol{z}), \cdots, f_l(\boldsymbol{z})\big)',$$
$$\boldsymbol{w}\boldsymbol{G}' = \big(g_1(\boldsymbol{w}), g_2(\boldsymbol{w}), \cdots, g_l(\boldsymbol{w})\big),$$

其中 "'" 表示转置. 据此可将式 (2.3.4) 改写为矩阵等式

$$\boldsymbol{w}\boldsymbol{G}'\boldsymbol{F}\boldsymbol{z}' = \boldsymbol{w}\boldsymbol{I}\boldsymbol{z}',$$

其中 $\boldsymbol{I}$ 是 l 阶单位方阵. 因为变元 $\boldsymbol{w}$ 和 $\boldsymbol{z}$ 可任意取值, 所以 $\boldsymbol{G}'\boldsymbol{F} = \boldsymbol{I}$, 特别地, 可知 $\boldsymbol{F}, \boldsymbol{G}$ 可逆.

(ii) 将 Mahler 定理 (附录定理 4) 应用于由不等式

$$\max_{1\leqslant k\leqslant l} |g_k(\boldsymbol{w})| \leqslant 1$$

定义的区域 $\mathscr{R}$, 其距离函数是

$$F(\boldsymbol{w}) = \max_{1\leqslant k\leqslant l}\left|\sum_{j=1}^{l} \gamma_{kj}w_j\right|.$$

容易算出 $\mathscr{R}$ 的体积等于 $2^l/|\det(\boldsymbol{G})|$. 于是存在 l 个 l 维整向量

$$\boldsymbol{w}^{(k)} = (w_{k1}, w_{k2}, \cdots, w_{kl}) \quad (k = 1, 2, \cdots, l)$$

满足

$$\max_{1 \leqslant j \leqslant l} |g_j(\boldsymbol{w}^{(k)})| = \mu_k, \quad \prod_{k=1}^{l} \mu_k \leqslant 2^{1-l} l! |\det(\boldsymbol{G})|, \tag{2.3.8}$$

其中 μ_k 是 $\mathscr{R}$ 的第 k 个相继极小. 令 $\boldsymbol{W}$ 是 l 阶方阵, 其第 k 行是 $\boldsymbol{w}^{(k)}$, 那么依 Mahler 定理, $|\det(\boldsymbol{W})| = 1$. 此外还可算出 $\boldsymbol{W}\boldsymbol{G}'$ 的第 k 行是

$$\big(g_1(\boldsymbol{w}^{(k)}), g_2(\boldsymbol{w}^{(k)}), \cdots, g_l(\boldsymbol{w}^{(k)})\big), \tag{2.3.9}$$

所以 $\boldsymbol{W}\boldsymbol{G}'\boldsymbol{\alpha}'$ 是一个 l 维列向量

$$\left(\sum_{j=1}^{l} \alpha_j g_j(\boldsymbol{w}^{(1)}), \sum_{j=1}^{l} \alpha_j g_j(\boldsymbol{w}^{(2)}), \cdots, \sum_{j=1}^{l} \alpha_j g_j(\boldsymbol{w}^{(l)})\right)'.$$

由式 (2.3.7) 和式 (2.3.8), 可记

$$\sum_{j=1}^{l} \alpha_j g_j(\boldsymbol{w}^{(k)}) = a_k + \delta_k \quad (k = 1, 2, \cdots, l),$$

其中 a_k 是某个整数, 而 δ_k 满足

$$|\delta_k| \leqslant \frac{2^{l-1}}{l!^2} \max_{1 \leqslant j \leqslant l} |g_j(\boldsymbol{w}^{(k)})| = \frac{2^{l-1}\mu_k}{l!^2}. \tag{2.3.10}$$

记 $\boldsymbol{a} = (a_1, a_2, \cdots, a_l)' \in \mathbb{Z}^l, \boldsymbol{\delta} = (\delta_1, \delta_2, \cdots, \delta_l)'$(列向量), 则有

$$\boldsymbol{W}\boldsymbol{G}'\boldsymbol{\alpha}' = \boldsymbol{a} + \boldsymbol{\delta}.$$

两边乘以 $\boldsymbol{G}'^{-1}\boldsymbol{W}^{-1}$, 得到 (注意 $\boldsymbol{G}'^{-1} = \boldsymbol{F}$)

$$\boldsymbol{\alpha}' = \boldsymbol{G}'^{-1}\boldsymbol{W}^{-1}\boldsymbol{a} + \boldsymbol{G}'^{-1}\boldsymbol{W}^{-1}\boldsymbol{\delta} = \boldsymbol{F}\boldsymbol{b} + \boldsymbol{\sigma}, \tag{2.3.11}$$

其中已令 (列向量)

$$\boldsymbol{b} = \boldsymbol{W}^{-1}\boldsymbol{a}, \quad \boldsymbol{\sigma} = (\sigma_1, \sigma_2, \cdots, \sigma_l)' = \boldsymbol{G}'^{-1}\boldsymbol{W}^{-1}\boldsymbol{\delta}. \tag{2.3.12}$$

因为

$$|\det(\boldsymbol{W})| = 1, \boldsymbol{a} \in \mathbb{Z}^l,$$

所以 $\boldsymbol{b} \in \mathbb{Z}^l$. 又由式 (2.3.12) 的第二式可知 $\boldsymbol{W}\boldsymbol{G}'\boldsymbol{\sigma} = \boldsymbol{\delta}$, 由此解出

$$\sigma_j = \frac{\Delta_j}{\det(\boldsymbol{W}\boldsymbol{G}')} = \pm \frac{\Delta_j}{\det(\boldsymbol{G})},$$

其中双重号适当选取, 而 Δ_j 是将 $\boldsymbol{WG}'$ 的第 j 列换为 $\boldsymbol{\delta}$ 所得到的矩阵的行列式. Δ_j 的展开式含 $l!$ 项, 每项是 l 个数之积, 其中一个是 $\boldsymbol{\delta}$ 的某个分量 δ_k, 满足估值 (2.3.10); 其余的数都是矩阵 $\boldsymbol{WG}'$ 的某些元素, 由式 (2.3.9) 可知它们都等于某个 $g_j(\boldsymbol{w}^{(i)})$(其中 $i \neq k$), 从而满足式 (2.3.8) 的第一式. 于是展开式中此项的绝对值不超过

$$\frac{2^{l-1}\mu_k}{l!^2} \cdot \prod_{\substack{1 \leqslant i \leqslant l \\ i \neq k}} \mu_i = \frac{2^{l-1}}{l!^2} \prod_{i=1}^{l} \mu_i,$$

从而

$$|\Delta_j| \leqslant l! \cdot \frac{2^{l-1}}{l!^2} \prod_{i=1}^{l} \mu_i = \frac{2^{l-1}}{l!} \prod_{i=1}^{l} \mu_i.$$

由此及式 (2.3.8) 的第二式推出

$$|\sigma_j| \leqslant \frac{2^{l-1}}{l! \, |\det(\boldsymbol{G})|} \prod_{i=1}^{l} \mu_i \leqslant 1. \tag{2.3.13}$$

最后, 注意

$$\boldsymbol{Fb} = \big(f_1(\boldsymbol{b}), f_2(\boldsymbol{b}), \cdots, f_l(\boldsymbol{b})\big)',$$

我们由式 (2.3.11) 和式 (2.3.13) 得到式 (2.3.5). □

定理 2.3.1 之证　在定理 2.3.2 中取

$$\boldsymbol{z} = (\boldsymbol{x}, \boldsymbol{y}) = (x_1, \cdots, x_n, y_1, \cdots, y_m),$$

$$\boldsymbol{w} = (\boldsymbol{v}, \boldsymbol{u}) = (v_1, \cdots, v_n, u_1, \cdots, u_m),$$

以及 (记 $l = m + n$)

$$f_k(\boldsymbol{z}) = \begin{cases} C^{-1}\big(L_k(\boldsymbol{x}) + y_k\big) & (k \leqslant m), \\ X^{-1}x_{k-m} & (m < k \leqslant l), \end{cases}$$

$$g_k(\boldsymbol{w}) = \begin{cases} Cu_k & (k \leqslant m), \\ X\big(v_{k-m} - M_{k-m}(\boldsymbol{u})\big) & (m < k \leqslant l). \end{cases}$$

还取 $\boldsymbol{\alpha} = (C^{-1}\boldsymbol{\beta}, \boldsymbol{0})$(此处 $\boldsymbol{0}$ 是 n 维零向量). 那么条件 (2.3.4) 成立. 依定理 2.3.2, 不等式组 (2.3.5) 有解 $\Rightarrow$ 不等式 (2.3.6) 成立, 在此即为不等式组 (2.3.1) 有解 $\Rightarrow$ 不等式 (2.3.2) 成立, 于是 (a) 得证. 类似地, 不等式 (2.3.7) 成立 $\Rightarrow$ 不等式组 (2.3.5) 有解, 在此就是不等式 (2.3.3) 成立 $\Rightarrow$ 不等式组 (2.3.1) 有解. 于是 (b) 得证. □

推论 2.3.1 如果 $\alpha_1, \alpha_2, \cdots, \alpha_m$ 和 $\beta_1, \beta_2, \cdots, \beta_m$ 是两组实数, 对于任何满足 $\max\limits_{1 \leqslant i \leqslant m} |u_i| \leqslant U$ 的整数组 $(u_1, u_2, \cdots, u_m), \sum\limits_{i=1}^{m} u_i \beta_i$ 都是整数, 那么不等式组

$$\|q\alpha_i - \beta_i\| \leqslant \frac{(m+1)!^2}{2^m U} \quad (i = 1, 2, \cdots, m)$$

有整数解 q.

证 (i) 在定理 2.3.1(b) 中取 $n = 1, m \geqslant 1$, 以及 $\boldsymbol{x} = (x_1)$(记作 x), $\boldsymbol{u} = (u_1, u_2, \cdots, u_m)$, $\boldsymbol{\beta} = (\beta_1, \beta_2, \cdots, \beta_m)$. 于是

$$L_i(x) = \alpha_i x \quad (i = 1, 2, \cdots, m),$$
$$M(\boldsymbol{u}) = \alpha_1 u_1 + \alpha_2 u_2 + \cdots + \alpha_m u_m.$$

还取

$$C = \frac{(m+1)!^2}{2^m U}.$$

(ii) 对于任意 $\boldsymbol{u} \in \mathbb{Z}^m$, 若满足

$$\max_{1 \leqslant i \leqslant m} |u_i| \leqslant U,$$

则

$$\boldsymbol{u} \cdot \boldsymbol{\beta} \in \mathbb{Z},$$

条件 (2.3.3) 成立. 不然, 则 $\boldsymbol{u}$ 至少有一个分量大于 U, 从而 $\max\limits_{1 \leqslant i \leqslant m} |u_i| > U$. 于是式 (2.3.3) 的右边大于

$$\frac{2^{m-1}}{(m+1)!^2} \cdot C \cdot U = \frac{2^{m-1}}{(m+1)!^2} \cdot \frac{(m+1)!^2}{2^m U} \cdot U = \frac{1}{2}.$$

因为 $\|\boldsymbol{u} \cdot \boldsymbol{\beta}\| \leqslant 1/2$, 所以条件 (2.3.3) 也成立. 于是由定理 2.3.1(b) 得到推论 2.3.1 中的结论. $\qquad\square$

注 2.3.1 用不同的方法, 文献 [30] 证明了: 在上述推论的条件下, 存在整数 q 满足

$$\sum_{i=1}^{m} \|q\alpha_i - \beta_i\|^2 \leqslant \frac{m\pi^2}{16(U+1)^2},$$

因此 $\max\limits_{1 \leqslant i \leqslant m} \|q\alpha_i - \beta_i\| \leqslant \sqrt{m}\pi / \big(4(U+1)\big)$.

2.3.2 定量形式 ⇒ 定性形式

现在由定理 2.3.1 推出定理 2.2.1. 因为在 2.2.2 小节中已经证明了定理 2.2.1 中 "命题 A ⇒ 命题 B"，所以在此仅需应用定理 2.3.1 证明定理 2.2.1 中 "命题 B ⇒ 命题 A".

首先注意, 因为

$$\sum_{i=1}^{m} u_i L_i(\boldsymbol{x}) = \sum_{j=1}^{n} x_j M_j(\boldsymbol{u}),$$

所以 (定理 2.2.1 中) 命题 B 中的条件 "整向量 $\boldsymbol{u} = (u_1, u_2, \cdots, u_m)$ 使得 $u_1 L_1(\boldsymbol{x}) + u_2 L_2(\boldsymbol{x}) + \cdots + u_m L_m(\boldsymbol{x})$ 是 $x_1, x_2, \cdots, x_n$ 的整系数线性型" 等价于 "整向量 $\boldsymbol{u} = (u_1, u_2, \cdots, u_m)$ 使得 $M_1(\boldsymbol{u}), M_2(\boldsymbol{u}), \cdots, M_n(\boldsymbol{u})$ 都是整数". 于是 "命题 B ⇒ 命题 A" 等价于证明以下引理:

引理 2.3.1 如果对于任何使得 $\|M_j(\boldsymbol{u})\| = 0 (j = 1, 2, \cdots, n)$ 的 $\boldsymbol{u} \in \mathbb{Z}^m$, 都有 $\|\boldsymbol{u} \cdot \boldsymbol{\beta}\| = 0$, 那么对于任何 $\varepsilon > 0$, 总存在 $\boldsymbol{a} \in \mathbb{Z}^n$ 满足

$$\|L_i(\boldsymbol{a}) - \beta_i\| \leqslant \varepsilon \quad (i = 1, 2, \cdots, m). \tag{2.3.14}$$

证 在定理 2.3.1(b) 中取 $C = \varepsilon$. 考虑任意一个 $\boldsymbol{u} \in \mathbb{Z}^m$, 若它满足条件 $\|M_j(\boldsymbol{u})\| = 0 (j = 1, 2, \cdots, n)$, 则 (依本引理的假设) 有 $\|\boldsymbol{u} \cdot \boldsymbol{\beta}\| = 0$, 所以定理 2.3.1(b) 中的条件 (2.3.3) 被满足. 若不然, 则至少有一个 j 使得 $\|M_j(\boldsymbol{u})\| \neq 0$, 我们区分两种情形讨论.

情形 1 设 $\boldsymbol{u} \in \mathbb{Z}^m$ 满足

$$\max_{1 \leqslant i \leqslant m} |u_i| \leqslant \frac{2^{1-m}(m+n)!^2}{2\varepsilon}.$$

这样的 $\boldsymbol{u}$ 个数有限, 将它们全体形成的集合记作 S, 那么

$$0 < \max_{\boldsymbol{u} \in S} \max_{1 \leqslant j \leqslant n} \|M_j(\boldsymbol{u})\| < \infty,$$

可取 X 充分大, 使得

$$\frac{2^{m-1}}{(m+n)!^2} \cdot X \max_{1 \leqslant j \leqslant n} \|M_j(\boldsymbol{u})\| > \frac{1}{2} \quad (\forall \boldsymbol{u} \in S).$$

因为 $\|\boldsymbol{u} \cdot \boldsymbol{\beta}\| \leqslant 1/2$, 所以不等式 (2.3.3) 成立.

情形 2 设 $\boldsymbol{u} \in \mathbb{Z}^m$ 满足

$$\max_{1 \leqslant i \leqslant m} |u_i| > \frac{2^{1-m}(m+n)!^2}{2\varepsilon}.$$

此时对于每个这样的 $\boldsymbol{u} \in \mathbb{Z}^m$, 式 (2.3.3) 右边不小于

$$\frac{2^{m-1}}{(m+n)!^2} \cdot C \max_{1 \leqslant i \leqslant n} |u_i| \geqslant \frac{2^{m-1}}{(m+n)!^2} \cdot \varepsilon \cdot \frac{2^{1-m}(m+n)!^2}{2\varepsilon} = \frac{1}{2},$$

因此不等式 (2.3.3) 也成立.

总之, 定理 2.3.1(b) 的条件在此被满足, 所以存在 $\boldsymbol{a} \in \mathbb{Z}^n$ 满足不等式组 (2.3.1), 当然也满足不等式组 (2.3.14). □

2.4 实系数线性型的乘积

定理 1.1.1A 考虑了形如

$$q\|q\theta\| < 1$$

的不等式. 作为一种推广, 我们现在考虑两个一般形式的实系数线性型之积

$$|\lambda_1 x + \mu_1 y + \rho_1||\lambda_2 x + \mu_2 y + \rho_2|.$$

我们有下列一般性结果:

定理 2.4.1 (Minkowski 线性型乘积定理)　设

$$L_i = L_i(x,y) = \lambda_i x + \mu_i y \quad (i=1,2)$$

是两个实系数线性型,$\Delta = \lambda_1\mu_2 - \lambda_2\mu_1 \neq 0$. 则对于任何实数 ρ_1, ρ_2, 存在整数组 (x,y) 满足

$$|L_1(x,y) + \rho_1||L_2(x,y) + \rho_2| \leqslant \frac{1}{4}|\Delta|,$$

并且常数 1/4 是最优的 (即不能换成更小的正数).

这个定理有多种证明 (见文献 [51,82] 等), 下面证法应用数的几何.

证　由 Minkowski 线性型定理, 存在非零整点 (x_0, y_0) 满足不等式组

$$|\lambda_1 x_0 + \mu_1 y_0| \leqslant |\Delta|^{1/2},$$

$$|\lambda_2 x_0 + \mu_2 y_0| \leqslant |\Delta|^{1/2}.$$

不可能同时取 $\lambda_1 x_0 + \mu_1 y_0 = 0, \lambda_2 x_0 + \mu_2 y_0 = 0$, 不然此方程组只有零解. 又因为不等式右边都是 $|\Delta|^{1/2}$, 所以不妨设

$$0 < |\lambda_1 x_0 + \mu_1 y_0| \leqslant |\Delta|^{1/2},$$

于是, 必要时用 $-x_0, -y_0$ 代替 x_0, y_0, 我们有

$$0 < \lambda_1 x_0 + \mu_1 y_0 \leqslant |\Delta|^{1/2},$$
$$|\lambda_2 x_0 + \mu_2 y_0| \leqslant |\Delta|^{1/2}.$$

以此来代替式 (2.1.12), 即可类似于引理 2.1.2 的证明得到整数组 (x, y) 的存在性.

又因为对于所有整数 x, y 都有

$$\left| x + \frac{1}{2} \right| \left| y + \frac{1}{2} \right| \geqslant \frac{1}{4},$$

所以常数 $1/4$ 是最优的. $\quad\square$

定理 2.4.1 是下列一般性猜想 (称做 Minkowski 猜想) 的特殊情形: 设

$$L_i(\boldsymbol{x}) = \sum_{j=1}^{n} \theta_{ij} x_j + \rho_i \quad (i = 1, 2, \cdots, n)$$

是 n 个 n 变元 $\boldsymbol{x} = (x_1, x_2, \cdots, x_n)$ 的实系数线性型, 其系数行列式 $\Delta = \det(\theta_{ij}) \neq 0$. 那么对于任何实数 $\rho_1, \rho_2, \cdots, \rho_n$, 存在 $\boldsymbol{x} \in \mathbb{Z}^n$ 满足不等式

$$\prod_{i=1}^{n} |L_i(\boldsymbol{x})| \leqslant \frac{|\Delta|}{2^n}.$$

我们在此给出下列 Tchebotaref 的一个结果:

定理 2.4.2 令

$$m = \inf_{\boldsymbol{x} \in \mathbb{Z}^n} \left| \prod_{i=1}^{n} L_i(\boldsymbol{x}) \right|,$$

则

$$m \leqslant \frac{|\Delta|}{2^{n/2}}.$$

证 记

$$\xi_i = \sum_{j=1}^{n} \theta_{ij} x_j \quad (i = 1, 2, \cdots, n).$$

不失一般性, 可认为 $m > 0$; 不然,$m \leqslant 0$ 时结论显然成立. 还可假设 $\Delta = 1$; 不然,$\Delta \neq 1$ 时可用 $\xi_i |\Delta|^{-1/n}$ 和 $\rho_i |\Delta|^{-1/n}$ 分别代替 ξ_i 和 $\rho_i (i = 1, \cdots, n)$ 讨论, 从而化归 $\Delta = 1$ 而不影响最终结论.

对于任意实数 $\varepsilon > 0$, 必有一个整向量 $\boldsymbol{x}^* = (x_1^*, \cdots, x_n^*)$, 使得

$$\prod_{i=1}^n |\xi_i^* - \rho_i| = \left| \prod_{i=1}^n L_i(\boldsymbol{x}^*) \right| = \frac{m}{1 - \vartheta} \quad (0 \leqslant \vartheta < \varepsilon).$$

令

$$\xi_i' = \frac{\xi_i - \xi_i^*}{\xi_i^* - \rho_i} \quad (i = 1, \cdots, n),$$

则

$$\xi_i' = \sum_{j=1}^n b_{ij}(x_j - x_j^*) \quad (i = 1, \cdots, n),$$

其系数行列式 D 的绝对值

$$|D| = \left(\prod_{i=1}^n |\xi_i^* - \rho_i| \right)^{-1} = \frac{1 - \vartheta}{m}.$$

因为

$$\prod_{i=1}^n |\xi_i - \rho_i| \geqslant m,$$

所以

$$\prod_{i=1}^n |\xi_i' + 1| = \prod_{i=1}^n \left| \frac{\xi_i - \rho_i}{\xi_i^* - \rho_i} \right|$$

$$\geqslant \frac{m}{m(1 - \vartheta)^{-1}}$$

$$= 1 - \vartheta.$$

类似地, 可推出

$$\prod_{i=1}^n |\xi_i' - 1| = \prod_{i=1}^n \left| \frac{\xi_i - 2\xi_i^* + \rho_i}{\xi_i^* - \rho_i} \right|$$

$$= \frac{\prod\limits_{i=1}^n |2\xi_i^* - \xi_i - \rho_i|}{\prod\limits_{i=1}^n |\xi_i^* - \rho_i|}$$

$$\geqslant \frac{m}{m(1 - \vartheta)^{-1}} = 1 - \vartheta.$$

于是得到

$$\prod_{i=1}^{n}|\xi_i'^2-1|\geqslant(1-\vartheta)^2. \tag{2.4.1}$$

现在定义集合

$$\mathscr{R}:\quad |\xi_i'|<\sqrt{1+(1-\vartheta)^2}\quad(i=1,\cdots,n).$$

这是一个凸集. 我们来证明它不含任何非零整点. 设不然, 那么它所含非零整点所对应的数组 $(\xi_1',\cdots,\xi_n')$ 必须满足不等式

$$-1\leqslant\xi_i'^2-1<(1-\vartheta)^2\leqslant1,$$

即

$$|\xi_i'^2-1|\leqslant1\quad(i=1,\cdots,n). \tag{2.4.2}$$

此外我们还可断言

$$-1\leqslant\xi_i'^2-1\leqslant-(1-\vartheta)^2\quad(i=1,\cdots,n). \tag{2.4.3}$$

这是因为不然, 则有下标 i 使得

$$\xi_i'^2-1>-(1-\vartheta)^2,$$

对此下标 i 就有

$$|\xi_i'^2-1|<(1-\vartheta)^2,$$

从而由此及式 (2.4.2) 推出

$$\prod_{i=1}^{n}|\xi_i'^2-1|<(1-\vartheta)^2,$$

这与式 (2.4.1) 矛盾, 于是式 (2.4.3) 成立. 进而由此式得到

$$|\xi_i'|\leqslant\sqrt{1-(1-\vartheta)^2}\leqslant\sqrt{2\vartheta}\quad(i=1,\cdots,n). \tag{2.4.4}$$

依据附录定理 1 及注 1 的 2 可知, 集合 $\mathscr{R}$ 中若含非零整点, 则在 $\mathscr{R}\setminus(1/2)\mathscr{R}$ 中必有整点 $(\xi_1'',\cdots,\xi_n'')$ 满足式 (2.4.4), 于是有

$$\frac{1}{2}\sqrt{1+(1-\vartheta)^2}<|\xi_i''|\leqslant\sqrt{2\vartheta}.$$

当 $\varepsilon>0$(因而 ϑ) 足够小时此式不可能成立. 于是 $\mathscr{R}$ 确实不含任何非零整点.

最后, 据此及附录定理 1 可知 $\mathscr{R}$ 的体积不超过 2^n, 即

$$V(\mathscr{R}) = \frac{2^n \left(1 + (1-\vartheta)^2\right)^{n/2}}{|D|} \leqslant 2^n,$$

由此推出

$$\left(1 + (1-\vartheta)^2\right)^{n/2} \leqslant \frac{1-\vartheta}{m},$$

令 $\varepsilon \to 0$(即 $\vartheta \to 0$) 立得 $m < 2^{-n/2}$. $\qquad\qquad\square$

注 2.4.1 关于 Minkowski 猜想, 至今 $n \leqslant 9$ 都已获证, 有关进展可参见文献 [49, 63].

第 3 章

转 换 定 理

本章研究不同类型的逼近问题之间的内部联系, 即由一类逼近问题的解的某种信息得出另一类与之相关的逼近问题的解的一些信息. 这种结果通常称做转换定理, 包括齐次逼近问题间的转换定理和齐次逼近问题与非齐次逼近问题间的转换定理, 重点是前者. 3.1 节给出 Mahler 线性型转换定理和某些变体, 以及它们的一些重要应用, 如 Khintchine 转换原理. 3.2 节引进线性型系的转置系的概念, 应用 Mahler 线性型转换定理, 建立一些线性型系与其转置系间的转换定理. 3.3 节给出齐次逼近问题与非齐次逼近问题间的转换定理和应用. 本章主要应用数的几何方法, 不涉及建立转换定理的解析方法.

3.1 Mahler 线性型转换定理和 Khintchine 转换原理

3.1.1 Mahler 线性型转换定理

对于 $n \geqslant 2$, 记实变元 $\boldsymbol{x} = (x_1, x_2, \cdots, x_n), \boldsymbol{y} = (y_1, y_2, \cdots, y_n)$.

定理 3.1.1 对于 $n \geqslant 2$, 设

$$f_i(\boldsymbol{x}) = \sum_{j=1}^n a_{ij} x_j, \quad g_i(\boldsymbol{x}) = \sum_{j=1}^n b_{ij} x_j \quad (i = 1, 2, \cdots, n)$$

是 $2n$ 个实系数线性型, $g_i (i = 1, 2, \cdots, n)$ 的系数行列式 $d = \det(b_{ij}) \neq 0$, 并且双线性型

$$\Phi(\boldsymbol{x}, \boldsymbol{y}) = \sum_{i=1}^n f_i(\boldsymbol{x}) g_i(\boldsymbol{y}) = \sum_{1 \leqslant j,k \leqslant n} c_{jk} x_j y_k$$

的所有系数 c_{jk} 都是整数. 还设 $t_1, t_2, \cdots, t_n$ 是给定的一组正数, 令

$$\lambda = (|d| t_1 \cdots t_n)^{1/(n-1)}.$$

若不等式组

$$|f_1(\boldsymbol{x})| = t_1, \quad |f_i(\boldsymbol{x})| \leqslant t_i \quad (i = 2, \cdots, n) \tag{3.1.1}$$

有非零解 $\boldsymbol{x} \in \mathbb{Z}^n$, 则不等式组

$$|g_1(\boldsymbol{y})| = (n-1) \cdot \frac{\lambda}{t_1}, \quad |g_i(\boldsymbol{y})| \leqslant \frac{\lambda}{t_i} \quad (i = 2, \cdots, n) \tag{3.1.2}$$

有非零解 $\boldsymbol{y} \in \mathbb{Z}^n$.

证 考虑关于 $\boldsymbol{y}$ 的线性不等式组

$$|\Phi(\boldsymbol{x}, \boldsymbol{y})| < 1, \quad |g_i(\boldsymbol{y})| \leqslant \frac{\lambda}{t_i} \quad (i = 2, \cdots, n), \tag{3.1.3}$$

其中 $\boldsymbol{x} \in \mathbb{Z}^n$ 是不等式组 (3.1.1) 的非零解. 由 $\Phi(\boldsymbol{x}, \boldsymbol{y})$ 的定义可知

$$c_{jk} = \sum_{i=1}^n a_{ij} b_{ik},$$

并且

$$\Phi(\boldsymbol{x}, \boldsymbol{y}) = \sum_{k=1}^{n} \left(\sum_{i=1}^{n} f_i(\boldsymbol{x}) b_{ik} \right) y_k.$$

因此以 $\boldsymbol{y}$ 为变元的线性不等式组 (3.1.3) 的系数行列式是

$$\begin{vmatrix} \sum\limits_{i=1}^{n} f_i(\boldsymbol{x}) b_{i1} & \cdots & \sum\limits_{i=1}^{n} f_i(\boldsymbol{x}) b_{in} \\ b_{21} & \cdots & b_{2n} \\ \vdots & \cdots & \vdots \\ b_{n1} & \cdots & b_{nn} \end{vmatrix}.$$

从第 1 行减去第 k 行的 $f_k(\boldsymbol{x})$ 倍 $(k = 2, \cdots, n)$, 可知此行列式等于

$$\begin{vmatrix} f_1(\boldsymbol{x}) b_{11} & \cdots & f_1(\boldsymbol{x}) b_{1n} \\ b_{21} & \cdots & b_{2n} \\ \vdots & \cdots & \vdots \\ b_{n1} & \cdots & b_{nn} \end{vmatrix}.$$

于是线性不等式组 (3.1.3) 的系数行列式的绝对值等于 $|f_1(\boldsymbol{x}) \det(b_{ij})| = |d||f_1(\boldsymbol{x})|$. 因为

$$1 \cdot \prod_{i=2}^{n} \frac{\lambda}{t_i} = |d| t_1 = |d||f_1(\boldsymbol{x})|,$$

所以依 Minkowski 线性型定理, 不等式组 (3.1.3) 有非零解 $\boldsymbol{y} \in \mathbb{Z}^n$. 特别地, 由式 (3.1.3) 的第一式可知非零整向量 $\boldsymbol{x}, \boldsymbol{y}$ 满足不等式

$$|\Phi(\boldsymbol{x}, \boldsymbol{y})| < 1.$$

因为 $\Phi(\boldsymbol{x}, \boldsymbol{y})$ 的所有系数 c_{jk} 都是整数, 所以 $|\Phi(\boldsymbol{x}, \boldsymbol{y})|$ 是一个小于 1 的整数, 从而 $\Phi(\boldsymbol{x}, \boldsymbol{y}) = 0$. 由此解出

$$f_1(\boldsymbol{x}) g_1(\boldsymbol{x}) = -\sum_{i=2}^{n} f_i(\boldsymbol{x}) g_i(\boldsymbol{x}). \tag{3.1.4}$$

由此及式 (3.1.1) 和式 (3.1.3) 推出

$$|g_1(\boldsymbol{y})| \leqslant \frac{1}{|f_1(\boldsymbol{x})|} \sum_{i=2}^{n} |f_i(\boldsymbol{x})||g_i(\boldsymbol{x})| \leqslant \frac{(n-1)\lambda}{t_1}.$$

于是(注意式 (3.1.3))$\boldsymbol{y} \in \mathbb{Z}^n$ 满足不等式组 (3.1.2). □

注 3.1.1 定理 3.1.1 是 K. Mahler(文献 [77]) 的原始结果, 要求不等式组 (3.1.2) 中有一个是等式.

3.1.2　Mahler 线性型转换定理的变体

下面是 Mahler 线性型转换定理的一个变体, 有时更便于应用.

定理 3.1.2　对于 $n \geqslant 2$, 设

$$f_i(\boldsymbol{x}) = \sum_{j=1}^{n} a_{ij}x_j, \quad g_i(\boldsymbol{x}) = \sum_{j=1}^{n} b_{ij}x_j \quad (i=1,2,\cdots,n)$$

是 $2n$ 个实系数线性型,f_i 和 $g_i(i=1,2,\cdots,n)$ 的系数行列式 $\det(a_{ij})$ 和 $d = \det(b_{ij})$ 都不为零, 并且双线性型

$$\Phi(\boldsymbol{x},\boldsymbol{y}) = \sum_{i=1}^{n} f_i(\boldsymbol{x})g_i(\boldsymbol{y}) = \sum_{1 \leqslant j,k \leqslant n} c_{jk}x_j y_k$$

的所有系数 c_{jk} 都是整数. 还设 $t_1, t_2, \cdots, t_n$ 是给定正数, 令

$$\lambda = (|d|t_1 \cdots t_n)^{1/(n-1)}.$$

若不等式组

$$|f_i(\boldsymbol{x})| \leqslant t_i \quad (i=1,2,\cdots,n)$$

有非零解 $\boldsymbol{x} \in \mathbb{Z}^n$, 则不等式组

$$|g_i(\boldsymbol{y})| \leqslant (n-1) \cdot \frac{\lambda}{t_i} \quad (i=1,2,\cdots,n)$$

有非零解 $\boldsymbol{y} \in \mathbb{Z}^n$.

我们先给出下列两个引理:

引理 3.1.1　设 $f_i, g_i, d, t_1, \cdots, t_n, \lambda$ 同定理 3.1.2. 若不等式组

$$|f_i(\boldsymbol{x})| \leqslant t_i \quad (i=2,\cdots,n) \tag{3.1.5}$$

有非零解 $\boldsymbol{x} \in \mathbb{Z}^n$, 则不等式组

$$|g_i(\boldsymbol{y})| \leqslant \lambda \cdot \max_{1 \leqslant k \leqslant n} \sum_{\substack{1 \leqslant i \leqslant n \\ i \neq k}} \frac{1}{t_i} \quad (i=1,2,\cdots,n) \tag{3.1.6}$$

有非零解 $\boldsymbol{y} \in \mathbb{Z}^n$.

证　只需将定理 3.1.1 的证明稍加修改即可. 因为 $\det(a_{ij}) \neq 0$, 所以线性方程组 $f_i(\boldsymbol{x}) = 0 (i=1,2,\cdots,n)$ 只有零解. 因此, 若不等式组 (3.1.5) 有非零解 $\boldsymbol{x} \in \mathbb{Z}^n$, 则必有 $\max_{1 \leqslant i \leqslant n}|f_i(\boldsymbol{x})| \neq 0$. 不妨认为

$$|f_1(\boldsymbol{x})| = \max_{1 \leqslant i \leqslant n}|f_i(\boldsymbol{x})| > 0. \tag{3.1.7}$$

考虑关于 $\boldsymbol{y}$ 的线性不等式组 (3.1.3), 其中 $\boldsymbol{x} \in \mathbb{Z}^n$ 是不等式组 (3.1.4) 的非零解. 不等式组 (3.1.3) 的系数行列式的绝对值等于 $|d||f_1(\boldsymbol{x})|$. 因为

$$1 \cdot \prod_{i=2}^{n} \frac{\lambda}{t_i} = |d|t_1 \geqslant |d||f_1(\boldsymbol{x})|,$$

所以由 Minkowski 线性型定理, 存在非零整向量 $\boldsymbol{y}$ 满足不等式组 (3.1.3). 类似于定理 3.1.1 的证明可知式 (3.1.4) 成立. 注意由式 (3.1.7) 可知

$$\frac{|f_i(\boldsymbol{x})|}{|f_1(\boldsymbol{x})|} \leqslant 1 \quad (i=2,\cdots,n),$$

所以由式 (3.1.4) 和式 (3.1.3) 推出

$$|g_1(\boldsymbol{y})| \leqslant \sum_{i=2}^{n} \frac{|f_i(\boldsymbol{x})|}{|f_1(\boldsymbol{x})|} |g_i(\boldsymbol{x})| \leqslant \lambda \sum_{i=2}^{n} \frac{1}{t_i}.$$

由此及式 (3.1.3) 的第二式可知 $\boldsymbol{y} \in \mathbb{Z}^n$ 满足不等式组

$$|g_1(\boldsymbol{y})| \leqslant \lambda \sum_{i=2}^{n} \frac{1}{t_i},$$

$$|g_i(\boldsymbol{y})| \leqslant \frac{\lambda}{t_i} \quad (i=2,\cdots,n).$$

因为满足式 (3.1.7) 的可以是任何一个 f_i, 所以 $\boldsymbol{y} \in \mathbb{Z}^n$ 满足不等式组 (3.1.6). $\square$

在引理 1 中取 $t_1 = \cdots = t_n = t > 0$, 可得

引理 3.1.2 设 f_i, g_i, d 同定理 3.1.2, $t>0$ 是给定实数. 若不等式组

$$|f_i(\boldsymbol{x})| \leqslant t \quad (i=1,2,\cdots,n)$$

有非零解 $\boldsymbol{x} \in \mathbb{Z}^n$, 则不等式组

$$|g_i(\boldsymbol{y})| \leqslant (n-1) \cdot (t|d|)^{1/(n-1)} \quad (i=1,2,\cdots,n)$$

有非零解 $\boldsymbol{y} \in \mathbb{Z}^n$.

定理 3.1.2 之证 将引理 3.1.2 应用于线性型系 $t_i^{-1} f_i(\boldsymbol{x})$ 和 $t_i g_i(\boldsymbol{x}) (i=1,2,\cdots,n)$, 即得结论. $\square$

注 3.1.2 引理 3.1.1 可见文献 [6]. 引理 3.1.2 也可用定理 3.1.1 的证法直接证明 (见文献 [29]), 或由定理 3.1.1 推出.

3.1.3 逆转置系

设 $n \geqslant 2$. 给定一组 n 变元 $\boldsymbol{x} = (x_1, x_2, \cdots, x_n)$ 的实系数线性型系

$$A_i(\boldsymbol{x}) = \sum_{j=1}^{n} a_{ij} x_j \quad (i = 1, 2, \cdots, n),$$

其系数行列式 $d = \det(a_{ij}) \neq 0$. 设矩阵 (a_{ij}) 的逆矩阵是 (b_{ij}), 定义一组 n 变元 $\boldsymbol{y} = (y_1, y_2, \cdots, y_n)$ 的实系数线性型系

$$B_j(\boldsymbol{y}) = \sum_{i=1}^{n} b_{ij} y_i \quad (j = 1, 2, \cdots, n).$$

我们将其中任何一组称为另一组的逆转置系.C. L. Siegel(文献 [103]) 和 A. O. Gelfond(文献 [47]) 应用解析方法得到下列定理:

定理 3.1.3   设线性型系 $A_i(\boldsymbol{x})$ 和 $B_j(\boldsymbol{y})$ 如上. 还设 $t_1, t_2, \cdots, t_n, \rho, \tau$ 是正实数, 满足不等式

$$0 < \rho \leqslant \tau \leqslant \frac{1}{\pi} \left(\frac{4n}{4n+1} \right)^{2n} \sqrt{\frac{6}{4n+1}},$$

以及

$$t_1 t_2 \cdots t_n \geqslant \frac{\rho |d|}{\tau}.$$

若存在非零整向量 $\boldsymbol{x}$ 满足不等式组

$$|A_i(\boldsymbol{x})| \leqslant \frac{\rho}{t_i} \quad (i = 1, 2, \cdots, n),$$

则存在非零整向量 $\boldsymbol{y}$ 满足不等式组

$$|B_j(\boldsymbol{y})| \leqslant t_j \quad (j = 1, 2, \cdots, n).$$

可以证明定理 3.1.3 与引理 3.1.2 本质上是等价的 (见文献 [122]).

3.1.4   Khintchine 转换原理

定理 3.1.4(Khintchine 转换原理)   设 $\theta_1, \theta_2, \cdots, \theta_n$ 是 $n(\geqslant 1)$ 个任意给定的实数, 还设 ω_1 是使不等式

$$\|u_1 \theta_1 + u_2 \theta_2 + \cdots + u_n \theta_n\| \leqslant (\max_{1 \leqslant j \leqslant n} |u_j|)^{-n-\alpha}$$

有无穷多个非零整解 $\boldsymbol{u} = (u_1, u_2, \cdots, u_n)$ 的实数 $\alpha \geqslant 0$ 的上确界, ω_2 是使不等式

$$\max_{1 \leqslant i \leqslant n} \|x\theta_i\| \leqslant x^{-(1+\beta)/n}$$

有无穷多个非零整数解 x 的实数 $\beta \geqslant 0$ 的上确界. 那么

(a) 当 ω_1 和 ω_2 都有限时

$$\omega_1 \geqslant \omega_2 \geqslant \frac{\omega_1}{n^2 + (n-1)\omega_1}.$$

(b) 当 $\omega_1 = \infty$ 时

$$\omega_2 \geqslant \frac{1}{n-1} \quad (\text{若 } n > 1);$$

$$\omega_2 = \infty \quad (\text{若 } n = 1).$$

(c) 当 $\omega_2 = \infty$ 时, $\omega_1 = \infty$.

证 (a) 设 ω_1 和 ω_2 都有限.

(i) 设 $\alpha \geqslant 0$, 不等式组

$$\|u_1\theta_1 + u_2\theta_2 + \cdots + u_n\theta_n\| \leqslant (\max_{1 \leqslant j \leqslant n} |u_j|)^{-n-\alpha}$$

有无穷多个非零整解 $\boldsymbol{u} = (u_1, u_2, \cdots, u_n)$. 记

$$\rho = |u_1\theta_1 + u_2\theta_2 + \cdots + u_n\theta_n - u_{n+1}| = \|u_1\theta_1 + u_2\theta_2 + \cdots + u_n\theta_n\|.$$

因为 ω_1 有限, 所以 $\rho \neq 0$(因若不然, 则 $\|ku_1\theta_1 + ku_2\theta_2 + \cdots + ku_n\theta_n\| = 0$, 于是 $k\boldsymbol{u}\,(k \in \mathbb{Z})$ 对任何 $\alpha \geqslant 0$ 给出上述不等式的无穷多个整解, 从而 $\omega_1 = \infty$). 于是

$$0 < \rho < 1. \tag{3.1.8}$$

从而不等式组

$$0 < |u_1\theta_1 + u_2\theta_2 + \cdots + u_n\theta_n - u_{n+1}| \leqslant \sigma^{-(n+\alpha)}, \quad \max_{1 \leqslant i \leqslant n} |u_i| = \sigma \tag{3.1.9}$$

有无穷多组整数解 $(u_1, \cdots, u_n, u_{n+1})$. 考虑以 $(x_1, \cdots, x_n, x)$ 为变元的线性不等式组

$$|x_i - \theta_i x| \leqslant \rho^{1/n}, \quad |u_1x_1 + u_2x_2 + \cdots + u_nx_n - u_{n+1}x| < 1. \tag{3.1.10}$$

不等式组的系数行列式的绝对值等于 $|\rho|$, 因此由 Minkowski 线性型定理, 存在一组非零整数解 $(x_1, \cdots, x_n, x)$. 于是式 (3.1.10) 中最后一式的左边是整数, 从而等于零, 即知

不全为零的整数组 $(x_1, \cdots, x_n, x)$ 满足

$$|x_i - \theta_i x| \leqslant \rho^{1/n}, \quad u_1 x_1 + u_2 x_2 + \cdots + u_n x_n - u_{n+1} x = 0. \quad (3.1.11)$$

由此得到

$$
\begin{aligned}
|\rho x| &= |(u_1 \theta_1 + u_2 \theta_2 + \cdots + u_n \theta_n - u_{n+1})x \\
&\quad - (u_1 x_1 + u_2 x_2 + \cdots + u_n x_n - u_{n+1} x)| \\
&= |(x_1 - \theta_1 x)u_1 + \cdots + (x_n - \theta_n x)u_n| \\
&\leqslant n\sigma\rho^{1/n}.
\end{aligned}
$$

因为由式 (3.1.9) 有 $\sigma \leqslant \rho^{-1/(n+\alpha)}$, 所以

$$
\begin{aligned}
|x| &\leqslant n\rho^{-1/(n+\alpha)} \cdot \rho^{1/n} \cdot \rho^{-1} \\
&= n\rho^{-(n^2 + (n-1)\alpha)/(n^2 + n\alpha)}. \quad (3.1.12)
\end{aligned}
$$

若 $\beta \geqslant 0$ 满足不等式

$$\rho^{1/n} \leqslant \left(n\rho^{-(n^2 + (n-1)\alpha)/(n^2 + n\alpha)} \right)^{-(1+\beta)/n},$$

则由式 (3.1.8) 得到

$$\frac{n^2 + (n-1)\alpha}{n^2 + n\alpha} \cdot \frac{1+\beta}{n} - \frac{1}{n} < 0,$$

于是由式 (3.1.11) 和式 (3.1.12) 可知: 当

$$0 \leqslant \beta < \frac{\alpha}{n^2 + (n-1)\alpha} \quad (3.1.13)$$

时, 不等式

$$\max_{1 \leqslant i \leqslant n} \|x\theta_i\| \leqslant x^{-(1+\beta)/n} \quad (3.1.14)$$

有无穷多个非零整数解 x. 注意不等式 (3.1.13) 的右边当 $\alpha \geqslant 0$ 时是 α 的增函数, 所以当

$$0 \leqslant \beta < \frac{\omega_1}{n^2 + (n-1)\omega_1}$$

时上述结论成立. 如果

$$\omega_2 < \frac{\omega_1}{n^2 + (n-1)\omega_1},$$

那么依刚才所证, 对于任何 $\beta \in \left(\omega_2, \omega_1/(n^2+(n-1)\omega_1)\right)$, 不等式 (3.1.14) 将有无穷多个非零整数解 x. 这与 ω_2 的定义矛盾, 因此

$$\omega_2 \geqslant \frac{\omega_1}{n^2+(n-1)\omega_1}.$$

(ii) 设 $\beta \geqslant 0$, 使得有无穷多个整数 $x \neq 0$ 满足不等式

$$\max_{1 \leqslant i \leqslant n} \|x\theta_i\| \leqslant x^{-(1+\beta)/n}. \tag{3.1.15}$$

记

$$\|x\theta_i\| = |x\theta_i - x_i| \quad (i = 1, 2, \cdots, n),$$
$$\tau = |x|.$$

那么有无穷多组整数 $(x_1, \cdots, x_n, x_{n+1})$ 满足线性不等式组

$$|x\theta_i - x_i| \leqslant \tau^{-(1+\beta)/n} \quad (i = 1, 2, \cdots, n),$$
$$|x_{n+1}| = \tau.$$

在定理 3.1.1 中取线性型系 $\left(\boldsymbol{x} = (x_1, \cdots, x_n, x_{n+1})\right)$

$$f_i(\boldsymbol{x}) = x_i - x_{n+1}\theta_i \quad (i = 1, 2, \cdots, n),$$
$$f_{n+1}(\boldsymbol{x}) = x_{n+1},$$

以及 $\left(\boldsymbol{u} = (u_1, \cdots, u_n, u_{n+1})\right)$

$$g_i(\boldsymbol{u}) = u_i \quad (i = 1, 2, \cdots, n),$$
$$g_{n+1} = u_1\theta_1 + \cdots + u_n\theta_n - u_{n+1}.$$

那么容易验证在此满足该定理的各项条件, 于是线性型不等式组

$$|u_j| \leqslant \tau^{1/n} \quad (j = 1, 2, \cdots, n),$$
$$|u_1\theta_1 + \cdots + u_n\theta_n - u_{n+1}| \leqslant n\tau^{-1-\beta/n}$$

有非零整解 $(u_1, \cdots, u_n, u_{n+1})$. 若 $u_1 = \cdots = u_n = 0$, 则当 τ 充分大时 $u_{n+1} = 0$. 此不可能. 因此 $u_1, \cdots, u_n, u_{n+1}$ 不全为零. 若 $\alpha \geqslant 0$ 满足不等式

$$n\tau^{-1-\beta/n} > (\tau^{1/n})^{-(n+\alpha)},$$

则由 $\tau \geqslant 1$ 得到 $\alpha < \beta$. 于是当

$$0 \leqslant \alpha < \omega_2$$

时, 不等式

$$\|u_1\theta_1 + u_2\theta_2 + \cdots + u_n\theta_n\| \leqslant \left(\max_{1 \leqslant j \leqslant n} |u_j|\right)^{-n-\alpha} \tag{3.1.16}$$

有无穷多组非零整数解 $\boldsymbol{u} = (u_1, u_2, \cdots, u_n)$. 由此可类似于步骤 (i) 推出 $\omega_1 \geqslant \omega_2$.

(b) 设 $\omega_1 = \infty$. 若 $n > 1$, 则依 (a) 的证明步骤 (i), 对于任何 $\alpha \geqslant 0$, 只要 β 满足式 (3.1.13), 不等式 (3.1.14) 就有无穷多个非零整数解 x. 在式 (3.1.13) 中令 $\alpha \to \infty$ 可知, 当 $\beta \in \big(0, 1/(n-1)\big)$ 时, 不等式 (3.1.14) 都有无穷多个非零整数解 x. 据此 (用反证法) 推出

$$\omega_2 \geqslant \frac{1}{n-1}.$$

若 $n = 1$, 则式 (3.1.13) 表明, 对于任何 $\beta \geqslant 0$, 不等式 (3.1.14) 都有无穷多个非零整数解 x. 因此 $\omega_2 = \infty$. 或者: 当 $n = 1$ 时, 定理中两个不等式相同, 所以 $\omega_2 = \omega_1 = \infty$.

(c) 设 $\omega_2 = \infty$. 由 (a) 的证明步骤 (ii), 对于任何使不等式 (3.1.15) 有无穷多个非零整数解 x 的 $\beta \geqslant 0$, 只要 $\alpha < \beta$, 不等式 (3.1.16) 就有无穷多组非零整数解 $\boldsymbol{u}$. 因为 $\beta \geqslant 0$ 可取任意大的值, 所以对于任何 $\alpha \geqslant 0$, 不等式 (3.1.16) 都有无穷多组非零整数解 $\boldsymbol{u}$. 因此 $\omega_1 = \infty$. □

注 3.1.3 Khintchine 转换原理 (文献 [65,66]) 有多种证明, 对此可参见文献 [24,47,49] 等. 也可以直接应用定理 3.2.1 证明 (参见下面定理 3.2.2 的证明).

3.2 线性型及其转置系间的转换定理

3.2.1 互为转置的线性型系的转换定理

设 $m, n \geqslant 1$. 对于 m 个 n 变元 $\boldsymbol{x} = (x_1, x_2, \cdots, x_n)$ 的实系数线性型系

$$L_i(\boldsymbol{x}) = \sum_{j=1}^{n} \theta_{ij} x_j \quad (i = 1, 2, \cdots, m) \tag{3.2.1}$$

和 n 个 m 变元 $\boldsymbol{y} = (y_1, y_2, \cdots, y_m)$ 的实系数线性型系

$$M_j(\boldsymbol{y}) = \sum_{i=1}^{m} \theta_{ij} y_i \quad (j = 1, 2, \cdots, n), \tag{3.2.2}$$

我们将其中任何一组称为另一组的转置系 (见 2.3.1 小节).Khintchine 转换原理中涉及两组特殊的互为转置的线性型系 ($m = 1, n \geqslant 1$). 本节应用 Mahler 线性型转换定理给出两组互为转置的线性型间的一般性转换关系.

定理 3.2.1 设 C, X 是满足 $0 < C < 1 \leqslant X$ 的实数, 线性型系 $L_i(\boldsymbol{x})$ 和 $M_j(\boldsymbol{y})$ 如式 (3.2.1) 和式 (3.2.2) 给定. 若不等式组

$$\max_{1 \leqslant i \leqslant m} \|L_i(\boldsymbol{x})\| \leqslant C, \quad \max_{1 \leqslant j \leqslant n} |x_j| \leqslant X \tag{3.2.3}$$

有非零整 (向量) 解 $\boldsymbol{x}$, 则有非零整向量 $\boldsymbol{y}$ 满足不等式组

$$\max_{1 \leqslant j \leqslant n} \|M_j(\boldsymbol{y})\| \leqslant D, \quad \max_{1 \leqslant i \leqslant m} |y_i| \leqslant U, \tag{3.2.4}$$

其中

$$D = (m + n - 1) X^{(1-m)/(m+n-1)} C^{m/(m+n-1)},$$
$$U = (m + n - 1) X^{n/(m+n-1)} C^{(1-n)/(m+n-1)}.$$

证 引进新变元 $\boldsymbol{u} = (u_1, u_2, \cdots, u_m), \boldsymbol{v} = (v_1, v_2, \cdots, v_n)$. 记 $\boldsymbol{w} = (\boldsymbol{x}, \boldsymbol{u}), \boldsymbol{z} = (\boldsymbol{y}, \boldsymbol{v})$. 定义线性型系

$$f_k(\boldsymbol{w}) = \begin{cases} C^{-1}\big(L_k(\boldsymbol{x}) + u_k\big) & (1 \leqslant k \leqslant m), \\ X^{-1} x_{k-m} & (m+1 \leqslant k \leqslant m+n); \end{cases}$$

$$g_k(\boldsymbol{z}) = \begin{cases} C y_k & (1 \leqslant k \leqslant m), \\ X\big(-M_{k-m}(\boldsymbol{y}) + v_{k-m}\big) & (m+1 \leqslant k \leqslant m+n). \end{cases}$$

直接验证这两组线性型的系数行列式都不为零, 并且 $g_k(\boldsymbol{z}) (1 \leqslant k \leqslant m+n)$ 的系数行列式 $d = C^m X^n$. 还有

$$\sum_{k=1}^{m+n} f_k(\boldsymbol{w}) g_k(\boldsymbol{z}) = \sum_{k=1}^{m} C^{-1}\big(L_k(\boldsymbol{x}) + u_k\big) \cdot C y_k$$

$$+ \sum_{k=m+1}^{m+n} X^{-1} x_{k-m} \cdot X\big(-M_{k-m}(\boldsymbol{y}) + v_{k-m}\big)$$

$$= \sum_{k=1}^{m} L_k(\boldsymbol{x}) y_k + \sum_{k=1}^{m} u_k y_k$$

$$- \sum_{k=m+1}^{m+n} M_{k-m}(\boldsymbol{y}) x_{k-m} + \sum_{k=m+1}^{m+n} x_{k-m} v_{k-m}$$

$$= \sum_{k=1}^{m} \sum_{j=1}^{n} \theta_{kj} x_j y_k + \sum_{k=1}^{m} u_k y_k - \sum_{j=1}^{n} \sum_{k=1}^{m} \theta_{kj} y_k x_j + \sum_{j=1}^{n} x_j v_j$$

$$= \sum_{k=1}^{m} u_k y_k + \sum_{j=1}^{n} x_j v_j.$$

可见右边各加项都有整系数. 于是 f_k, g_k 满足定理 3.1.2 的有关条件. 又式 (3.2.3) 有非零整解 $\boldsymbol{x}$ 等价于存在 $m+n$ 维非零整向量 $\boldsymbol{w} = (\boldsymbol{x}, \boldsymbol{u})$ (其中 $\boldsymbol{x}$ 非零), 满足

$$|L_i(\boldsymbol{x}) + y_i| \leqslant C \quad (i = 1, 2, \cdots, m),$$

$$|x_j| \leqslant X \quad (j = 1, 2, \cdots, n),$$

从而 $\boldsymbol{w} = (\boldsymbol{x}, \boldsymbol{u})$ 满足不等式组

$$|f_k(\boldsymbol{w})| \leqslant 1 \quad (k = 1, 2, \cdots, m+n).$$

因此依定理 3.1.2 可知存在 $m+n$ 维非零整向量 $\boldsymbol{z} = (\boldsymbol{y}, \boldsymbol{v})$ 满足不等式组

$$|g_k(\boldsymbol{z})| \leqslant (m+n-1)(C^m X^n)^{1/(m+n-1)} \quad (k = 1, 2, \cdots, m+n).$$

这等价于 $\boldsymbol{z} = (\boldsymbol{y}, \boldsymbol{v})$ 满足

$$|M_j(\boldsymbol{y}) + v_j| \leqslant D \quad (j = 1, 2, \cdots, n),$$

$$|y_i| \leqslant U \quad (i = 1, 2, \cdots, m).$$

我们需要证明 $\boldsymbol{y}$ 非零. 当 $D < 1$ 时, 若 $\boldsymbol{y} = \boldsymbol{0}$, 则由上式可知 $|v_j| = |M_j(\boldsymbol{y}) + v_j| < D$, 从而推出所有 $v_j = 0$, 这与 $\boldsymbol{z} = (\boldsymbol{y}, \boldsymbol{v})$ 非零矛盾. 当 $D \geqslant 1$ 时, 由 $0 < C < 1 \leqslant X$ 以及 U 的定义推出 $U > 1$, 因此正方体 $[-U, U]^m$ 中总含有非零整向量, 可任意选取其一, 不仅满足 $|y_i| \leqslant U \, (i = 1, 2, \cdots, m)$, 并且因为 $\|M_j(\boldsymbol{y})\| \leqslant 1/2$, 而 $D \geqslant 1$, 所以 $\|M_j(\boldsymbol{y})\| \leqslant D$ 自然成立. 总之, 确实存在非零整向量 $\boldsymbol{y}$ 满足不等式组 (3.2.4). $\square$

推论 3.2.1 存在常数 $\gamma > 0$, 使得任何 n 维非零整向量 $\boldsymbol{x}$ 满足不等式

$$(\max_{1 \leqslant i \leqslant m} \|L_i(\boldsymbol{x})\|)^m (\max_{1 \leqslant j \leqslant n} |x_j|)^n \geqslant \gamma, \tag{3.2.5}$$

当且仅当存在常数 $\delta > 0$, 使得任何 m 维非零整向量 $\boldsymbol{y}$ 满足不等式

$$(\max_{1 \leqslant j \leqslant n} \|M_j(\boldsymbol{y})\|)^n (\max_{1 \leqslant i \leqslant m} |y_i|)^m \geqslant \delta. \tag{3.2.6}$$

证 因为不等式 (3.2.5) 与 (3.2.6) 的表述形式是对称的, 所以只需证明: 常数 $\delta > 0$ 的存在性 $\Rightarrow$ 常数 $\gamma > 0$ 的存在性.

设存在常数 $\delta > 0$, 使得任何 m 维非零整向量 $\boldsymbol{y}$ 满足不等式 (3.2.6). 对于任意给定的非零 n 维整向量 $\boldsymbol{x}$, 令

$$X = X(\boldsymbol{x}) = \max_{1 \leqslant j \leqslant n} |x_j|,$$

并取 $C = C(\boldsymbol{x}) \in (0, 1)$ 满足

$$C = C(\boldsymbol{x}) \geqslant \max_{1 \leqslant i \leqslant m} \|L_i(\boldsymbol{x})\|,$$

那么非零 n 维整向量 $\boldsymbol{x}$ 是不等式组 (3.2.3) 的解, 所以依定理 3.2.1, 存在 m 维非零整向量 $\boldsymbol{y}$ 满足不等式组 (3.2.4). 又由常数 $\delta > 0$ 的存在性, 对于这个向量 $\boldsymbol{y}$, 不等式 (3.2.6) 成立, 从而

$$D^n U^m \geqslant \delta. \tag{3.2.7}$$

按公式算出

$$D^n U^m = (m+n-1)^n X^{n(1-m)/(m+n-1)} C^{mn/(m+n-1)}$$
$$\cdot (m+n-1)^m X^{mn/(m+n-1)} C^{m(1-n)/(m+n-1)}$$
$$= (m+n-1)^{m+n} X^{n/(m+n-1)} C^{m/(m+n-1)},$$

由此得到

$$X^n C^m = (m+n-1)^{-(m+n)(m+n-1)} (D^n U^m)^{m+n-1},$$

从而由不等式 (3.2.7) 推出

$$X^n C^m \geqslant (m+n-1)^{-(m+n)(m+n-1)} \delta^{m+n-1}.$$

此不等式右边是与 $\boldsymbol{x}$ 无关的正常数. 因为 $\boldsymbol{x}$ 是任意非零 n 维整向量, 所以将它记作 γ, 即具有所要的性质. □

下面给出定理 3.2.1 的一个应用.

例 3.2.1 设 $\theta_1, \theta_2, \cdots, \theta_n$ 是 $n+1$ 次实代数数域中的任意 n 个数, 并且 $1, \theta_1, \theta_2, \cdots,$ θ_n 在 $\mathbb{Q}$ 上线性无关, 则存在常数 $\gamma > 0$(仅与 $\theta_1, \theta_2, \cdots, \theta_n$ 有关), 使对于所有正整数 x, 有

$$\max_{1 \leqslant i \leqslant n} \|\theta_i x\| \geqslant \gamma x^{-1/n} \quad (i = 1, 2, \cdots, n).$$

证 依推论 3.2.1, 只需证明存在常数 $\delta > 0$, 使得对于所有非零整向量 $\boldsymbol{u} = (u_1, u_2, \cdots, u_n)$, 有

$$\|u_1\theta_1 + u_2\theta_2 + \cdots + u_n\theta_n\| \geqslant \delta(\max_{1 \leqslant j \leqslant n} |u_j|)^{-n}. \tag{3.2.8}$$

设 $\boldsymbol{u}$ 是任意一个非零整向量, 则存在某个整数 v, 使得

$$|u_1\theta_1 + u_2\theta_2 + \cdots + u_n\theta_n + v| = \|u_1\theta_1 + u_2\theta_2 + \cdots + u_n\theta_n\| \leqslant \frac{1}{2}. \tag{3.2.9}$$

还存在正整数 q(只与诸 θ_i 有关), 使得 $q\theta_1, q\theta_2, \cdots, q\theta_n$ 都是代数整数. 因为 $1, \theta_1, \theta_2, \cdots, \theta_n$ 在 $\mathbb{Q}$ 上线性无关, 所以

$$\alpha = qu_1\theta_1 + qu_2\theta_2 + \cdots + qu_n\theta_n + qv$$

是非零代数整数. 由式 (3.2.9) 可知,α 的任一共轭元

$$\alpha' = qu_1\theta_1' + qu_2\theta_2' + \cdots + qu_n\theta_n' + qv$$

有估值

$$|\alpha'| \leqslant |\alpha| + |\alpha' - \alpha|$$

$$\leqslant \frac{1}{2}|q| + |qu_1(\theta_1 - \theta_1') + qu_2(\theta_2 - \theta_2') + \cdots + qu_n(\theta_n - \theta_n')|$$

$$\leqslant C \max_{1 \leqslant j \leqslant n} |u_j|,$$

其中常数 $C > 0$ 与诸 u_j 无关. 由于 α 是非零代数整数, 因此它与其 n 个共轭元之积 P_n 的乘积是非零 (有理) 整数, 其绝对值不小于 1, 所以

$$1 \leqslant |\alpha||P_n| \leqslant |\alpha|\big(C \max_{1 \leqslant j \leqslant n} |u_j|\big)^n,$$

从而推出

$$|qu_1\theta_1 + qu_2\theta_2 + \cdots + qu_n\theta_n + qv| = |\alpha| \geqslant \big(C \max_{1 \leqslant j \leqslant n} |u_j|\big)^{-n}.$$

取 $\delta = q^{-1}C^{-n}$(与诸 u_j 无关), 并注意 $\boldsymbol{u}$ 是任意非零整向量, 即得不等式 (3.2.8). $\quad\square$

3.2.2 Khintchine 转换原理的一般形式

下面的定理 3.2.2 是 Khintchine 转换原理的一般形式 (见文献 [37]), 在其中取 $m=1$, 并且注意 $\omega_1 = n\eta_1, \omega_2 = \eta_2$, 即可由它推出定理 3.1.4.

定理 3.2.2 设 $m,n \geqslant 1$, 给定变元 $\boldsymbol{x} = (x_1, x_2, \cdots, x_n)$ 的实系数线性型系

$$L_i(\boldsymbol{x}) = \sum_{j=1}^{n} \theta_{ij} x_j \quad (i = 1, 2, \cdots, m),$$

以及它的转置系, 即变元 $\boldsymbol{y} = (y_1, y_2, \cdots, y_m)$ 的实系数线性型系

$$M_j(\boldsymbol{y}) = \sum_{i=1}^{m} \theta_{ij} y_i \quad (j = 1, 2, \cdots, n).$$

用 η_1 和 η_2 分别表示使不等式

$$\max_{1 \leqslant i \leqslant m} \|L_i(\boldsymbol{x})\| \leqslant \left(\max_{1 \leqslant j \leqslant n} |x_j| \right)^{-n(1+\eta)/m} \tag{3.2.10}$$

和

$$\max_{1 \leqslant j \leqslant n} \|M_j(\boldsymbol{y})\| \leqslant \left(\max_{1 \leqslant i \leqslant m} |y_i| \right)^{-m(1+\eta')/n} \tag{3.2.11}$$

有无穷多组非零整解 $\boldsymbol{x}$ 和 $\boldsymbol{y}$ 的 $\eta \geqslant 0$ 和 $\eta' \geqslant 0$ 的上确界, 则

$$\eta_1 \geqslant \frac{\eta_2}{(m-1)\eta_2 + m + n - 1}, \tag{3.2.12}$$

$$\eta_2 \geqslant \frac{\eta_1}{(n-1)\eta_1 + m + n - 1}. \tag{3.2.13}$$

特别地, 当且仅当 $\eta_2 = 0$ 时 $\eta_1 = 0$.

证 因为不等式 (3.2.10) 和 (3.2.11) 以及不等式 (3.2.12) 和 (3.2.13) 的叙述形式都是对称的, 所以只证明不等式 (3.2.13). 若 $\eta_1 = 0$, 则因 $\eta_2 \geqslant 0$, 从而不等式 (3.2.13) 成立, 所以不妨认为 $\eta_1 > 0$. 还可认为 $\eta_2 < \infty$(不然不等式 (3.2.13) 自然成立).

取 η, η' 满足不等式

$$0 < \eta < \eta_1, \quad \eta' > \eta_2. \tag{3.2.14}$$

那么不等式 (3.2.10) 有无穷多个非零整解 $\boldsymbol{x} = (x_1, x_2, \cdots, x_n)$. 令

$$X = \max_{1 \leqslant j \leqslant n} |x_j|, \quad C = X^{n(1+\eta)/m},$$

则不等式组

$$\max_{1 \leqslant i \leqslant m} \|L_i(\boldsymbol{x})\| \leqslant C, \quad \max_{1 \leqslant j \leqslant n} |x_j| \leqslant X$$

有非零整解 $\boldsymbol{x}$. 依定理 3.1.4, 不等式组

$$\max_{1\leqslant j\leqslant n}\|M_j(\boldsymbol{y})\|\leqslant D,\quad \max_{1\leqslant i\leqslant m}|y_i|\leqslant U$$

有非零整解 $\widetilde{\boldsymbol{y}}=(\widetilde{y}_1,\widetilde{y}_2,\cdots,\widetilde{y}_m)$, 其中

$$D=(m+n-1)X^{(1-m)/(m+n-1)}C^{m/(m+n-1)}$$
$$=(m+n-1)X^{-(1+n\eta/(m+n-1))},$$
$$U=(m+n-1)X^{n/(m+n-1)}C^{(1-n)/(m+n-1)}$$
$$=(m+n-1)X^{(n/m)(1+(n-1)\eta/(m+n-1))}.$$

于是 $\widetilde{\boldsymbol{y}}$ 满足不等式

$$\big(\max_{1\leqslant j\leqslant n}\|M_j(\widetilde{\boldsymbol{y}})\|\big)\big(\max_{1\leqslant i\leqslant m}|\widetilde{y}_i|\big)^{m(1+\eta')/n}$$
$$\leqslant DU^{m(1+\eta')/n}$$
$$=(m+n-1)^{1+m(1+\eta')/n}X^{-\eta/(m+n-1)+(1+(n-1)\eta/(m+n-1))\eta'}. \tag{3.2.15}$$

此外, 由式 (3.2.14) 的第二式可知不等式 (3.2.11) 只可能有有限多个非零整解 $\boldsymbol{y}$. 将这有限多个非零整向量 $\boldsymbol{y}$ 形成的集合记作 S, 则有

$$\big(\max_{1\leqslant j\leqslant n}\|M_j(\boldsymbol{y})\|\big)\big(\max_{1\leqslant i\leqslant m}|y_i|\big)^{m(1+\eta')/n}\leqslant 1\quad(\boldsymbol{y}\in S),$$
$$\big(\max_{1\leqslant j\leqslant n}\|M_j(\boldsymbol{y})\|\big)\big(\max_{1\leqslant i\leqslant m}|y_i|\big)^{m(1+\eta')/n}>1\quad(\boldsymbol{y}\in\mathbb{Z}^m\setminus S).$$

因为 S 是有限集, 所以存在实数 $\gamma>0$(与 $\boldsymbol{x}$ 无关), 使得对于所有非零整向量 $\boldsymbol{y}$ 都有

$$\big(\max_{1\leqslant j\leqslant n}\|M_j(\boldsymbol{y})\|\big)\big(\max_{1\leqslant i\leqslant m}|y_i|\big)^{m(1+\eta')/n}>\gamma. \tag{3.2.16}$$

因为 $\widetilde{\boldsymbol{y}}$ 同时满足不等式 (3.2.15) 和 (3.2.16), 所以

$$(m+n-1)^{1+m(1+\eta')/n}X^{-\eta/(m+n-1)+(1+(n-1)\eta/(m+n-1))\eta'}\geqslant\gamma.$$

式中 X 可以取任意大的正整数值, 而 γ 是与 X 无关的常数, 于是必然有

$$-\frac{\eta}{m+n-1}+\left(1+\frac{(n-1)\eta}{m+n-1}\right)\eta'\geqslant 0.$$

由此得到

$$\eta'\geqslant\frac{\eta}{(n-1)\eta+m+n-1}.$$

因为 η 和 η' 可以分别任意接近 η_1 和 η_2, 所以得到不等式 (3.2.13).

由不等式 (3.2.12) 和 (3.2.13) 立得 $\eta_1=0\Leftrightarrow\eta_2=0$. □

3.2.3 线性型乘积的转换定理

对于实数 x, 令 $\overline{x} = \max\{1, |x|\}$. 对于 $\boldsymbol{x} = (x_1, x_2, \cdots, x_n) \in \mathbb{R}^n$, 记 $|\boldsymbol{x}|_0 = \overline{x}_1 \overline{x}_2 \cdots \overline{x}_n$.

定理 3.2.3 设 $m, n \geqslant 1$, 给定变元 $\boldsymbol{x} = (x_1, x_2, \cdots, x_n)$ 的实系数线性型系

$$L_i(\boldsymbol{x}) = \sum_{j=1}^{n} \theta_{ij} x_j \quad (i = 1, 2, \cdots, m),$$

以及它的转置系, 即变元 $\boldsymbol{y} = (y_1, y_2, \cdots, y_m)$ 的实系数线性型系

$$M_j(\boldsymbol{y}) = \sum_{i=1}^{m} \theta_{ij} y_i \quad (j = 1, 2, \cdots, n).$$

还设 $\alpha_0 = \alpha_0(m, n)$ 是使不等式

$$\prod_{i=1}^{m} \|L_i(\boldsymbol{x})\| \leqslant |\boldsymbol{x}|_0^{-1-\alpha} \tag{3.2.17}$$

有无穷多个非零整解 $\boldsymbol{x}$ 的 $\alpha \geqslant 0$ 的上确界, $\beta_0 = \beta_0(n, m)$ 是使不等式

$$\prod_{j=1}^{n} \|M_j(\boldsymbol{y})\| \leqslant |\boldsymbol{y}|_0^{-1-\beta} \tag{3.2.18}$$

有无穷多个非零整解 $\boldsymbol{y}$ 的 $\beta \geqslant 0$ 的上确界.

(a) 若 $\alpha_0(m, n)$ 和 $\beta_0(n, m)$ 均有界, 则

$$\alpha_0(m, n) \geqslant \frac{\beta_0(n, m)}{(m-1)\beta_0(n, m) + m + n - 1}, \tag{3.2.19}$$

$$\beta_0(n, m) \geqslant \frac{\alpha_0(m, n)}{(n-1)\alpha_0(m, n) + m + n - 1}. \tag{3.2.20}$$

(b) 若 $\alpha_0(m, n) = \infty$, 则

$$\frac{1}{n-1} \leqslant \beta_0(n, m) \leqslant \infty \quad (\text{当 } n > 1 \text{ 时});$$

$$\beta_0(1, m) = \infty.$$

(c) 若 $\beta_0(n, m) = \infty$, 则

$$\frac{1}{m-1} \leqslant \alpha_0(m, n) \leqslant \infty \quad (\text{当 } m > 1 \text{ 时});$$

$$\alpha_0(1, n) = \infty.$$

我们首先证明两个辅助结果.

引理 3.2.1 (a) 设每组数 $1, \theta_{1j}, \cdots, \theta_{mj} (j = 1, 2, \cdots, n)$ 都在 $\mathbb{Q}$ 上线性无关. 如果对于某个 $\beta \geqslant 0$, 不等式 (3.2.18) 有无穷多个整解 $\boldsymbol{y}$, 那么对于任何满足不等式

$$0 \leqslant \alpha < \frac{\beta}{(m-1)\beta + m + n - 1} \tag{3.2.21}$$

的 α, 不等式 (3.2.17) 也有无穷多个整解 $\boldsymbol{x}$.

(b) 设每组数 $1, \theta_{i1}, \cdots, \theta_{in} (i = 1, 2, \cdots, m)$ 都在 $\mathbb{Q}$ 上线性无关. 如果对于某个 $\alpha \geqslant 0$, 不等式 (3.2.17) 有无穷多个整解 $\boldsymbol{x}$, 那么对于任何满足不等式

$$0 \leqslant \beta < \frac{\alpha}{(n-1)\alpha + m + n - 1}$$

的 β, 不等式 (3.2.18) 也有无穷多个整解 $\boldsymbol{y}$.

证 因为两个命题证法类似, 所以我们只证命题 (a).

对任意整数 $m \geqslant 1$, 将上述命题记为 $P(n)$, 我们用数学归纳法证明 $P(n)$ 对任何正整数 n 成立.

(i) 先证命题 $P(1)$ 成立. 设 $\beta \geqslant 0$, 有无穷多个 (非零) 整向量 $\boldsymbol{y} = (y_1, y_2, \cdots, y_m)$ 满足不等式

$$\|\theta_{11}y_1 + \theta_{21}y_2 + \cdots + \theta_{m1}y_m\| \leqslant |\boldsymbol{y}|_0^{-1-\beta}, \tag{3.2.22}$$

将这些向量 $\boldsymbol{y}$ 组成的集合记为 S_1. 对于每个 $\boldsymbol{y} \in S_1$, 存在整数 y_{m+1}, 使得

$$\|\theta_{11}y_1 + \theta_{21}y_2 + \cdots + \theta_{m1}y_m\| = |\theta_{11}y_1 + \theta_{21}y_2 + \cdots + \theta_{m1}y_m + y_{m+1}|,$$

从而式 (3.2.22) 表明变量 $\boldsymbol{v} = (v_1, \cdots, v_m, v_{m+1})$ 的不等式组

$$|v_i| \leqslant \overline{y}_i \quad (i = 1, 2, \cdots, m),$$

$$|\theta_{11}v_1 + \cdots + \theta_{m1}v_m + v_{m+1}| \leqslant |\boldsymbol{y}|_0^{-1-\beta}$$

有非零整解 $\boldsymbol{v} = (y_1, \cdots, y_m, y_{m+1})$. 注意

$$\sum_{i=1}^{m} v_i(-\theta_{i1}x_1 + x_{i+1}) + (\theta_{11}v_1 + \cdots + \theta_{m1}v_m + v_{m+1})x_1$$

$$= x_1 v_{m+1} + x_2 v_1 + \cdots + x_{m+1} v_m,$$

依定理 3.1.2 可知, 存在非零整向量 $\boldsymbol{x}$ 满足不等式组

$$|\theta_{i1}x_1 - x_{i+1}| \leqslant m|\boldsymbol{y}|_0^{-\beta/m}\overline{y}_i^{-1} \quad (i = 1, 2, \cdots, m), \quad |x_1| \leqslant m|\boldsymbol{y}|_0^{1+\beta-\beta/m}. \tag{3.2.23}$$

我们证明：当 $|\boldsymbol{y}|_0 (\boldsymbol{y} \in S_1)$ 充分大时，$x_1 \neq 0$. 因若不然，则由式 (3.2.23) 的前 m 式得到 $x_2 = \cdots = x_m = 0$，从而 $\boldsymbol{x} = \boldsymbol{0}$，此不可能. 因此 $|x_1| \geqslant 1$，从而 $\overline{x}_1 = |x_1|$. 于是由式 (3.2.23) 的最后一式得到

$$\overline{x}_1 \leqslant m|\boldsymbol{y}|_0^{1+\beta-\beta/m}.$$

由此及式 (3.2.23) 的前 m 式推出

$$\prod_{i=1}^{m} \|\theta_{i1} x_1\| \overline{x}_1^{1+\alpha} \leqslant m^{m+1+\alpha} |\boldsymbol{y}|_0^{-\beta/m+\alpha(1+\beta-\beta/m)}.$$

由式 (3.2.21)(其中 $n=1$) 可知

$$0 \leqslant \alpha < \frac{\beta}{(m-1)\beta+m},$$

因此

$$-\frac{\beta}{m} + \alpha\left(1+\beta-\frac{\beta}{m}\right) < 0,$$

从而当 $|\boldsymbol{y}|_0 (\boldsymbol{y} \in S_1)$ 充分大时，有

$$\prod_{i=1}^{m} \|\theta_{i1} x_1\| \overline{x}_1^{1+\alpha} \leqslant 1.$$

最后，若当 $\boldsymbol{y}$ 遍历 S_1 时，不等式组 (3.2.23) 只有有限多个非零整解，则其中必有某个非零整向量 $\widetilde{\boldsymbol{x}} = (\widetilde{x}_1, \cdots, \widetilde{x}_m, \widetilde{x}_{m+1})$ 对于无穷多个 $\boldsymbol{y} \in S$ 满足不等式组 (3.2.23)，从而由其中前 m 个不等式 (取 $|\boldsymbol{y}|_0$ 充分大) 推出

$$\theta_{i1}\widetilde{x}_1 - \widetilde{x}_{i+1} = 0 \quad (i=1,2,\cdots,m),$$

这与 $1, \theta_{11}, \cdots, \theta_{m1}$ 在 $\mathbb{Q}$ 上线性无关的假设矛盾. 因此命题 $P(1)$ 成立.

(ii) 现在设 $n > 1$，并且命题 $P(k)(k < n)$ 成立，要证命题 $P(n)$ 也成立. 设 $\beta \geqslant 0$ 使不等式 (3.2.18) 有无穷多个 (非零) 整解 $\boldsymbol{y}$，它们形成的集合记为 S_n. 还设 α 满足不等式 (3.2.21). 我们区分两种情形讨论.

情形 1 存在无穷子集 $S_n' \subseteq S_n$，使得当 $\boldsymbol{y} \in S_n'$ 时，有

$$\prod_{j=2}^{n} \|M_j(\boldsymbol{y})\| \geqslant \frac{1}{m+n-1} |\boldsymbol{y}|_0^{-1-(m+n-2)\beta/(m+n-1)}. \tag{3.2.24}$$

记 $\boldsymbol{z} = (z_1, z_2, \cdots, z_m)$ 以及 $\|M_j(\boldsymbol{y})\| = |M_j(\boldsymbol{y}) - y_{m+j}|(j=1,2,\cdots,n)$，其中 y_{m+j} 是整数. 那么对于每个 $\boldsymbol{y} \in S_n'$，以 $(z_1, \cdots, z_m, z_{m+1}, \cdots, z_{m+n})$ 为变量的不等式组

$$|-M_j(\boldsymbol{z}) + z_{m+j}| \leqslant \|M_j(\boldsymbol{y})\| \quad (j=1,2,\cdots,n),$$

$$|z_i| \leqslant \overline{y}_i \quad (i=1,2,\cdots,m)$$

有非零整解 $(\boldsymbol{y},y_{m+1},\cdots,y_{m+n})$. 因为 $1,\theta_{1j},\cdots,\theta_{mj}\,(j=1,2,\cdots,n)$ 在 $\mathbb{Q}$ 上线性无关, 所以 $\|M_j(\boldsymbol{y})\| \neq 0$. 于是由式 (3.2.18) 和式 (3.2.24) 得到

$$\|M_1(\boldsymbol{y})\| \leqslant \left(\prod_{j=2}^{n}\|M_j(\boldsymbol{y})\|\right)^{-1} |\boldsymbol{y}|_0^{-1-\beta},$$

从而 $(\boldsymbol{y},y_{m+1},\cdots,y_{m+n})$ 满足不等式组

$$|-M_1(\boldsymbol{z})+z_{m+1}| \leqslant \left(\prod_{j=2}^{n}\|M_j(\boldsymbol{y})\|\right)^{-1} |\boldsymbol{y}|_0^{-1-\beta},$$

$$|-M_j(\boldsymbol{z})+z_{m+j}| \leqslant \|M_j(\boldsymbol{y})\| \quad (j=2,\cdots,n),$$

$$|z_i| \leqslant \overline{y}_i \quad (i=1,2,\cdots,m).$$

应用定理 3.1.2 可知, 以 $(x_1,\cdots,x_m,x_{m+1},\cdots,x_{m+n})$ 为变量的不等式组

$$|x_1| \leqslant (m+n-1)\left(\prod_{j=2}^{n}\|M_j(\boldsymbol{y})\|\right)|\boldsymbol{y}|_0^{1+\beta-\beta/(m+n-1)},$$

$$|x_j| \leqslant (m+n-1)\|M_j(\boldsymbol{y})\|^{-1}|\boldsymbol{y}|_0^{-\beta/(m+n-1)} \quad (j=2,\cdots,n),$$

$$|L_i(\boldsymbol{x})+x_{n+i}| \leqslant (m+n-1)|\boldsymbol{y}|_0^{-\beta/(m+n-1)}\overline{y}_i^{-1} \quad (i=1,2,\cdots,m)$$

也有非零整解. 于是

$$\prod_{i=1}^{m}\|L_i(\boldsymbol{x})\|\|\boldsymbol{x}|_0^{1+\alpha} \leqslant (m+n-1)^{m+(1+\alpha)n}|\boldsymbol{y}|_0^{-\beta/(m+n-1)+\alpha(1+(m-1)\beta/(m+n-1))}.$$

因为 α 满足不等式 (3.2.21), 所以

$$-\frac{\beta}{m+n-1}+\alpha\left(1+\frac{(m-1)\beta}{m+n-1}\right) \leqslant 0,$$

于是对于每个 $\boldsymbol{y} \in S_n'$, 存在非零整向量 $\boldsymbol{x}$ 满足

$$\prod_{i=1}^{m}\|L_i(\boldsymbol{x})\|\|\boldsymbol{x}|_0^{1+\alpha} \leqslant 1.$$

类似于 $n=1$ 的情形可证, 当 $\boldsymbol{y}$ 遍历 S_n' 时即得不等式 (3.2.17) 的无穷多个非零整解 $\boldsymbol{x}$. 于是命题 $P(n)$ 成立.

情形 2 存在无穷子集 $S_n'' \subseteq S_n$, 使得当 $\boldsymbol{y} \in S_n''$ 时, 有

$$\prod_{j=2}^{n} \|M_j(\boldsymbol{y})\| < \frac{1}{m+n-1} |\boldsymbol{y}|_0^{-1-(m+n-2)\beta/(m+n-1)}. \tag{3.2.25}$$

记

$$\beta' = \frac{m+n-2}{m+n-1}\beta,$$

那么

$$\frac{\beta}{(m-1)\beta+m+n-1} = \frac{\beta'}{(m-1)\beta'+m+n-2}$$

$$= \frac{\beta'}{(m-1)\beta'+m+(n-1)-1},$$

从而不等式 (3.2.21) 可写成

$$0 \leqslant \alpha < \frac{\beta'}{(m-1)\beta'+m+(n-1)-1}.$$

由式 (3.2.25) 可知, 此时不等式

$$\prod_{j=2}^{n} \|M_j(\boldsymbol{y})\| < |\boldsymbol{y}|_0^{-1-\beta'}$$

有无穷多个整解 $\boldsymbol{y}$. 显然关于 $\theta_{ij}(i=1,\cdots,m;j=2,\cdots,n)$ 的线性无关性条件成立. 于是依归纳假设(即命题 $P(n-1)$)可知不等式

$$\prod_{i=1}^{m} \left\| \sum_{j=2}^{n} \theta_{ij}x_j \right\| \leqslant (\overline{x}_2 \cdots \overline{x}_n)^{-1-\alpha}$$

有无穷多个整解 $(x_2,\cdots,x_n)$. 于是, 注意若令 $x_1 = 0$, 则

$$\sum_{j=2}^{n} \theta_{ij}x_j = \theta_{i1}x_1 + \sum_{j=2}^{n} \theta_{ij}x_j = \sum_{j=1}^{n} \theta_{ij}x_j,$$

从而不等式 (3.2.17) 有无穷多个整解 $(0,x_2,\cdots,x_n)$, 即命题 $P(n)$ 成立. $\qquad\square$

引理 3.2.2 若 $s>1$, 实数 $1,\theta_1,\cdots,\theta_s$ 在 $\mathbb{Q}$ 上线性相关, 则对于任何 $\alpha \geqslant 0$, 存在无穷多个整向量 $\boldsymbol{x}=(x_1,\cdots,x_s)$, 使得

$$\|\theta_1 x_1 + \theta_2 x_2 + \cdots + \theta_s x_s\| \leqslant |\boldsymbol{x}|_0^{-1-\alpha}; \tag{3.2.26}$$

若还设 $\theta_1,\cdots,\theta_s$ 中至少有一个无理数, 则对于任何 $\beta \in [0, 1/(s-1))$, 存在无穷多个正整数 y 满足

$$\|\theta_1 y\|\|\theta_2 y\| \cdots \|\theta_s y\| \leqslant |y|^{-1-\beta}. \tag{3.2.27}$$

证 (i) 设实数 $1, \theta_1, \cdots, \theta_s$ 在 $\mathbb{Q}$ 上线性相关, 则存在不全为零的整数 $a_0, a_1, \cdots, a_s$, 使得

$$a_0 + a_1\theta_1 + \cdots + a_s\theta_s = 0. \tag{3.2.28}$$

若 $a_1 = a_2 = \cdots = a_s = 0$, 则 $a_0 = 0$, 此不可能. 因此非零整向量 $\boldsymbol{x} = (a_1, a_2, \cdots, a_s)$ 满足式 (3.2.26), 而 $k\boldsymbol{x}(k \in \mathbb{Z})$ 就是满足式 (3.2.26) 的无穷多个整向量.

(ii) 现在还设 $\theta_1, \cdots, \theta_s$ 中至少有一个无理数. 因为 $a_i(i = 1, \cdots, s)$ 不全为零, 所以不妨认为式 (3.2.28) 中 $a_s > 0$(不然可重新对诸 θ_i 编号, 并用 -1 乘式 (3.2.28) 两边). 由 Dirichlet 联立逼近定理 (定理 1.6.1), 对于任何整数 $t > 1$, 存在整数 q 满足

$$\|\theta_i q\| \leqslant t^{-1} \quad (i = 1, \cdots, s-1), \quad 1 \leqslant q < t^{s-1}. \tag{3.2.29}$$

令 $y = y(q) = a_s q, c = s \max\limits_{1 \leqslant i \leqslant s} |a_i|$. 那么

$$\|\theta_i y\| \leqslant a_s \|\theta_i q\| < ct^{-1} \quad (i = 1, \cdots, s-1), \tag{3.2.30}$$

并且由式 (3.2.28) 得到

$$\|\theta_s y\| = \|a_s \theta_s q\| = \| - (a_0 + a_1\theta_1 + \cdots + a_{s-1}\theta_{s-1})q\|$$

$$\leqslant \sum_{i=1}^{s-1} \|a_i \theta_i q\| \leqslant \sum_{i=1}^{s-1} |a_i| \|\theta_i q\| < ct^{-1}. \tag{3.2.31}$$

于是对于任何 $\beta \in [0, 1/(s-1))$, 当 t 充分大时, 有

$$\|\theta_1 y\| \|\theta_2 y\| \cdots \|\theta_s y\| y^{1+\beta} \leqslant (ct^{-1})^s (ct^{s-1})^{1+\beta}$$

$$< c^{n+2} t^{(s-1)\beta-1} < 1.$$

注意当 t 遍历所有大于 1 的正整数时, 若只有有限多个不同的整数 q 满足不等式 (3.2.29), 则必有某个整数 q_0 对无穷多个整数 $t > 0$ 满足

$$\|q_0 \theta_i\| \leqslant t^{-1} \quad (i = 1, \cdots, s-1),$$

于是由式 (3.2.30) 和式 (3.2.31) 可知, 对无穷多个整数 $t > 0$ 有

$$\|(a_s q_0)\theta_i\| \leqslant ct^{-1} \quad (i = 1, \cdots, s-1, s),$$

因此 $\|(a_s q_0)\theta_i\| = 0 (i = 1, \cdots, s-1, s)$, 从而所有 θ_i 都是有理数, 与假设矛盾. 于是我们得到无穷多个正整数 y 满足不等式 (3.2.27). $\qquad \square$

定理 3.2.3 之证 我们区分四种情形讨论.

情形 1 对于每个 $i=1,\cdots,m$, 数 $1,\theta_{i1},\cdots,\theta_{in}$ 都在 $\mathbb{Q}$ 上线性无关; 并且对于每个 $j=1,\cdots,n$, 数 $1,\theta_{1j},\cdots,\theta_{mj}$ 都在 $\mathbb{Q}$ 上线性无关. 于是所有 $\theta_{ij}\notin\mathbb{Q}$.

(1-a) 如果 α_0,β_0 均有限, 那么由 β_0 的定义可知, 对于任何 $\beta\in[0,\beta_0)$, 不等式 (3.2.18) 有无穷多个整解 $\boldsymbol{y}$. 于是由引理 3.2.1(a) 可知: 当不等式 (3.2.21) 成立时不等式 (3.2.17) 有无穷多个整解 $\boldsymbol{x}$, 所以由 α_0 的定义推出

$$\alpha_0 \geqslant \frac{\beta}{(m-1)\beta+m+n-1}.$$

令 $\beta\to\beta_0$, 即得不等式 (3.2.19). 类似地(应用引理 3.2.1(b))可证不等式 (3.2.20).

(1-b) 如果 $\beta_0(n,m)=\infty$, 那么对于任意大的 $\beta\geqslant 0$, 不等式 (3.2.18) 有无穷多个整解 $\boldsymbol{y}$. 此时若 $m>1$, 则由引理 3.2.1(a) 可知, 对于任意大的 $\beta\geqslant 0$, 只要不等式 (3.2.21) 成立, 不等式 (3.2.17) 就有无穷多个整解 $\boldsymbol{x}$, 因此总有

$$\alpha_0 \geqslant \frac{\beta}{(m-1)\beta+m+n-1} \quad (\forall\beta\geqslant 0),$$

令 $\beta\to\infty$, 即得

$$\alpha_0(m,n) \geqslant \frac{1}{m-1}.$$

若 $m=1$, 则仍然由引理 3.2.1(a) 可知, 当 $0\leqslant\alpha<\beta/n$(这就是不等式 (3.2.19), 其中 $m=1$)时, 不等式 (3.2.17) 有无穷多个整解 $\boldsymbol{x}$. 因为 β 可以任意大, 所以 α 也可取任意大的值, 因此 $\alpha_0(1,n)=\infty$. 于是定理的结论 (c) 得证.

(1-c) 如果 $\alpha_0(n,m)=\infty$, 那么类似于 (1-b)(应用引理 3.2.1(b))可证定理的结论 (b).

情形 2 存在某个 $\theta_{ij}\in\mathbb{Q}$, 例如 $\theta_{11}\in\mathbb{Q}$.

此时 n 维整向量 $\boldsymbol{x}_k=(k,0,\cdots,0)$ 使得

$$\|L_1(\boldsymbol{x}_k)\|=0 \quad (k\in\mathbb{Z});$$

m 维整向量 $\boldsymbol{y}_k=(k,0,\cdots,0)$ 使得

$$\|M_1(\boldsymbol{y}_k)\|=0 \quad (k\in\mathbb{Z}).$$

于是 $\alpha_0(m,n)=\infty,\beta_0(n,m)=\infty$. 特别地, $\alpha_0(1,n)=\infty,\beta_0(1,m)=\infty$.

情形 3 所有 $\theta_{ij}\notin\mathbb{Q}$, 且对某个 $i\in\{1,\cdots,m\}$, 数 $1,\theta_{i1},\cdots,\theta_{in}$ 在 $\mathbb{Q}$ 上线性相关.

此时必然 $n > 1$. 为确定起见, 设 $1, \theta_{11}, \theta_{12}, \cdots, \theta_{1n}$ 在 $\mathbb{Q}$ 上线性相关. 由式 (3.2.26) 可知, 对于任何 $\alpha \geqslant 0$, 都存在无穷多个整向量 $\boldsymbol{x} = (x_1, x_2, \cdots, x_n)$ 满足不等式

$$\|L_1(\boldsymbol{x})\| = \|\theta_{11}x_1 + \theta_{12}x_2 + \cdots + \theta_{1n}x_n\| \leqslant |\boldsymbol{x}|_0^{-1-\alpha},$$

从而

$$\prod_{i=1}^{m} \|L_i(\boldsymbol{x})\| \leqslant \|L_1(\boldsymbol{x})\| \leqslant |\boldsymbol{x}|_0^{-1-\alpha},$$

于是 $\alpha_0(m, n) = \infty$.

类似地, 由式 (3.2.27) 可知, 对于任何正数 $\beta < 1/(n-1)$, 存在无穷多个正整数 y 满足

$$\|\theta_{11}y\| \|\theta_{12}y\| \cdots \|\theta_{1n}y\| \leqslant |y|^{-1-\beta}.$$

令 $\boldsymbol{y} = (y, 0, \cdots, 0)$, 可知

$$\prod_{j=1}^{n} \|M_j(\boldsymbol{y})\| \leqslant |\boldsymbol{y}|_0^{-1-\beta}.$$

因此

$$\beta_0(n, m) \geqslant \frac{1}{n-1} \quad (n > 1).$$

情形 4 所有 $\theta_{ij} \notin \mathbb{Q}$, 且对某个 $j \in \{1, \cdots, n\}$, 数 $1, \theta_{1j}, \cdots, \theta_{mj}$ 在 $\mathbb{Q}$ 上线性相关. 此时必然 $m > 1$. 由引理 3.2.2 可知

$$\beta_0(n, m) = \infty, \quad \alpha_0(m, n) \geqslant \frac{1}{m-1} \quad (m > 1).$$

注意上述四种情形覆盖了所有可能情形, 并且情形 1 与情形 2,3,4 的总体互相排斥. 因此当且仅当情形 1 发生时 $\alpha_0(m, n)$ 和 $\beta_0(n, m)$ 同时有限, 于是得到定理的结论 (a). $\alpha_0(m, n) = \infty$ 出现于情形 (1-c)、情形 2 和 3, 于是得到定理的结论 (b). 类似地, $\beta_0(n, m) = \infty$ 出现于情形 (1-b)、情形 2 和 4, 于是得到定理的结论 (c). $\qquad \square$

对于定理 3.2.3 的特殊情形 $m = 1$, 记 $\omega_1 = \alpha_0(1, n), \omega_2 = \beta_0(n, 1)$, 则得

推论 3.2.2 设 $n \geqslant 1, \theta_1, \theta_2, \cdots, \theta_n$ 是任意实数. 令 ω_1 是使不等式

$$\|x_1\theta_1 + x_2\theta_2 + \cdots + x_n\theta_n\| (\overline{x}_1 \overline{x}_2 \cdots \overline{x}_n)^{1+\varepsilon} < 1 \tag{3.2.32}$$

有无穷多个整解 $(x_1, x_2, \cdots, x_n)$ 的 $\varepsilon \geqslant 0$ 的上确界, ω_2 是使不等式

$$\|q\theta_1\| \|q\theta_2\| \cdots \|q\theta_n\| q^{1+\eta} < 1 \tag{3.2.33}$$

有无穷多个整数解 $q > 0$ 的 $\eta \geqslant 0$ 的上确界.

(a) 若 ω_1 和 ω_2 均有限, 则

$$n\omega_1 \geqslant \omega_2 \geqslant \frac{\omega_1}{(n-1)\omega_1 + n}.$$

(b) 若 $\omega_1 = \infty$, 则

$$\frac{1}{n-1} \leqslant \omega_2 \leqslant \infty \quad (\text{当 } n > 1 \text{ 时});$$
$$\omega_2 = \infty \quad (\text{当 } n = 1 \text{ 时}).$$

(c) 若 $\omega_2 = \infty$, 则 $\omega_1 = \infty$.

推论 3.2.3 下列两命题等价:

(A) 对于任何 $\alpha > 0$, 不等式 (3.2.17) 只有有限多个整解 $\boldsymbol{x}$.

(B) 对于任何 $\beta > 0$, 不等式 (3.2.18) 只有有限多个整解 $\boldsymbol{y}$.

证 由定理 3.2.3(a) 可知 $\alpha_0(m,n) = 0 \Leftrightarrow \beta_0(n,m) = 0$, 所以得到结论. □

推论 3.2.4 下列两命题等价:

(A) 对于任何 $\varepsilon > 0$, 不等式 (3.2.32) 只有有限多个整解 $\boldsymbol{x}$.

(B) 对于任何 $\eta > 0$, 不等式 (3.2.33) 只有有限多个整数解 $q > 0$.

证 由推论 3.2.2 可知 $\omega_1 = 0 \Leftrightarrow \omega_2 = 0$, 所以得到结论, 或者在推论 3.2.3 中令 $m = 1$, 也可得到结论. □

注 3.2.1 定理 3.2.3 的证明是按文献 [7] 改写的. 推论 3.2.4 还有两个独立证明 (但假定 $1, \theta_1, \cdots, \theta_n$ 在 $\mathbb{Q}$ 上线性无关), 见文献 [2,5] , 推论 3.2.3 的独立证明见文献 [101].

3.3　齐次逼近与非齐次逼近间的转换定理

3.3.1　Hlawka 转换定理

下列 E. Hlawka(文献 [56]) 的定理是关于齐次逼近与非齐次逼近间的转换定理的一个基本结果.

定理 3.3.1 设 $f_1(\boldsymbol{z}), f_2(\boldsymbol{z}), \cdots, f_l(\boldsymbol{z})$ 是变元 $\boldsymbol{z} = (z_1, z_2, \cdots, z_l)$ 的齐次 (实系数) 线性型, 其系数行列式 $d \neq 0$. 如果不等式

$$\max_{1 \leqslant k \leqslant l} |f_k(\boldsymbol{z})| < 1 \tag{3.3.1}$$

没有非零整解 (即唯一的整解是 $\boldsymbol{z} = \boldsymbol{0}$), 那么对于任何给定的实向量 $\boldsymbol{\beta} = (\beta_1, \beta_2, \cdots, \beta_l)$, 不等式

$$\max_{1 \leqslant k \leqslant l} |f_k(\boldsymbol{z}) - \beta_k| < \frac{1}{2}([d] + 1) \tag{3.3.2}$$

总有整解 $\boldsymbol{z}$.

证 (i) 首先注意: 若不等式 (3.3.1) 没有非零整解, 则 $|d| \geqslant 1$. 因若不然, 则 $|d| < 1$. 依 Minkowski 线性型定理, 存在非零整向量 $\boldsymbol{z}$ 满足

$$|f_1(\boldsymbol{z})| \leqslant |d| (< 1),$$

$$|f_k(\boldsymbol{z})| < 1 \quad (k = 2, \cdots, l),$$

从而 $\max\limits_{1 \leqslant k \leqslant l} |f_k(\boldsymbol{z})| < \max\{1, |d|\} = 1$, 与定理假设矛盾.

(ii) 因为 $d \neq 0$, 所以依据线性方程组的性质, 对于任何实向量 $\boldsymbol{\beta}$, 存在实向量 $\boldsymbol{\zeta} = (\zeta_1, \zeta_2, \cdots, \zeta_l)$ 满足

$$f_k(\boldsymbol{\zeta}) = \beta_k \quad (k = 1, 2, \cdots, l).$$

定义函数

$$F(\boldsymbol{z}) = \max_{1 \leqslant k \leqslant l} |f_k(\boldsymbol{z})|,$$

直接验证可知它具有下列性质:

$$F(\lambda \boldsymbol{z}) = |\lambda| F(\boldsymbol{z}) \quad (\forall \lambda \in \mathbb{R}), \tag{3.3.3}$$

以及

$$F(\boldsymbol{z}' + \boldsymbol{z}'') \leqslant F(\boldsymbol{z}') + F(\boldsymbol{z}'') \quad (\forall \boldsymbol{z}', \boldsymbol{z}'' \in \mathbb{R}^l), \tag{3.3.4}$$

并且不等式 (3.3.2) 可改写为

$$F(\boldsymbol{z} - \boldsymbol{\zeta}) < \frac{1}{2}([|d|] + 1). \tag{3.3.5}$$

我们只需证明此不等式有整解 $\boldsymbol{z}$.

(iii) 定义集合

$$\mathscr{S} = \{\boldsymbol{z} \in \mathbb{Z}^l \mid F(\boldsymbol{z} - \boldsymbol{\zeta}) \leqslant F(\boldsymbol{\zeta})\},$$

因为 $\mathbf{0} \in \mathscr{S}$, 所以 $\mathscr{S}$ 非空. 又因为区域

$$|f_k(\mathbf{z})| \leqslant F(\boldsymbol{\zeta}) + |f_k(\boldsymbol{\zeta})| \quad (k = 1, 2, \cdots, l)$$

具有有限的体积, 所以 $\mathscr{S}$ 是有限集 (只包含有限多个整点), 于是存在 $\mathbf{z}_0 \in \mathbb{Z}^l$, 使得

$$F(\mathbf{z}_0 - \boldsymbol{\zeta}) = \min_{\mathbf{z} \in \mathscr{S}} F(\mathbf{z} - \boldsymbol{\zeta}).$$

因此 $F(\mathbf{z}_0 - \boldsymbol{\zeta}) \leqslant F(\boldsymbol{\zeta})$, 并且当 $\mathbf{z} \in \mathscr{S}$ 时, 有

$$F(\mathbf{z} - \boldsymbol{\zeta}) \geqslant F(\mathbf{z}_0 - \boldsymbol{\zeta});$$

另一方面, 当 $\mathbf{z} \notin \mathscr{S}$ 时, 有

$$F(\mathbf{z} - \boldsymbol{\zeta}) > F(\boldsymbol{\zeta}) \geqslant F(\mathbf{z}_0 - \boldsymbol{\zeta}).$$

因此对于所有 $\mathbf{z} \in \mathbb{Z}^l$, 都有

$$F(\mathbf{z} - \boldsymbol{\zeta}) \geqslant F(\mathbf{z}_0 - \boldsymbol{\zeta}).$$

记 $\boldsymbol{\zeta}^* = \boldsymbol{\zeta} - \mathbf{z}_0$, 即知对于所有 $\mathbf{z} \in \mathbb{Z}^l$, 有 $F(\mathbf{z} - \mathbf{z}_0 - \boldsymbol{\zeta}^*) \geqslant F(\boldsymbol{\zeta}^*)$. 由于当 $\mathbf{z}$ 遍历 $\mathbb{Z}^l$ 时, $\mathbf{z} - \mathbf{z}_0$ 也遍历 $\mathbb{Z}^l$, 因此

$$F(\mathbf{z} - \boldsymbol{\zeta}^*) \geqslant F(\boldsymbol{\zeta}^*) \quad (\forall \mathbf{z} \in \mathbb{Z}^l). \tag{3.3.6}$$

(iv) 考虑变量 $(\mathbf{z}, u)$ 的线性不等式组

$$F\left(\mathbf{z} - \frac{2u}{1 + [|d|]} \boldsymbol{\zeta}^*\right) < 1, \quad |u| \leqslant |d|, \tag{3.3.7}$$

即

$$\left| f_k(\mathbf{z}) - \frac{2}{1 + [|d|]} f_k(\boldsymbol{\zeta}^*) u \right| < 1 \quad (k = 1, 2, \cdots, l), \quad |u| \leqslant |d|.$$

线性不等式组的系数行列式等于 d, 依 Minkowski 线性型定理, 它有非零整解 $(\tilde{\mathbf{z}}, \tilde{u})$. 若 $\tilde{u} = 0$, 则

$$|f_k(\tilde{\mathbf{z}})| < 1 \quad (k = 1, 2, \cdots, l),$$

依定理假设推出 $\tilde{\mathbf{z}} = \mathbf{0}$, 从而 $(\tilde{\mathbf{z}}, \tilde{u}) = \mathbf{0}$, 此不可能. 因此 $\tilde{u} \neq 0$. 不妨认为

$$1 \leqslant \tilde{u} \leqslant [|d|].$$

由式 (3.3.7), 并应用式 (3.3.3) 和式 (3.3.4) 可知

$$F(\widetilde{z} - \zeta^*) \leqslant F\left(\widetilde{z} - \frac{2\widetilde{u}}{1+[|d|]}\zeta^*\right) + F\left(\left(\frac{2\widetilde{u}}{1+[|d|]} - 1\right)\zeta^*\right)$$

$$< 1 + \left|\frac{2\widetilde{u}}{1+[|d|]} - 1\right| F(\zeta^*)$$

$$= 1 + \left|\frac{2\widetilde{u} - [|d|] - 1}{1+[|d|]}\right| F(\zeta^*).$$

注意

$$|2\widetilde{u} - [|d|] - 1| = |([|d|] - \widetilde{u}) + (1 - \widetilde{u})|$$

$$\leqslant |[|d|] - \widetilde{u}| + |1 - \widetilde{u}| = [|d|] - 1,$$

我们得到

$$F(\widetilde{z} - \zeta^*) < 1 + \frac{[|d|] - 1}{[|d|] + 1} F(\zeta^*).$$

由此及式 (3.3.6) 推出

$$F(\zeta^*) < 1 + \frac{[|d|] - 1}{[|d|] + 1} F(\zeta^*),$$

因此

$$F(\zeta^*) < \frac{[|d|] + 1}{2},$$

可见 z_0 是式 (3.3.5) 的一个整解. □

注 3.3.1 不等式 (3.3.2) 右边不能换为 $|d|/2$. 例如, 取 $d > 1$ 以及

$$f_1(z) = dz_1,$$
$$f_k(z) = z_k \quad (k \neq 1),$$
$$\beta = \left(\frac{1}{2}, 0, \cdots, 0\right),$$

则 $\left(\diamondsuit\ z = (1, 0, \cdots, 0)\right)$

$$\max_{1 \leqslant k \leqslant l} |f_k(z) - \beta_k| \geqslant \frac{1}{2}d.$$

3.3.2 Hlawka 定理之应用

定理 3.3.2 设 $L_i(x)\,(i = 1, 2, \cdots, m)$ 是变元 $x = (x_1, x_2, \cdots, x_n)$ 的齐次线性

型,$C,X > 0$ 是给定的实数. 如果不等式组

$$\|L_i(\boldsymbol{x})\| < C \quad (i = 1,2,\cdots,m),$$
$$|x_j| < X \quad (j = 1,2,\cdots,n)$$

没有非零整解, 那么对于任何给定的实向量 $\boldsymbol{\alpha} = (\alpha_1,\alpha_2,\cdots,\alpha_m)$, 不等式组

$$\|L_i(\boldsymbol{x}) - \alpha_i\| < C_1 \quad (i = 1,2,\cdots,m),$$
$$|x_j| < X_1 \quad (j = 1,2,\cdots,n)$$

总有整解 $\boldsymbol{x}$, 其中

$$C_1 = \frac{h+1}{2}C, \quad X_1 = \frac{h+1}{2}X; \quad h = [C^{-m}X^{-n}].$$

证 记变量 $\boldsymbol{z} = (\boldsymbol{x},\boldsymbol{y}) = (x_1,\cdots,x_n,y_1,\cdots,y_m)$. 在定理 3.3.1 中取 $l = m+n$, 以及线性型

$$f_k(\boldsymbol{x},\boldsymbol{y}) = \begin{cases} C^{-1}\big(L_k(\boldsymbol{x}) - y_k\big) & (1 \leqslant k \leqslant m), \\ X^{-1}x_{k-m} & (m < k \leqslant l). \end{cases}$$

系数行列式 d 的绝对值等于 $C^{-m}X^{-n}$. 又由定理的假设条件可知不等式

$$\max_{1 \leqslant k \leqslant l}|f_k(\boldsymbol{z})| < 1$$

的唯一整解为 $\boldsymbol{0}$. 于是在定理 3.3.1 中取

$$\boldsymbol{\beta} = (C^{-1}\alpha_1,\cdots,C^{-1}\alpha_m,0,\cdots,0) \in \mathbb{Z}^l,$$

即得本定理的结论. □

推论 3.3.1 设 $\gamma,X > 0$, 对于齐次线性型 $L_i(\boldsymbol{x})$, 不等式组

$$\|L_i(\boldsymbol{x})\| < \gamma X^{-n/m} \quad (i = 1,2,\cdots,m),$$
$$|x_j| < X \quad (j = 1,2,\cdots,n)$$

没有非零整解 $\boldsymbol{x}$, 那么对于任何给定的实向量 $\boldsymbol{\alpha} = (\alpha_1,\alpha_2,\cdots,\alpha_m)$, 不等式组

$$\|L_i(\boldsymbol{x}) - \alpha_i\| < \tau\gamma X^{-n/m} = \delta X_1^{-n/m} \quad (i = 1,2,\cdots,m),$$
$$|x_j| < \tau X = X_1 \quad (j = 1,2,\cdots,n)$$

总有整解 $\boldsymbol{x}$, 其中 $\delta = \gamma\tau^{(m+n)/m}, \tau = ([\gamma^{-m}]+1)/2$.

证 在定理 3.3.2 中取 $C = \gamma X^{-n/m}$, 按公式计算即得结论. □

由上述定理及推论可见, 若齐次问题逼近得差, 则相应的非齐次问题逼近得好. 下面的定理 3.3.3 表明反过来说也是对的. 总之, 齐次问题与相应的非齐次问题两者不可能同时逼近得相当好.

定理 3.3.3 设 C_1, X_1 是给定的正数, $L_i(\boldsymbol{x})(i=1,2,\cdots,m)$ 是变元 $\boldsymbol{x} = (x_1, x_2, \cdots, x_n)$ 的齐次线性型, $M_j(\boldsymbol{y})(j=1,2,\cdots,n)$ 是其转置系, 其中 $\boldsymbol{y} = (y_1, y_2, \cdots, y_m)$. 如果对于任何给定的实向量 $\boldsymbol{\alpha} = (\alpha_1, \alpha_2, \cdots, \alpha_m)$, 不等式组

$$\|L_i(\boldsymbol{x}) - \alpha_i\| < C_1 \quad (i=1,2,\cdots,m), \quad |x_j| \leqslant X_1 \quad (j=1,2,\cdots,n) \tag{3.3.8}$$

总有整解 $\boldsymbol{x}$, 那么不等式组

$$\|M_j(\boldsymbol{y})\| \leqslant D \quad (j=1,2,\cdots,n), \quad |y_i| \leqslant U \quad (i=1,2,\cdots,m) \tag{3.3.9}$$

没有非零整解 $\boldsymbol{y}$, 并且不等式组

$$\|L_i(\boldsymbol{x})\| < C \quad (i=1,2,\cdots,m), \quad |x_j| < X \quad (j=1,2,\cdots,n) \tag{3.3.10}$$

也没有非零整解 $\boldsymbol{x}$, 其中

$$D = (4nX_1)^{-1}, \quad U = (4mC_1)^{-1},$$

并且 C, X 由下式确定:

$$D = (m+n-1)X^{(1-m)/(m+n-1)}C^{m/(m+n-1)},$$
$$U = (m+n-1)X^{n/(m+n-1)}C^{(1-n)/(m+n-1)}.$$

证 设不等式组 (3.3.9) 有非零整解 $\boldsymbol{y}$. 因为

$$\sum_{i=1}^m y_i L_i(\boldsymbol{x}) = \sum_{j=1}^n x_j M_j(\boldsymbol{y}),$$

所以

$$\left\|\sum_{i=1}^m y_i L_i(\boldsymbol{x})\right\| = \left\|\sum_{j=1}^n x_j M_j(\boldsymbol{y})\right\|. \tag{3.3.11}$$

从而可取 $\boldsymbol{\alpha}$ 使得

$$\sum_{i=1}^m \alpha_i y_i = \frac{1}{2}.$$

于是由式 (3.3.8)、式 (3.3.9) 和式 (3.3.11) 得到

$$\frac{1}{2} = \left\| \sum_{i=1}^{m} \alpha_i y_i \right\|$$

$$\leqslant \left\| \sum_{i=1}^{m} y_i \big(\alpha_i - L_i(\boldsymbol{x}) \big) \right\| + \left\| \sum_{i=1}^{m} y_i L_i(\boldsymbol{x}) \right\|$$

$$< mUC_1 + \left\| \sum_{j=1}^{n} x_j M_j(\boldsymbol{y}) \right\|$$

$$< mUC_1 + nX_1 D$$

$$= \frac{1}{4} + \frac{1}{4} = \frac{1}{2},$$

此不可能. 因此不等式组 (3.3.9) 没有非零整解 $\boldsymbol{y}$. 再依据定理 3.2.1, 可知不等式组 (3.3.10) 也没有非零整解 $\boldsymbol{x}$. □

推论 3.3.2 设 $\gamma, X_1 > 0$, 线性型 $L_i(\boldsymbol{x})(i = 1, 2, \cdots, m)$ 和 $M_j(\boldsymbol{y})(j = 1, 2, \cdots, n)$ 互为转置系. 如果对于任何实向量 $\boldsymbol{\alpha} = (\alpha_1, \alpha_2, \cdots, \alpha_m)$, 不等式组

$$\|L_i(\boldsymbol{x}) - \alpha_i\| < \gamma X_1^{-n/m} \quad (i = 1, 2, \cdots, m),$$

$$|x_j| < X_1 \quad (j = 1, 2, \cdots, n)$$

都有整解 $\boldsymbol{x}$, 那么不等式组

$$\|M_j(\boldsymbol{y})\| < \delta U^{-m/n} \quad (j = 1, 2, \cdots, n),$$

$$|y_i| < U \quad (i = 1, 2, \cdots, m)$$

没有非零整解 $\boldsymbol{y}$, 其中 $U = (4m\gamma)^{-1} X_1^{n/m}$, 常数 $\delta = (4n)^{-1}(4m\gamma)^{-m/n}$.

证 在定理 3.3.3 中取 $C_1 = \gamma X_1^{-n/m}$, 按公式计算即得结论. □

综上所述, 我们有

定理 3.3.4 设 $m, n \geqslant 1$, 实系数线性型 $L_i(\boldsymbol{x})(i = 1, 2, \cdots, m)$ 和 $M_j(\boldsymbol{y})(j = 1, 2, \cdots, n)$ 互为转置系. 那么下列四个命题等价:

(a) 存在常数 $\gamma_1 > 0$, 使得不等式组

$$\|L_i(\boldsymbol{x})\| \leqslant \gamma_1 X^{-n/m} \quad (i = 1, 2, \cdots, m),$$

$$|x_j| \leqslant X \quad (j = 1, 2, \cdots, n)$$

当 $X \geqslant 1$ 时无非零整解 $\boldsymbol{x}$.

(b) 存在常数 $\gamma_2 > 0$, 使得不等式组

$$\|M_j(\boldsymbol{y})\| \leqslant \gamma_2 U^{-m/n} \quad (j=1,2,\cdots,n),$$

$$|y_i| \leqslant U \quad (i=1,2,\cdots,m)$$

当 $U \geqslant 1$ 时无非零整解 $\boldsymbol{y}$.

(c) 存在常数 $\gamma_3 > 0$, 使得不等式组

$$\|L_i(\boldsymbol{x}) - \alpha_i\| \leqslant \gamma_3 X^{-n/m} \quad (i=1,2,\cdots,m),$$

$$|x_j| \leqslant X \quad (j=1,2,\cdots,n)$$

当 $X \geqslant 1$ 时对任何实向量 $\boldsymbol{\alpha} = (\alpha_1, \alpha_2, \cdots, \alpha_m)$ 有整解 $\boldsymbol{x}$.

(d) 存在常数 $\gamma_4 > 0$, 使得不等式组

$$\|M_j(\boldsymbol{y}) - \beta_j\| \leqslant \gamma_4 U^{-m/n} \quad (j=1,2,\cdots,n),$$

$$|y_i| \leqslant U \quad (i=1,2,\cdots,m)$$

当 $U \geqslant 1$ 时对任何实向量 $\boldsymbol{\beta} = (\beta_1, \beta_2, \cdots, \beta_n)$ 有整解 $\boldsymbol{y}$.

证 由推论 3.3.1 可知命题 (a)$\Rightarrow$ 命题 (c), 以及命题 (b)$\Rightarrow$ 命题 (d). 由推论 3.3.2 可知命题 (c)$\Rightarrow$ 命题 (b), 以及命题 (d)$\Rightarrow$ 命题 (a). □

3.3.3 Birch 定理

现在证明下列 Birch(文献 [22]) 定理, 它也给出了非齐次逼近与齐次逼近间的转换关系.

定理 3.3.5 设 $f_k(\boldsymbol{z})(k=1,\cdots,l)$ 是变量 $\boldsymbol{z} = (z_1,\cdots,z_l)$ 的 l 个齐次实系数线性型, 其系数行列式 d 不为零. 如果对于每个 $\boldsymbol{\zeta} = (\zeta_1,\cdots,\zeta_l) \in \mathbb{R}^l$, 不等式

$$\max_{1\leqslant k\leqslant l} |f_k(\boldsymbol{\zeta} - \boldsymbol{z})| \leqslant 1$$

有整解 $\boldsymbol{z} \in \mathbb{Z}^l$, 那么对于所有非零整向量 $\boldsymbol{z} \in \mathbb{Z}^l$, 有

$$\max_{1\leqslant k\leqslant l} |f_k(\boldsymbol{z})| \geqslant \frac{|d|}{l d^{l-1}}. \tag{3.3.12}$$

为证明此定理, 我们首先证明几个辅助结果.

引理 3.3.1 设 $\mathscr{R}$ 是 l 维 Euclid 空间 $\mathbb{R}^l$ 中以 $\mathbf{0}$ 为对称中心、含有点 $(0, \cdots, 0, \pm\mu)$ $(\mu > 0)$ 的闭凸集, $\mathscr{R}_0$ 是 $\mathscr{R}$ 在超平面 $x_l = 0$ 上的投影, 即

$$\mathscr{R}_0 = \{\boldsymbol{x} \mid \boldsymbol{x} = (x_1, \cdots, x_{l-1}), \text{至少有一个 } y \text{ 使得 } (\boldsymbol{x}, y) \in \mathscr{R}_0\}.$$

如果分别用 V_0 和 V 表示 $\mathscr{R}_0$ 和 $\mathscr{R}$ 的 $l-1$ 维和 l 维体积, 则有

$$lV \geqslant 2\mu V_0.$$

证 (i) 对于任何固定的 $\boldsymbol{x} \in \mathscr{R}_0$, 所有使得 $(\boldsymbol{x}, y) \in \mathscr{R}_0$ 的 y 构成一个闭区间 $\eta_1(\boldsymbol{x}) \leqslant y \leqslant \eta_2(\boldsymbol{x})$. 对 $\mathscr{R}$ 作对称化变换:

$$T: \quad \boldsymbol{x}' = \boldsymbol{x}, \quad y' = y - \frac{1}{2}\big(\eta_1(\boldsymbol{x}) + \eta_2(\boldsymbol{x})\big),$$

$\mathscr{R}$ 的每个点 $(\boldsymbol{x}, y)$ 在 T 作用下变为点 $(\boldsymbol{x}', y')$, $\mathscr{R}$ 在 T 下的像是集

$$\mathscr{S} = T(\mathscr{R}) = \{(\boldsymbol{x}, y) \mid \boldsymbol{x} \in \mathscr{R}_0, |y| \leqslant Y(\boldsymbol{x})\},$$

其中已将记号 $(\boldsymbol{x}', y')$ 改记为 $(\boldsymbol{x}, y)$, 并且 $Y(\boldsymbol{x}) = \frac{1}{2}\big(\eta_2(\boldsymbol{x}) - \eta_1(\boldsymbol{x})\big)$.

(ii) 首先计算 $\mathscr{S}$ 的体积:

$$V(\mathscr{S}) = \int \cdots \int_{\mathscr{S}} \mathrm{d}\boldsymbol{x}\mathrm{d}y$$

$$= \int \cdots \int_{\boldsymbol{x} \in \mathscr{R}_0} \mathrm{d}\boldsymbol{x} \int_{-Y(\boldsymbol{x})}^{Y(\boldsymbol{x})} \mathrm{d}y$$

$$= \int \cdots \int_{\boldsymbol{x} \in \mathscr{R}_0} 2Y(\boldsymbol{x})\mathrm{d}\boldsymbol{x}$$

$$= \int \cdots \int_{\boldsymbol{x} \in \mathscr{R}_0} \big(\eta_2(\boldsymbol{x}) - \eta_1(\boldsymbol{x})\big)\mathrm{d}\boldsymbol{x}$$

$$= \int \cdots \int_{\boldsymbol{x} \in \mathscr{R}_0} \left(\int_{\eta_1(\boldsymbol{x})}^{\eta_2(\boldsymbol{x})} \mathrm{d}y\right) \mathrm{d}\boldsymbol{x}$$

$$= V.$$

其次证明 $\mathscr{S}$ 是凸集. 设 $(\boldsymbol{x}^{(i)}, \boldsymbol{y}^{(i)}) \in \mathscr{S}$ $(i = 1, 2)$, 那么

$$(\boldsymbol{x}^{(i)}, \eta_j(\boldsymbol{y}^{(i)})) \in \mathscr{R} \quad (i = 1, 2; j = 1, 2).$$

因为 $\mathscr{R}$ 是对称凸集, 所以以上述四点为顶点的四边形包含在 $\mathscr{R}$ 中. 在变换 T 作用下它变为 $\mathscr{S}$ 中以点 $(\boldsymbol{x}^{(i)},\pm Y(\boldsymbol{y}^{(i)}))$ 为顶点的四边形. 因为连接点 $(\boldsymbol{x}^{(i)},\boldsymbol{y}^{(i)})\,(i=1,2)$ 的线段在此四边形中, 所以也在 $\mathscr{S}$ 中, 这表明 $\mathscr{S}$ 是凸的.

(iii) 定义点集

$$\mathscr{S}_1 = \{\boldsymbol{\xi}\,|\,\boldsymbol{\xi}=\lambda(\boldsymbol{x},0)+(1-\lambda)(\boldsymbol{0},\pm\mu)\}$$
$$= \{(\lambda\boldsymbol{x},\pm(1-\lambda)\mu)\,|\,0\leqslant\lambda\leqslant1, \boldsymbol{x}\in\mathscr{R}_0\}.$$

则 $\mathscr{S}_1\subseteq\mathscr{S}$. 证明如下: 因为 $(\boldsymbol{0},\pm\mu)\in\mathscr{R}$, 所以

$$\eta_1(\boldsymbol{0})\leqslant-\mu,\quad \eta_2(\boldsymbol{0})\geqslant\mu,\quad Y(\boldsymbol{0})\geqslant\mu,$$

因此 $(\boldsymbol{0},\pm\mu)\in\mathscr{S}$. 此外, 对于任何 $\boldsymbol{x}\in\mathscr{R}_0$, 有 $(\boldsymbol{x},0)\in\mathscr{S}$. 依 $\mathscr{S}$ 是凸的可知连接两点 $(\boldsymbol{0},\pm\mu)$ 和 $(\boldsymbol{x},0)$ 的线段包含在 $\mathscr{S}$ 中, 可见 $\mathscr{S}_1\subseteq\mathscr{S}$.

(iv) 现在计算 $V(\mathscr{S}_1)$ 的体积. 注意 $\mathscr{S}_1$ 是一个纺锤形的双锥体, 上下锥体的顶点分别是 $(\boldsymbol{0},\mu)$ 和 $(\boldsymbol{0},-\mu)$, $\mathscr{R}_0$ 是公共底面. 由对称性只需计算上锥体 $\mathscr{J}$ 的体积. 由 $\mathscr{S}_1$ 的定义, $\boldsymbol{\xi}=(\xi_1,\cdots,\xi_l)$, 其中 $\xi_l=(1-\lambda)\mu$, 并且当 $0\leqslant\lambda\leqslant1$ 时 $0\leqslant\xi_l\leqslant\mu$. 我们解出

$$\lambda=1-\frac{\xi_l}{\mu}.$$

于是 $\boldsymbol{\xi}=(\xi_1,\cdots,\xi_l)\in\mathscr{J}$ 的充要条件是

$$(J_1):\quad \xi_k=\lambda x_k=\left(1-\frac{\xi_l}{\mu}\right)x_k\quad(k=1,\cdots,l-1),\quad (x_1,\cdots,x_{l-1})\in\mathscr{R}_0;$$

以及

$$(J_2):\quad 0\leqslant\xi_l\leqslant\mu.$$

因此所求体积

$$V(\mathscr{S}_1)=2\int\cdots\int_{\mathscr{J}}\mathrm{d}\xi_1\cdots\mathrm{d}\xi_{l-1}\mathrm{d}\xi_l$$

$$=2\int_{(J_2)}\left(\int\cdots\int_{(J_1)}\mathrm{d}\xi_1\cdots\mathrm{d}\xi_{l-1}\right)\mathrm{d}\xi_l$$

$$=2\int_0^\mu\left(\int\cdots\int_{(x_1,\cdots,x_{l-1})\in\mathscr{R}_0}\left(1-\frac{\xi_l}{\mu}\right)^{l-1}\mathrm{d}x_1\cdots\mathrm{d}x_{l-1}\right)\mathrm{d}\xi_l$$

$$= 2\int_0^\mu \left(1 - \frac{\xi_l}{\mu}\right)^{l-1} \mathrm{d}\xi_l \int\cdots\int_{(x_1,\cdots,x_{l-1})\in\mathscr{R}_0} \mathrm{d}x_1\cdots\mathrm{d}x_{l-1}$$

$$= \frac{2\mu}{l}V_0.$$

(v) 因为 (iii) 中已证 $\mathscr{S}_1 \subseteq \mathscr{S}$, 所以由 (ii) 和 (iv) 立得

$$V = V(\mathscr{S}) \geqslant V(\mathscr{S}_1) = \frac{2\mu}{l}V_0. \qquad \square$$

引理 3.3.2 设集 $\mathscr{R}\subseteq\mathbb{R}^n$, 并且对于任何 $\boldsymbol{\xi}\in\mathbb{R}^n$, 存在 $\boldsymbol{x}\in\mathbb{R}$ 满足

$$\boldsymbol{x} \equiv \boldsymbol{\xi}(\mathrm{mod}\,1) \quad (\text{即 } \boldsymbol{x} - \boldsymbol{\xi} \in \mathbb{Z}^n),$$

那么 $\mathscr{R}$ 的体积 $V(\mathscr{R}) \geqslant 1$.

证 不妨设 $V(\mathscr{R}) < \infty$. 对于任意 $\boldsymbol{u} = (u_1,\cdots,u_n)\in\mathbb{Z}^n$, 记

$$\mathscr{R}(\boldsymbol{u}) = \{\boldsymbol{x}\,|\,\boldsymbol{x} = (x_1,\cdots,x_n)\in\mathscr{R}, u_i \leqslant x_i < u_i+1\,(i=1,\cdots,n)\}.$$

那么

$$\mathscr{R} = \bigcup_{\boldsymbol{u}\in\mathbb{Z}^n}\mathscr{R}(\boldsymbol{u}).$$

还令

$$\mathscr{S} = \{\boldsymbol{\xi}\,|\,\boldsymbol{\xi} = (\xi_1,\cdots,\xi_n)\in\mathscr{R}^n, 0\leqslant\xi_i<1\,(i=1,\cdots,n)\}.$$

那么 $\mathscr{S}$ 中任意两个不同的点均不同余 $(\mathrm{mod}\,1)$. 依假设, 对于每个 $\boldsymbol{\xi}\in\mathscr{S}$, 存在 $\boldsymbol{u}\in\mathbb{Z}^n$(不唯一) 及 $\boldsymbol{x}\in\mathscr{R}(\boldsymbol{u})$, 使得 $\boldsymbol{\xi}\equiv\boldsymbol{x}(\mathrm{mod}\,1)$. 因此, 将每个点集 $\mathscr{R}(\boldsymbol{u})$ 平移一个适当的整向量, 它们将覆盖 $\mathscr{S}$, 于是

$$V(\mathscr{R}) = \sum_{\boldsymbol{u}\in\mathbb{Z}^n}V(\mathscr{R}(\boldsymbol{u})) \geqslant V(\mathscr{S}) = 1. \qquad \square$$

定理 3.3.5 之证 (i) 设 $\boldsymbol{z}^{(0)}$ 是任意非零整向量, 记

$$\mu_0 = \max_{1\leqslant k\leqslant l}|f_k(\boldsymbol{z}^{(0)})|.$$

依附录 1(将 $\boldsymbol{z}^{(0)}$ 扩充为一组基, 且适当选取行列式为 ±1 的线性变换), 可认为 $\boldsymbol{z}^{(0)} = (0,\cdots,0,z_{0l}), z_{0l}\neq0$, 于是 $|z_{0l}|\geqslant1$. 由于此时 $d\neq0$, 因此 f_k 中存在某个线性型, 其系数 $a_l\neq0$, 并且

$$\max_{1\leqslant k\leqslant l}|f_k(\boldsymbol{z}^{(0)})| = |a_l z_{0l}| = \mu_0,$$

所以

$$|a_l\mu_0^{-1}| = |z_{0l}|^{-1} \leqslant 1.$$

于是, 若记 $\boldsymbol{z}_1 = (0,\cdots,0,\pm\mu_0)$, 则

$$\max_{1\leqslant k\leqslant l}|f_k(\boldsymbol{z}_1)| \leqslant 1.$$

(ii) 现在取集

$$\mathscr{R} = \{\boldsymbol{z} \,|\, \max_{1\leqslant k\leqslant l}|f_k(\boldsymbol{z})| \leqslant 1\}.$$

这是中心对称的 l 维闭凸集, 含点 $(0,\cdots,0,\pm\mu_0)$. 按引理 3.3.1 定义集 $\mathscr{R}_0$. 为计算体积

$$V = \int\cdots\int_{\mathscr{R}}\mathrm{d}\boldsymbol{z} = \int\cdots\int_{|f_k(\boldsymbol{z})|\leqslant 1(k=1,\cdots,l)}\mathrm{d}\boldsymbol{z},$$

令 $u_k = f_k(\boldsymbol{z})$, 则

$$\left|\frac{\partial(u_1,\cdots,u_l)}{\partial(z_1,\cdots,z_l)}\right| = |d|,$$

于是

$$V = 2^l\int_0^1\cdots\int_0^1\left|\frac{\partial(z_1,\cdots,z_l)}{\partial(u_1,\cdots,u_l)}\right|\mathrm{d}u_1\cdots\mathrm{d}u_l = 2^l|d|^{-1}.$$

(iii) 此外, 依假设, 对于任何 $\boldsymbol{\zeta} = (\zeta_1,\cdots,\zeta_l)\in\mathbb{R}^l$, 不等式

$$\max_{1\leqslant k\leqslant l}|f_k(\boldsymbol{\zeta}-\boldsymbol{z})| \leqslant 1$$

有整解 $\boldsymbol{z}\in\mathbb{Z}^l$, 所以 $\boldsymbol{\zeta}-\boldsymbol{z}\in\mathscr{R}$. 记 $\boldsymbol{x} = (\zeta_1-z_1,\cdots,\zeta_{l-1}-z_{l-1}), y = \zeta_l-z_l$, 则 $\boldsymbol{\zeta}-\boldsymbol{z} = (\boldsymbol{x},y)$, 于是 $\boldsymbol{x}\in\mathscr{R}_0$, 并且 $\boldsymbol{x}\equiv(\zeta_1,\cdots,\zeta_{l-1})\,(\mathrm{mod}\,1)$. 依引理 3.3.2, 有 $V_0\geqslant 1$.

(iv) 最后由引理 3.3.1, 得

$$l\cdot 2^l|d|^{-1} \geqslant 2\lambda_0^{-1}V_0,$$

于是

$$\lambda_0 \geqslant 2V_0 l^{-1}2^{-l}|d| \geqslant l^{-1}2^{-l+1}|d|.$$

因为上式右边与 $\boldsymbol{z}^{(0)}$ 无关, 所以依 λ_0 的定义 (由任意整向量确定), 对于任何非零整向量 $\boldsymbol{z}\in\mathbb{Z}^l$, 不等式 (3.3.12) 成立. □

注 3.3.2 定理 3.3.5 中的条件 "对于每个 $\boldsymbol{\zeta} = (\zeta_1,\cdots,\zeta_l)\in\mathbb{R}^l$, 不等式

$$\max_{1\leqslant k\leqslant l}|f_k(\boldsymbol{\zeta}-\boldsymbol{z})| \leqslant 1 \tag{3.3.13}$$

有整解 $z \in \mathbb{Z}^l$" 可换成 "对于每个 $\beta = (\beta_1, \cdots, \beta_l) \in \mathbb{R}^l$, 不等式

$$\max_{1 \leqslant k \leqslant l} |f_k(z) - \beta_k| \leqslant 1$$

有整解 $z \in \mathbb{Z}^l$".

为此我们只需将上述证明的步骤 (iii) 作如下修改: 对于任何 $\zeta = (\zeta_1, \cdots, \zeta_l) \in \mathbb{R}^l$, 令 $\beta_k = f_k(\zeta) (k = 1, \cdots, l), \beta = (f_1(\zeta), \cdots, f_l(\zeta))$, 依假设, 不等式

$$\max_{1 \leqslant k \leqslant l} |f_k(z) - f_k(\zeta)| \leqslant 1$$

有整解 $z \in \mathbb{Z}^l$, 即知不等式 (3.3.13) 有整解 $z \in \mathbb{Z}^l$(其余不变).

由此可见, 定理 3.3.5 本质上是定理 3.3.1 的逆定理.

第 4 章

与代数数有关的逼近

本章涉及用有理数逼近 (实) 代数数和用 (实) 代数数逼近实数两类问题. 前者包括 Liouville 逼近定理、代数数有理逼近的 Roth 定理、代数数联立逼近的 Schmidt 定理和 Schmidt 子空间定理. 后者包括用给定 (实) 代数数域中的数和用有界次数的 (实) 代数数逼近代数数 (或实数) 两个方面, 在此我们主要考虑用给定 (实) 代数数域中的数逼近代数数的问题, 如 Dirichlet 逼近定理和 Roth 逼近定理到数域情形的扩充. 此外, 在本章最后, 作为示例, 我们应用 Schmidt 逼近定理构造了一些超越数.

4.1 代数数的有理逼近

4.1.1 Liouville 逼近定理

代数数的有理逼近的研究始于下列 Liouville 逼近定理 (文献 [75]):

定理 4.1.1 若 α 是次数 $d \geqslant 1$ 的代数数, 则存在常数 $C = C(\alpha)$, 使得对于任何不等于 α 的有理数 p/q, 有

$$\left| \alpha - \frac{p}{q} \right| > C q^{-d}. \tag{4.1.1}$$

证 1 (i) 若 $d = 1$, 则 α 为有理数, 设 $\alpha = a/b$. 若 $p/q \neq \alpha$, 则 $aq - bp \neq 0$, 所以 $|aq - bp| \geqslant 1$, 从而

$$\left| \alpha - \frac{p}{q} \right| = \frac{|aq - bp|}{bq} \geqslant \frac{1}{bq},$$

因此不等式 (4.1.1) 成立. 下面设 $d \geqslant 2$.

(ii) 若 $|\alpha - p/q| \geqslant 1$, 则不等式 (4.1.1) 自然成立 (对应地可取 $C = 1$). 下面设

$$\left| \alpha - \frac{p}{q} \right| < 1. \tag{4.1.2}$$

(iii) 设 $P(x) \in \mathbb{Z}[x]$ 是 α 的极小多项式, 其最高次项的系数 $a_d > 0$, 还设 $P(x)$ 的全部零点是 $\alpha_1 (= \alpha), \alpha_2, \cdots, \alpha_d$. 那么

$$M = q^d P\left(\frac{p}{q} \right) = q^d a_d \prod_{i=1}^{d} \left(\frac{p}{q} - \alpha_i \right) \in \mathbb{Z}. \tag{4.1.3}$$

由不等式 (4.1.2) 可得

$$|p/q| < 1 + |\alpha|,$$

于是当 $i \geqslant 2$ 时, 有

$$\left| \alpha_i - \frac{p}{q} \right| < \left| \alpha - \frac{p}{q} \right| + |\alpha - \alpha_i|$$
$$< 1 + |\alpha| + |\alpha_i|. \tag{4.1.4}$$

又由极小多项式的定义及 $d \geqslant 2$ 可知所有 $\alpha_i \notin \mathbb{Q}$, 所以 $M \neq 0$, 从而 $|M| \geqslant 1$. 由此及式 (4.1.3) 和式 (4.1.4) 推出

$$
\begin{aligned}
\left| \alpha - \frac{p}{q} \right| &= |M| q^{-d} a_d^{-1} \prod_{i=2}^{d} \left| \frac{p}{q} - \alpha_i \right|^{-1} \\
&> 1 \cdot q^{-d} a_d^{-1} \prod_{i=2}^{d} (1 + |\alpha| + |\alpha_i|)^{-1} \\
&= C_1 q^{-d},
\end{aligned}
$$

其中

$$
C_1 = a_d^{-1} \prod_{i=2}^{d} (1 + |\alpha| + |\alpha_i|)^{-1}.
$$

于是令 $C = C(\alpha) = \min\{1, C_1\}$, 即得结论.

证 2 如证 1 所述, 可设 $d \geqslant 2$, 并且还可设式 (4.1.2) 成立. 于是

$$
\left| \alpha + u\left(\frac{p}{q} - \alpha\right) \right| < |\alpha| + 1 \quad (0 \leqslant u \leqslant 1). \tag{4.1.5}
$$

设 $P(x) = \sum\limits_{k=0}^{d} a_k x^k \in \mathbb{Z}[x]$ 是 α 的极小多项式, 那么 $P(\alpha) = 0$, 于是

$$
P\left(\frac{p}{q}\right) = P\left(\frac{p}{q}\right) - P(\alpha) = \int_{p/q}^{\alpha} P'(t) \mathrm{d}t.
$$

令

$$
t = \alpha + u\left(\frac{p}{q} - \alpha\right),
$$

则

$$
\int_{p/q}^{\alpha} P'(t) \mathrm{d}t = \left(\frac{p}{q} - \alpha\right) \int_{1}^{0} P'\left(\alpha + u\left(\frac{p}{q} - \alpha\right)\right) \mathrm{d}u,
$$

由此及式 (4.1.5) 得到

$$
\begin{aligned}
\left| P\left(\frac{p}{q}\right) \right| &\leqslant \left| \frac{p}{q} - \alpha \right| \max_{0 \leqslant u \leqslant 1} \left| P'\left(\alpha + u\left(\frac{p}{q} - \alpha\right)\right) \right| \\
&\leqslant \left| \frac{p}{q} - \alpha \right| \sum_{k=1}^{d} k|a_k|(|\alpha| + 1)^{k-1} \\
&\leqslant C_2 \left| \frac{p}{q} - \alpha \right|,
\end{aligned}
$$

其中

$$
C_2 = C_2(\alpha) = d L(\alpha)(|\alpha| + 1)^{d-1},
$$

而 $L(\alpha)$ 是 α 的长 (即 α 的极小多项式的所有系数绝对值之和). 于是

$$\left|\frac{p}{q}-\alpha\right| \geqslant C_2^{-1}\left|q^d P\left(\frac{p}{q}\right)\right| q^{-d}.$$

因为 $q^d P(p/q)$ 是非零整数, 所以 $|q^d P(p/q)| \geqslant 1$, 从而

$$\left|\frac{p}{q}-\alpha\right| \geqslant C' q^{-d},$$

其中 $C' = C'(\alpha) = C_2^{-1} = d^{-1} L(\alpha)^{-1}(|\alpha|+1)^{1-d}$. $\qquad\qquad\square$

可将 Liouville 逼近定理扩充为下列形式:

定理 4.1.1A 若 $1, \alpha_1, \cdots, \alpha_s$ 在 $\mathbb{Q}$ 上线性无关, 并且生成 d 次代数数域, 则存在常数 $C_3 = C_3(\alpha_1, \cdots, \alpha_s)$, 使得对于任何整数 $q_1, \cdots, q_s$ 和 p, 有

$$|\alpha_1 q_1 + \cdots + \alpha_s q_s - p| > C_3 q^{-d+1},$$

其中 $q = \max\{|q_1|, \cdots, |q_s|\} > 0$.

证 设 $1, \alpha_1, \cdots, \alpha_s, \cdots, \alpha_{d-1}$ 是定理中所说的 d 次数域的基, 那么由不等式 (3.2.8) 推出 (在其中取 $n = d-1, \theta_i = \alpha_i$, 并将 u_i 记为 q_i, 常数 δ 记为 C_3)

$$|\alpha_1 q_1 + \cdots + \alpha_s q_s + \cdots + \alpha_{d-1} q_{d-1} - p| > C_3 q^{-d+1}.$$

令 $q_{s+1} = \cdots = q_{d-1} = 0$, 即得所要的不等式. $\qquad\qquad\square$

在定理 4.1.1A 中取 $s = 1$, 即得定理 4.1.1.

定理 4.1.1 的证明方法可以扩充到多变量情形, 即给出多变量整系数多项式在代数点上的值的绝对值的下界估计:

定理 4.1.1B(Liouville 估计或 Liouville 不等式) 设 $s \geqslant 1, \alpha_i$ 是次数为 d_i 的代数数 $(i = 1, \cdots, s)$, 域 $\mathbb{Q}(\alpha_1, \cdots, \alpha_s)$ 的次数等于 D. 还设

$$P(z_1, \cdots, z_s) = \sum_{k_1=0}^{N_1} \cdots \sum_{k_s=0}^{N_s} c_{k_1, \cdots, k_s} z_1^{k_1} \cdots z_s^{k_s}$$

是 $z_1, \cdots, z_s$ 的整系数多项式. 若 $P(\alpha_1, \cdots, \alpha_s) \neq 0$, 则

$$|P(\alpha_1, \cdots, \alpha_s)| \geqslant L(P)^{1-\delta D} \prod_{i=1}^{s} L(\alpha_i)^{-\delta D N_i / d_i},$$

其中

$$\delta = \begin{cases} 1 & (\text{若 } \mathbb{Q}(\alpha_1, \cdots, \alpha_s) \text{ 是实域}), \\ \dfrac{1}{2} & (\text{若 } \mathbb{Q}(\alpha_1, \cdots, \alpha_s) \text{ 是复域}); \end{cases}$$

而 $L(P)$ 是多项式 P 的所有系数绝对值之和 (称为 P 的长).

这个定理常应用于超越数论的研究中. 定理的证明可参见文献 [12]. 若在其中取多项式 $P(z) = qz - p$, 则可推出 Liouville 逼近定理.

注 4.1.1 **1.** 定理 4.1.1 实际上只对实代数数才有意义. 因为若 $\alpha = a + bi, a, b \in \mathbb{R}$, 并且 $b \ne 0$, 则对任何 $p/q \in \mathbb{Q}$, 有

$$\left| \alpha - \frac{p}{q} \right| = \left| \left(a - \frac{p}{q} \right) + bi \right|$$

$$= \sqrt{\left(a - \frac{p}{q} \right)^2 + b^2}$$

$$\geqslant |b| > 0.$$

2. 定理 4.1.1 表明代数数不能被有理数很好地逼近. 特别地, 对于 d 次代数数 α, 当 $\mu > d$ 时, 不等式

$$\left| \alpha - \frac{p}{q} \right| < q^{-\mu} \tag{4.1.6}$$

只有有限多个有理解 p/q. 于是, 若对于实数 θ, 存在由不同的有理数组成的无穷数列 $p_n/q_n (n \geqslant 1)$, 使得

$$0 < \left| \theta - \frac{p_n}{q_n} \right| < q_n^{-\lambda_n},$$

其中 $\lambda_n > 0$, $\varlimsup\limits_{n \to \infty} \lambda_n = +\infty$, 则依 Liouville 逼近定理, θ 是超越数. 我们称这种超越数为 Liouville 数. 例如, 令

$$\theta = \sum_{j=0}^{\infty} 2^{-j!}.$$

记 $p_n = 2^{n!} \sum\limits_{j=0}^{n} 2^{-j!}, q_n = 2^{n!} (n = 1, 2, \cdots)$, 则有

$$0 < \theta - \frac{p_n}{q_n} = \sum_{j=n+1}^{\infty} 2^{-j!}$$

$$< 2^{-(n+1)!} \left(1 + \frac{1}{2} + \frac{1}{2^2} + \cdots \right)$$

$$= 2 \cdot 2^{-(n+1)!} < q_n^{-n}.$$

因此 θ 是一个 Liouville 数. 这是历史上第一个 "人工制造" 的超越数.

3. 由例 1.1.1(c) 可知, 任何 2 次无理数 θ 以 q^2 为最佳逼近阶 (即是坏逼近的无理数). 由定理 1.2.1 及定理 4.1.1 也可得出这个结论.

4.1.2 Liouville 逼近定理的改进

Liouville 逼近定理中的上界不是最优的. 人们关心的是不等式 (4.1.6) 中指数 μ 的最优值. 20 世纪前半叶, 指数 μ 被人们逐次改进, 对此有下列历史记录 (d 表示代数数 α 的次数):

A. Thue(文献 [109],1909): $\mu > \dfrac{d}{2} + 1$.

G. L. Siegel(文献 [102],1921): $\mu > 2\sqrt{d}$.

F. J. Dyson(文献 [38],1947) 和 A. O. Gelfond(文献 [46],1948)(独立地): $\mu > \sqrt{2d}$.

K. F. Roth(文献 [88],1955): $\mu > 2$. 详而言之, 就是:

定理 4.1.2(Roth 逼近定理) 若 α 是次数 $d \geqslant 2$ 的 (实) 代数数, 则对于任何给定的 $\varepsilon > 0$, 不等式

$$\left| \alpha - \frac{p}{q} \right| < q^{-(2+\varepsilon)} \tag{4.1.7}$$

只有有限多个有理解 $p/q(q > 0)$.

在文献中,Roth 逼近定理也称做 Thue-Siegel-Roth 定理. 它还可等价地表述为

定理 4.1.2A 若 α 是次数 $d \geqslant 2$ 的 (实) 代数数, 则对于任何给定的 $\varepsilon > 0$, 存在正常数 $C_4 = C_4(\alpha,\varepsilon)$, 使得对于任何有理数 $p/q(q > 0)$, 有

$$\left| \alpha - \frac{p}{q} \right| > C_4 q^{-(2+\varepsilon)}. \tag{4.1.8}$$

证 (i) 设不等式 (4.1.7) 只有有限多个有理解 $p/q(q > 0)$. 将不等式 (4.1.7) 的有限多个解形成的集合记为 S. 若 $p/q \notin S$, 则

$$\left| \alpha - \frac{p}{q} \right| \geqslant q^{-(2+\varepsilon)}. \tag{4.1.9}$$

若令

$$C_5 = C_5(\alpha,\varepsilon) = \min_{p/q \in S} \left| \alpha - \frac{p}{q} \right| q^{2+\varepsilon},$$

则 $C_5 > 0$ 是一个只与 α 和 ε 有关的常数, 并且当 $p/q \in S$ 时, 有

$$\left| \alpha - \frac{p}{q} \right| q^{2+\varepsilon} > \frac{C_5}{2},$$

即

$$\left| \alpha - \frac{p}{q} \right| > \frac{C_5}{2} q^{-(2+\varepsilon)}. \tag{4.1.10}$$

取 $C_4 = C_4(\alpha,\varepsilon) = \min\{C_5,1\}/2$, 由式 (4.1.9) 和式 (4.1.10) 即得不等式 (4.1.8).

(ii) 反之, 设对于任何给定的 $\varepsilon > 0$, 存在正常数 $C_4 = C_4(\alpha, \varepsilon)$, 使得任何有理数 $p/q(q > 0)$ 满足不等式 (4.1.8), 但对于任何给定的 $\varepsilon > 0$, 不等式 (4.1.7) 有无限多个有理解 $p/q(q > 0)$. 于是有无限多个有理数 $p/q(q > 0)$ 满足

$$\left| \alpha - \frac{p}{q} \right| < q^{-(2+2\varepsilon)}.$$

将这无限多个 p/q 形成的集合记为 S_1. 那么由上式和式 (4.1.8) 得到

$$q^{-(2+2\varepsilon)} > C_4(\alpha, \varepsilon) q^{-(2+\varepsilon)} \quad \left(\frac{p}{q} \in S_1 \right),$$

即

$$q^{-\varepsilon} > C_4(\alpha, \varepsilon) \quad \left(\frac{p}{q} \in S_1 \right).$$

在式中令 $q \to \infty$, 可得 $C_4 = 0$, 此不可能. 于是对于任何给定的 $\varepsilon > 0$, 不等式 (4.1.7) 只有有限多个有理解 $p/q(q > 0)$. □

定理 4.1.2A 中的常数是不可有效计算的.N. I. Feldman(文献 [40]) 应用超越数论方法 (代数数的对数线性型) 证明了

定理 4.1.2B 若 α 是次数 $d \geqslant 3$ 且高 (即极小多项式的所有系数绝对值的最大值)$H(\alpha) \leqslant H$ 的 (实) 代数数, 则存在可有效计算的正常数 $C_5 = C_5(\alpha)$ 和 $C_6 = C_6(\alpha)$, 使得对于任何有理数 $p/q(q > 0)$, 有

$$\left| \alpha - \frac{p}{q} \right| > C_5 q^{-(d - C_6)}. \tag{4.1.11}$$

注意, 不等式 (4.1.11) 中 $C_6 = C_6(\alpha)$ 是一个很小的正数:

$$C_6 = (3^{d+26} d^{15d+20} R_\alpha \log \max\{\mathrm{e}, R_\alpha\})^{-1},$$

其中 $0 < R_\alpha < \left(2d^2 H \log(dH)\right)^{d-1}$ (当 $H \geqslant 3$ 时).

Y. Bugeaud 和 J.-H. Evertse(文献 [27]) 证明了

定理 4.1.2C 设 α 是 (实) 代数数, 其次数 $d = d(\alpha) \geqslant 1$, 高 $H = H(\alpha) \leqslant H_0$. 那么对于任何给定的 $\varepsilon > 0$, 不等式

$$\left| \alpha - \frac{p}{q} \right| < q^{2+\varepsilon}$$

至多有

$$10^{10} (1 + \varepsilon^{-1})^3 \log(6d) \log \left((1 + \varepsilon^{-1}) \log(6d) \right)$$

个非零解 p/q, 其中 p, q 是互素整数, 并且 $q > \max\{2H(\alpha), 2^{4/\varepsilon}\}$.

D. Ridout(文献 [85]) 将 Roth 逼近定理扩充为

定理 4.1.2D　若 α 是非零 (实) 代数数,$p_1,\cdots,p_r,q_1,\cdots,q_s$ 是不同的素数,μ,ν 和 c 是实数,$0\leqslant\mu\leqslant1,0\leqslant\nu\leqslant1,c>0$. 还定义集合

$$\mathscr{S}=\{p=p^*p_1^{a_1}\cdots p_r^{a_r},q=q^*q_1^{b_1}\cdots q_s^{b_s}\mid a_1,\cdots,a_r,b_1,\cdots,b_s\in\mathbb{N}_0;$$
$$p^*,q^*\in\mathbb{Z},0<|p^*|\leqslant cp^\mu,0<|q^*|\leqslant cq^\nu\}.$$

则当 $\eta>\mu+\nu$ 时, 不等式

$$0<\left|\alpha-\frac{p}{q}\right|<q^{-\eta}$$

只有有限多个解 $p/q(p,q\in\mathscr{S})$.

注 4.1.2　**1.** Roth 因上述结果荣获 1958 年 Fieldz 奖. 除原始文献外, 关于 Roth 逼近定理的证明还可见文献 [29,41,74] 等, 也可参见文献 [100]. 文献 [97](第 3 节) 对照 Liouville 逼近定理的证明简要分析了 Roth 逼近定理的证明思路并给出证明概要. 关于上述 A. Thue、G. L. Siegel、F. J. Dyson、A. O. Gelfond 和 K. F. Roth 的结果和方法的系统而简明的论述, 可见文献 [42].

2. 当 α 不是实代数数时,上述结论显然正确 (参见注 4.1.1 的 1). 又由定理 1.2.1 可知 Roth 逼近定理中的指数 $2+\varepsilon$ 不能换为 2, 因此是最优的.

3. 由 Liouville 定理可知, 对于 2 次代数数 α, 存在常数 $C=C(\alpha)$, 使得对于任何有理数 p/q 有

$$\left|\alpha-\frac{p}{q}\right|>Cq^{-2},$$

即当 $d=2$ 时 Liouville 定理比 Roth 定理强. 据此,S. Lang(文献 [70]) 猜测: 对于次数不低于 3 的代数数 α, 当 $\omega>1$ 或 $\omega>\omega_0(\alpha)$(与 α 有关的一个常数) 时, 不等式

$$\left|\alpha-\frac{p}{q}\right|>\frac{1}{q^2(\log q)^\omega}$$

只有有限多个有理解.

4. 应用定理 4.1.2D 可以证明级数 $\sum_{n=1}^\infty 2^{-n^2}$ 是超越数.

4.1.3　Schmidt 逼近定理

1970 年,W. M. Schmidt(文献 [95]) 将 Roth 的结果扩充到联立逼近的情形, 此即

定理 4.1.3(Schmidt 逼近定理) 若 $s \geqslant 1, \alpha_1, \cdots, \alpha_s$ 是实代数数,$1, \alpha_1, \cdots, \alpha_s$ 在 $\mathbb{Q}$ 上线性无关, 则对于任何 $\varepsilon > 0$, 有

(a) 不等式

$$\|q\alpha_1\| \cdots \|q\alpha_s\| q^{1+\varepsilon} < 1 \tag{4.1.12}$$

只有有限多个整数解 $q > 0$.

(b) 不等式

$$\|q_1\alpha_1 + \cdots + q_s\alpha_s\| (\overline{q}_1 \cdots \overline{q}_s)^{1+\varepsilon} < 1$$

只有有限多组非零整解 $(q_1, \cdots, q_s)$.

注 4.1.3 **1.** 定理 4.1.3 也称做 Thue-Siegel-Roth-Schmidt 定理.

2. 依推论 3.2.3, 定理 4.1.3 中的命题 (a) 和 (b) 是互相等价的. 在 Schmidt 逼近定理的两个命题中令 $s = 1$ 都可得到 Roth 逼近定理.

4.1.4 Schmidt 子空间定理

1972 年,W. M. Schmidt(文献 [96]) 给出

定理 4.1.4(Schmidt 子空间定理) 设

$$L_i(\boldsymbol{x}) = \sum_{j=1}^{n} \alpha_{ij} x_j \quad (i = 1, 2, \cdots, n)$$

是变元 $\boldsymbol{x} = (x_1, x_2, \cdots, x_n)$ 的 (实或复) 代数系数线性型, 在 $\mathbb{Q}$ 上线性无关. 那么对于任何给定的 $\varepsilon > 0$, 存在 $\mathbb{Q}^n$ 的有限多个真 (线性) 子空间 $T_1, \cdots, T_w$, 使得每个满足不等式

$$\prod_{i=1}^{n} |L_i(\boldsymbol{x})| < (\max_{1 \leqslant i \leqslant n} |x_i|)^{-\varepsilon} \tag{4.1.13}$$

的整向量 $\boldsymbol{x}$ 都属于 $T_1 \cup \cdots \cup T_w$.

注 4.1.4 $\mathbb{Q}^n$ 的 (线性) 子空间由若干有理系数线性方程 $a_1 x_1 + \cdots + a_n x_n = 0$ 定义, 也称为 $\mathbb{R}^n$ 的有理子空间.

Schmidt 子空间定理是一个关于代数数有理逼近的一般性命题. 我们给出下列一些推论.

推论 4.1.1 定理 4.1.4 蕴含定理 4.1.2.

证 设 $n=2$, 记 $\boldsymbol{x}=(x,y)$. 取线性型 $L_1(\boldsymbol{x})=\alpha x-y, L_2(\boldsymbol{x})=x$, 其中 α 是代数数. 由定理 4.1.4, 对于任何 $\varepsilon>0$, 所有满足

$$|\alpha x-y||x|<\max\{|x|,|y|\}^{-\varepsilon} \tag{4.1.14}$$

的整点 $\boldsymbol{x}=(q,p)$ 都落在有限多条形如

$$y=kx \quad (k\in\mathbb{Q}) \tag{4.1.15}$$

的直线上. 每条直线上只可能含有有限多个这样的整点. 事实上, 如果整点 (q_0,p_0) 在直线 (4.1.15) 上并且满足不等式 (4.1.14),$(tq_0,tp_0)(t\in\mathbb{Z})$ 是任意一个具有同样性质的整点, 那么由式 (4.1.14) 得到

$$|tq_0\alpha-tp_0|<\max\{|tq_0|,|tp_0|\}^{-\varepsilon}|tq_0|^{-1},$$

因此

$$|t|^{2+\varepsilon}<|q_0|^{-1-\varepsilon}|q_0\alpha-p_0|^{-1}.$$

可见 $|t|$ 的个数有限. 于是我们得到 Roth 逼近定理. $\qquad\square$

推论 4.1.2 定理 4.1.4 蕴含定理 4.1.3.

证 我们只需由定理 4.1.4 推出定理 4.1.3 中的命题 (a).

设有无穷多个整数 $q>0$ 满足不等式 (4.1.12), 对于每个 q, 存在整数 $p_1,\cdots,p_s$, 使得 $\|\alpha_i q\|=|\alpha_i q-p_i|(i=1,\cdots,s)$. 记 $n=s+1,\boldsymbol{x}=(x_1,\cdots,x_s,x_n)=(p_1,\cdots,p_s,q)$, 取线性型

$$L_i(\boldsymbol{x})=\alpha_i x_n-x_i \quad (i=1,\cdots,s),$$
$$L_n(\boldsymbol{x})=x_n.$$

若

$$\gamma_i L_i(\boldsymbol{x})+\cdots+\gamma_n L_n(\boldsymbol{x})=0, \quad \gamma_i\in\mathbb{Q} \quad (i=1,\cdots,n),$$

则比较等式两边 x_n 的系数得到

$$\gamma_1\alpha_1+\cdots+\gamma_s\alpha_s+\gamma_n=0.$$

因为 $1,\alpha_1,\cdots,\alpha_s$ 在 $\mathbb{Q}$ 上线性无关, 所以所有系数 $\gamma_i=0$, 因此上面取定的线性型在 $\mathbb{Q}$ 上线性无关. 又因为

$$|p_i|<|\alpha_i q-p_i|+|\alpha_i q|\leqslant\frac{1}{2}+|\alpha_i|q,$$

所以

$$\max_{1 \leqslant i \leqslant n} |x_i| < cq \quad (\text{其中 } c = 1 + \max_{1 \leqslant i \leqslant n} |\alpha_i|),$$

于是由不等式 (4.1.12) 以及当 $q > c$ 时,$q^{-\varepsilon} < (cq)^{-\varepsilon/2}$, 可知 $\boldsymbol{x}$ 满足不等式 (4.1.13).

依定理 4.1.4(注意 T_i 个数有限而 q 个数无穷), 有无穷多个 $\boldsymbol{x}$ 落在 $\mathbb{Q}^n$ 的某个真子空间 T 中, 于是满足一个 (有理) 整系数的线性方程

$$c_1 x_1 + \cdots + c_s x_s + c_n x_n = 0$$

(其中整数 $c_1, \cdots, c_s, c_n$ 互素). 由此可知

$$c_1 p_1 + \cdots + c_s p_s + c_n q = 0,$$

从而

$$\begin{aligned}
c_1(\alpha_1 q - p_1) &+ \cdots + c_s(\alpha_s q - p_s) \\
&= c_1(\alpha_1 q - p_1) + \cdots + c_s(\alpha_s q - p_s) + (c_1 p_1 + \cdots + c_s p_s + c_n q) \\
&= (c_1 \alpha_1 + \cdots + c_s \alpha_s + c_n)q,
\end{aligned}$$

即

$$c_1 \|\alpha_1 q\| + \cdots + c_s \|\alpha_s q\| = (c_1 \alpha_1 + \cdots + c_s \alpha_s + c_n)q. \tag{4.1.16}$$

因为 $1, \alpha_1, \cdots, \alpha_s$ 在 $\mathbb{Q}$ 上线性无关, 所以常数

$$\gamma = |c_1 \alpha_1 + \cdots + c_s \alpha_s + c_n| > 0,$$

于是由式 (4.1.16) 推出

$$\begin{aligned}
q &< \gamma^{-1}(|c_1| \|\alpha_1 q\| + \cdots + |c_s| \|\alpha_s q\|) \\
&\leqslant \frac{1}{2\gamma}(|c_1| + \cdots + |c_s|) < \infty.
\end{aligned}$$

我们得到矛盾, 因此命题 (a) 成立. □

定理 4.1.4 是下列更一般的命题的推论:

定理 4.1.5 (强子空间定理) 设

$$L_i(\boldsymbol{x}) = \sum_{j=1}^{n} \alpha_{ij} x_j \quad (i = 1, 2, \cdots, n)$$

是变元 $\boldsymbol{x} = (x_1, x_2, \cdots, x_n)$ 的实代数系数线性型, 在 $\mathbb{Q}$ 上线性无关. 还设实数 $c_1, c_2, \cdots, c_n$ 满足

$$c_1 + c_2 + \cdots + c_n = 0.$$

对于每个 $Q > 0$, 不等式组

$$|L_i(\boldsymbol{x})| \leqslant Q^{c_i} \quad (i = 1, 2, \cdots, n) \tag{4.1.17}$$

定义一个平行体 $\Pi = \Pi(Q)$. 用 $\lambda_k = \lambda_k(Q)\,(k = 1, 2, \cdots, n)$ 记 Π 的 n 个相继极小. 设存在实数 $\varepsilon > 0$ 和整数 $d \in \{1, 2, \cdots, n-1\}$, 以及正数的无界集合 $\mathscr{R}$, 使得对于每个 $Q \in \mathscr{R}$, 有

$$\lambda_d < \lambda_{d+1} Q^{-\varepsilon}.$$

那么存在 $\mathbb{R}^n$ 的一个固定的 d 维有理子空间 S^d 和 $\mathscr{R}$ 的无限子集 $\mathscr{R}'$, 使得对于每个 $Q \in \mathscr{R}'$, 平行体 $\Pi(Q)$ 的最初 d 个相继极小在 S^d 的点 $\boldsymbol{g}_1, \boldsymbol{g}_2, \cdots, \boldsymbol{g}_d$ 上达到.

我们在此不给出这个定理的证明, 只是由它推出定理 4.1.4. 我们首先证明:

引理 4.1.1 设 $L_i(\boldsymbol{x}), c_i$ 同定理 4.1.5. 那么对于任何 $\varepsilon > 0$, 存在 $\mathbb{R}^n$ 的有限多个真有理子空间 $T_1, \cdots, T_w$, 使得每个满足不等式组

$$|L_i(\boldsymbol{x})| \leqslant \left(\max_{1 \leqslant i \leqslant n} |x_i|\right)^{c_i - \varepsilon} \quad (i = 1, 2, \cdots, n) \tag{4.1.18}$$

的整点 $\boldsymbol{x}$ 都属于 $T_1 \cup \cdots \cup T_w$.

证 若只有有限多个整点 $\boldsymbol{x}_k$ 满足不等式 (4.1.18), 则结论显然成立 (例如, 取一个含有原点和 $\boldsymbol{x}_k$ 的超平面作为子空间 T_k). 下面设不等式 (4.1.18) 有无穷多个整解. 用反证法. 设结论不成立, 我们将导出矛盾.

(i) 因为 T_i 的维数至多为 $n-1$, 所以存在不等式组 (4.1.18) 的解的序列 $\boldsymbol{\omega}$: $\boldsymbol{x}_1, \boldsymbol{x}_2, \cdots$, 其中任何 n 个向量都线性无关. 对于每个 $Q > 0$, 由不等式组 (4.1.17) 定义平行体 Π, 用 $\lambda_i = \lambda_i(Q)$ 记其第 i 个相继极小, 那么存在 n 个线性无关的向量 $\boldsymbol{g}_1, \cdots, \boldsymbol{g}_n$, 使得

$$\boldsymbol{g}_i \in \lambda_i \Pi \quad (i = 1, 2, \cdots, n).$$

令 S_i 是 $\boldsymbol{g}_1, \cdots, \boldsymbol{g}_i$ 张成的子空间 $(i = 1, 2, \cdots, n)$.

(ii) 对于 $\boldsymbol{x} = (x_1, \cdots, x_n) \in \mathbb{R}^n$, 我们简记 $\overline{|\boldsymbol{x}|} = \max_{1 \leqslant i \leqslant n} |x_i|$. 取 $Q = \overline{|\boldsymbol{x}_j|}$, 其中 $\boldsymbol{x}_j$ 是序列 $\boldsymbol{\omega}$ 中的某个成员. 由式 (4.1.18) 可知 $Q^{\varepsilon} \boldsymbol{x}_j \in \Pi$, 因而 $Q^{-\varepsilon} \Pi$ 中存在整点 $\boldsymbol{x}_j$, 于是由

相继极小的定义得到

$$\lambda_1 \leqslant Q^{-\varepsilon}.$$

由 Minkowski 第二凸体定理可知 $\lambda_1 \lambda_n^{n-1} \geqslant \lambda_1 \cdots \lambda_n \gg 1$, 所以当 $Q = \overline{|\boldsymbol{x}_j|}$ 足够大时 $\lambda_n > 1$. 因为 $\lambda_1 \leqslant Q^{-\varepsilon} < 1 < \lambda_n$, 所以 $\boldsymbol{x}_j \in S_{n-1}$. 设 k 是使得 $\boldsymbol{x}_j \in S_k$ 的最小整数, 那么由 S_k 的定义及 $\boldsymbol{x}_j \in Q^{-\varepsilon} \Pi$ 可知 $\lambda_k \leqslant Q^{-\varepsilon}$, 并且存在一个整数 d, 满足 $k \leqslant d \leqslant n-1$, 使得

$$\lambda_d < \lambda_{d+1} Q^{-\varepsilon/n}. \tag{4.1.19}$$

这是因为, 不然有 $\lambda_i \geqslant \lambda_{i+1} Q^{-\varepsilon/n} \, (i = k, k+1, \cdots, n-1)$, 于是

$$\frac{\lambda_k}{\lambda_n} = \frac{\lambda_k}{\lambda_{k+1}} \cdot \frac{\lambda_{k+1}}{\lambda_{k+2}} \cdots \frac{\lambda_{n-1}}{\lambda_n} \geqslant \left(Q^{-\varepsilon/n} \right)^{n-k},$$

从而

$$\lambda_k \geqslant \lambda_n Q^{-\varepsilon} Q^{k\varepsilon/n} > Q^{-\varepsilon},$$

这与 $\lambda_k \leqslant Q^{-\varepsilon}$ 矛盾.

(iii) 因为 d 的可能值有限, 而 $\boldsymbol{\omega}$ 是无限序列, 所以存在无穷子列 $\boldsymbol{x}_{j_u} \, (u = 1, 2, \cdots)$, 使得对于某个固定的正整数 d, 不等式 (4.1.19) 对每个 $Q = Q(u) = \overline{|\boldsymbol{x}_{j_u}|}$ 都成立. 取所有 $\overline{|\boldsymbol{x}_{j_u}|}$ 组成的集合作为 $\mathscr{R}$. 那么依定理 4.1.5, 存在无穷集合 $\mathscr{R}_1 \subseteq \mathscr{R}$, 使得对于每个 $Q \in \mathscr{R}_1$, 点 $\boldsymbol{g}_1, \cdots, \boldsymbol{g}_d$ 全落在一个固定的 d 维子空间 S^d 中 (特别地, 由此可知 $S^d = S_d$). 设此 $Q = Q(u) = \overline{|\boldsymbol{x}_{j_u}|}$, 则 $\boldsymbol{x}_{j_u} \in S_k \subseteq S_d = S^d$. 于是 $\boldsymbol{\omega}$ 中存在 $d+1$ 个 (形如 $\boldsymbol{x}_{j_u}$ 的) 向量线性相关. 因为 $d+1 \leqslant (n-1)+1 = n$, 所以得到矛盾. $\qquad \square$

引理 4.1.2 定理 4.1.5 蕴含定理 4.1.4.

证 (i) 设 $L_i(\boldsymbol{x})$ 有实系数. 如果存在某个 j, 使得 $L_j(\boldsymbol{x}) = 0$, 则点 $\boldsymbol{x}$ 必然落在有限多个真子空间中. 下面设 $\boldsymbol{x}$ 满足

$$L_1(\boldsymbol{x}) \cdots L_n(\boldsymbol{x}) \neq 0.$$

由定理 4.1.1B 可知 $\boldsymbol{x}$ 满足不等式组

$$\overline{|\boldsymbol{x}|}^{-a} \ll |L_i(\boldsymbol{x})| \ll \overline{|\boldsymbol{x}|} \quad (i = 1, \cdots, n),$$

其中 $a = \sigma - 1 > 0, \sigma \geqslant d_i = \deg(\alpha_i)$. 于是当 $\overline{|\boldsymbol{x}|}$ 足够大时, 有

$$\overline{|\boldsymbol{x}|}^{-2a} \ll |L_i(\boldsymbol{x})| \ll \overline{|\boldsymbol{x}|}^2 \quad (i = 1, \cdots, n).$$

将 $[-2a,2)$ 划分为有限多个形如 $[c',c)$ 的长度小于 $\varepsilon/(2n)$ 的子区间. 如果 $[c_1',c_1''),\cdots,$ $[c_n',c_n'')$ 是任意 n 个这样的区间, 那么我们只需证明不等式 (4.1.13) 满足条件

$$\overline{|\boldsymbol{x}|}^{-c_i'} \ll |L_i(\boldsymbol{x})| \ll \overline{|\boldsymbol{x}|}^{c_i''} \quad (i=1,\cdots,n) \tag{4.1.20}$$

的解落在有限多个真有理子空间中. 由不等式 (4.1.13) 和 (4.1.20) 可知 $c_1'+\cdots+c_n' < -\varepsilon$. 注意 $0 < c_i''-c_i' < \varepsilon/(2n)(i=1,\cdots,n)$, 所以 $c_1''+\cdots+c_n'' < c_1'+\cdots+c_n' + n\cdot(\varepsilon/(2n)) < -\varepsilon/2$. 令

$$c_i = c_i'' - \frac{1}{n}(c_1''+\cdots+c_n'') \quad (i=1,\cdots,n),$$

则 $c_1+c_2+\cdots+c_n = 0$, 并且 $c_i'' < c_i - \varepsilon/(2n)$, 因此

$$|L_i(\boldsymbol{x})| < \overline{|\boldsymbol{x}|}^{c_i-\varepsilon/(2n)} \quad (i=1,\cdots,n).$$

于是由引理 4.1.1 推出上述不等式的解落在有限多个真有理子空间中.

(ii) 在一般情形中, 即 $L_i(\boldsymbol{x})$ 是复系数 (非实数) 的, 如果 $L_n(\boldsymbol{x})$ 的某些系数不是实数, 那么

$$L_n(\boldsymbol{x}) = R(\boldsymbol{x}) + \mathrm{i}I(\boldsymbol{x}),$$

其中线性型 R,I 都有实系数. 如果 $L_1,\cdots,L_{n-1},R$ 线性无关, 则令 $L_n' = R$; 不然则令 $L_n' = I$. 于是线性型 $L_1,\cdots,L_{n-1},L_n'$ 满足定理 4.1.5 的条件(注意 $|z| < \max\{\mathrm{Re}(z),\mathrm{Im}(z)\}$), 并且非实系数线性型的个数减少, 因此可对线性型的个数应用数学归纳法, 从而在一般情形下定理 4.1.4 也成立. □

注 4.1.5 定理 4.1.5 的证明可见文献 [98]. 整个证明相当长, 沿着 Roth 逼近定理的证明的路线进行, 但有发展和扩充, 数的几何是证明的重要工具. 有关证明思想和方法的分析可参见文献 [42, 93].

H. P. Schlickewei(文献 [89]) 给出了子空间定理的一个常用变体 (但不能给出子空间 T_i 个数的有效上界估计). W. M. Schmidt(文献 [99]) 则给出了子空间定理中子空间个数的上界估值. 子空间定理的一个数域情形的变体 (即用任意数域代替 $\mathbb{Q}$) 可见文献 [98](第Ⅷ章第 7 节), 一般性的 "定量" 子空间定理可见文献 [39]. 关于子空间定理 (对于不定方程、超越数论等) 的应用, 可见文献 [21,25,32,100,111,120] 等.

4.2 用代数数逼近实数

4.2.1 预备: 代数数的高

对于复或实系数多项式

$$P(x) = a_n x^n + a_{n-1} x^{n-1} + \cdots + a_0,$$

通常将

$$H(P) = \max\{|a_n|, |a_{n-1}|, \cdots, |a_0|\}$$

称做 $P(x)$ 的高. 如果 $P(x)$ 的全部根是 $\alpha_1, \cdots, \alpha_n$, 则称

$$M(P) = |a_n| \prod_{i=1}^{n} \max\{1, |\alpha_i|\}$$

为 $P(x)$ 的 Mahler 度量. 可以证明 (见文献 [16])

$$2^{-n} H(P) \leqslant M(P) \leqslant \sqrt{n+1} H(P).$$

对于 $d(\geqslant 1)$ 次代数数 θ, 我们约定其极小多项式 $\Phi(x)$ 的最高次项的系数大于零, 并且所有系数的最大公因子为 1. 我们将 $\Phi(x)$ 的高称为 θ 的高, 记为 $H(\theta)$, 即 $H(\theta) = H(\Phi)$; 并将 $M(\Phi)$ 称为 θ 的 Mahler 度量, 记为 $M(\theta)$, 即 $M(\theta) = M(\Phi)$.

现在设 $\theta \in K$, 其中 K 是 k 次实代数数域. 由数域的基本性质可知 $d | k$, 并且存在 k 个由 K 到 $\mathbb{C}$ 的同构 σ_1(恒等映射), $\sigma_2, \cdots, \sigma_k$. 令 $\theta^{(i)} = \sigma_i(\theta) (i = 1, 2, \cdots, k)$(它们称做 θ 对于 K 的域共轭元), 那么存在唯一的正整数 c_0, 使得多项式

$$Q(x) = c_0(x - \beta^{(1)}) \cdots (x - \beta^{(k)})$$

是整系数多项式, 并且所有系数的最大公因子为 1. 称 $Q(x)$ 为 θ 对于 K 的域多项式. 我们将 $Q(x)$ 的高称做代数数 θ 对于 (数) 域 K 的高, 记做 $H_K(\theta)$, 即 $H_K(\theta) = H(Q)$.

因为 θ 对于 K 的域多项式 $Q(x)$ 与它的极小多项式 $\Phi(x)$ 有下列关系:

$$Q(x) = \Phi(x)^{k/d},$$

所以由多项式的高的性质得到

$$2^{-k/d}H(\theta)^{k/d} \leqslant H_K(\theta) \leqslant 2^{k/d}H(\theta)^{k/d}.$$

引理 4.2.1　对于任何给定的 $C > 0$, 只有有限多个 $\theta \in K$ 满足 $H_K(\theta) \leqslant C$.

证　满足 $H_K(\theta) \leqslant C$ 的 $\theta \in K$ 乃是某个高不超过 C 且次数不超过 k 的整系数多项式的根. 这种多项式的个数有限, 它们的根的总数也有限, 所以所说的 θ 个数有限. □

4.2.2　数域情形的 Roth 逼近定理

对于任何 $p/q(q > 0) \in \mathbb{Q}, H(p/q) \geqslant q$, 从而 $H(p/q)^{-\eta} \leqslant q^{-\eta}(\forall \eta > 0)$. 于是由 Roth 逼近定理可知: 若实代数数 $\alpha \notin \mathbb{Q}$, 则对于任何 $\varepsilon > 0$, 只有有限多个 $\beta \in \mathbb{Q}$ 使得 $|\alpha - \beta| < H(\beta)^{-2-\varepsilon}$. 将 $\mathbb{Q}$ 换为任意 (实) 数域 K, 就将 Roth 逼近定理扩充到数域情形:

定理 4.2.1　设 K 是一个实代数数域, $\alpha \notin K$ 是一个实代数数, 那么对于任何 $\varepsilon > 0$, 只有有限多个 $\beta \in K$ 满足不等式

$$|\alpha - \beta| < H(\beta)^{-2-\varepsilon}.$$

这个定理是 W. J. LeVeque(文献 [74]) 应用 Roth 的方法证明的, 在文献 [98] 中, M. M. Schmidt 应用数域上的子空间定理给出另一个证明. 因为涉及较多的预备知识, 我们略去这些证明.

定理 4.2.1 等价于: 对于任何给定的 $\varepsilon > 0$, 存在正常数 $C = C(\alpha, K, \varepsilon)$, 使得对于任何 $\beta \in K$, 有

$$|\alpha - \beta| > CH(\beta)^{-2-\varepsilon}.$$

取 $K = \mathbb{Q}$. 对于 $\beta = p/q(q > 0)$, 只有两种可能:

$$\left|\alpha - \frac{p}{q}\right| \leqslant q^{-2-\varepsilon},$$

或

$$\left|\alpha - \frac{p}{q}\right| > q^{-2-\varepsilon}.$$

若前者成立, 则

$$|p| \leqslant (q^{-2-\varepsilon} + |\alpha|)q \leqslant (1 + |\alpha|)q,$$

因此 $H(\beta) \leqslant (1+|\alpha|)q$, 于是

$$
\left|\alpha - \frac{p}{q}\right| = |\alpha - \beta| > CH(\beta)^{-2-\varepsilon}
$$
$$
\geqslant C(1+|\alpha|)^{-2-\varepsilon}q^{-2-\varepsilon}.
$$

取 $C' = \min\{1, C(1+|\alpha|)^{-2-\varepsilon}\}$, 则对于任何 $p/q \in \mathbb{Q}(q>0)$, 有

$$
\left|\alpha - \frac{p}{q}\right| > C'q^{-2-\varepsilon}.
$$

可见定理 4.2.1 蕴含 Roth 逼近定理.

4.2.3 用给定数域中的数逼近实数

定理 4.2.2 设 K 为实代数数域, 则存在一个只与 K 有关的常数 $C = C(K)$, 使得对于每个实数 $\alpha \notin K$, 存在无穷多个 $\beta \in K$ 满足不等式

$$
|\alpha - \beta| < C\max\{1, |\alpha|^2\}H_K(\beta)^{-2}.
$$

证 我们区分两种情形进行证明.

情形 1 设 $|\alpha| \leqslant 1$.

(i) 设 K 的次数为 $n \geqslant 1, \theta_1, \cdots, \theta_n$ 是 K 的一组整基, Q 是一个充分大的实数. 依 Minkowski 线性型定理, 存在不全为零的整数 $q_1, \cdots, q_n, p_1, \cdots, p_n$ 满足

$$
|\alpha\theta_1 q_1 + \cdots + \alpha\theta_n q_n - \theta_1 p_1 - \cdots - \theta_n p_n||\theta_n|^{-1} < Q^{-2n+1}, \tag{4.2.1}
$$

$$
|q_i| \leqslant Q \quad (i=1,\cdots,n), \quad |p_j| \leqslant Q \quad (j=1,\cdots,n-1) \tag{4.2.2}
$$

(当 $n=1$ 时上述不等式组中式 (4.2.2) 只涉及 q_1). 由此可见

$$
|\theta_n p_n| \leqslant |\alpha\theta_1 q_1 + \cdots + \alpha\theta_n q_n - \theta_1 p_1 - \cdots - \theta_n p_n|
$$
$$
+ |\alpha\theta_1 q_1 + \cdots + \alpha\theta_n q_n - \theta_1 p_1 - \cdots - \theta_{n-1}p_{n-1}|
$$
$$
\leqslant |\theta_n|Q^{-2n+1} + |\alpha|(|\theta_1| + \cdots + |\theta_n|)Q + (|\theta_1| + \cdots + |\theta_{n-1}|)Q,
$$

还要注意 $|\alpha| \leqslant 1$, 于是 (应用 Vinogradov 符号)

$$
|p_n| \ll Q, \tag{4.2.3}
$$

其中 $\ll$ 中的常数只与 K 有关.

我们断言: $q_1, \cdots, q_n$ 和 $p_1, \cdots, p_n$ 均不全为零. 当 $n = 1$ 时这是显然的. 设 $n > 1$, 且 $q_1 = \cdots = q_n = 0$, 则由式 (4.2.1) 和式 (4.2.2) 可知代数整数 $\theta_1 p_1 + \cdots + \theta_n p_n$ 对于域 K 的范数

$$N_{K/\mathbb{Q}}(\theta_1 p_1 + \cdots + \theta_n p_n)$$

$$= |\theta_1 p_1 + \cdots + \theta_n p_n| \prod_{i=2}^{n} |\theta_1^{(i)} p_1 + \cdots + \theta_n^{(i)} p_n|$$

$$\ll Q^{-2n+1} \cdot Q^{n-1} = Q^{-n},$$

其中 $\theta_j^{(1)}, \cdots, \theta_j^{(n)}$ 是 $\theta_j (j = 1, \cdots, n)$ 对于 K 的域共轭元. 因为 Q 可以充分大, 而上述范数是非负整数, 所以

$$N_{K/\mathbb{Q}}(\theta_1 p_1 + \cdots + \theta_n p_n) = 0.$$

因为 $\theta_1, \cdots, \theta_n$ 是 K 的一组整基, 所以在 $\mathbb{Q}$ 上线性无关, 于是由上式推出 $p_1 = \cdots = p_n = 0$. 但数组 $(q_1, \cdots, q_n, p_1, \cdots, p_n)$ 非零, 我们得到矛盾, 从而上述断语正确. 同理可证 $p_1, \cdots, p_n$ 不全为零.

(ii) 因为 $q_1, \cdots, q_n$ 不全为零, $\theta_1, \cdots, \theta_n$ 在 $\mathbb{Q}$ 上线性无关, 所以 $\theta_1 q_1 + \cdots + \theta_n q_n \ne 0$. 我们令

$$\beta = \frac{\theta_1 p_1 + \cdots + \theta_n p_n}{\theta_1 q_1 + \cdots + \theta_n q_n}, \tag{4.2.4}$$

那么

$$\alpha - \beta = \frac{\alpha\theta_1 q_1 + \cdots + \alpha\theta_n q_n - \theta_1 p_1 - \cdots - \theta_n p_n}{\theta_1 q_1 + \cdots + \theta_n q_n},$$

从而由式 (4.2.1) 可知

$$|\alpha - \beta| < Q^{-2n+1} |\theta_1 q_1 + \cdots + \theta_n q_n|^{-1}. \tag{4.2.5}$$

(iii) 令

$$\beta^{(i)} = \frac{\theta_1^{(i)} p_1 + \cdots + \theta_n^{(i)} p_n}{\theta_1^{(i)} q_1 + \cdots + \theta_n^{(i)} q_n} \quad (i = 1, \cdots, n).$$

因为多项式

$$P(x) = \prod_{i=1}^{n} (\theta_1^{(i)} q_1 + \cdots + \theta_n^{(i)} q_n) \cdot \prod_{i=1}^{n} (x - \beta^{(i)})$$

$$= \prod_{i=1}^{n} \left((\theta_1^{(i)} q_1 + \cdots + \theta_n^{(i)} q_n)x - (\theta_1^{(i)} p_1 + \cdots + \theta_n^{(i)} p_n) \right) \in \mathbb{Z}[x],$$

其系数的最大公因子未必等于 1, 所以它与 β 对于 K 的域多项式至多多出一个大于 1 的因子, 因此

$$H_K(\theta) \leqslant H(P). \tag{4.2.6}$$

为估计 $H_K(\theta)$, 我们来估计 $H(P)$.

因为 $p_1, \cdots, p_n$ 和 $q_1, \cdots, q_n$ 都不全为零, 所以由定理 4.1.1A 可知

$$|\theta_1 p_1 + \cdots + \theta_n p_n| \gg Q^{-n+1},$$

$$|\theta_1 q_1 + \cdots + \theta_n q_n| \gg Q^{-n+1}.$$

由此及不等式 (4.2.1) 得知

$$\begin{aligned}|\theta_1 p_1 + \cdots + \theta_n p_n| &\leqslant |\theta_n| Q^{-2n+1} + |\alpha \theta_1 q_1 + \cdots + \alpha \theta_n q_n| \\ &< |\theta_n| Q^{-n+1} + |\alpha| |\theta_1 q_1 + \cdots + \theta_n q_n| \\ &\ll |\theta_1 q_1 + \cdots + \theta_n q_n| + |\alpha| |\theta_1 q_1 + \cdots + \theta_n q_n| \\ &\ll |\theta_1 q_1 + \cdots + \theta_n q_n|,\end{aligned}$$

由此及式 (4.2.2) 推出

$$|\theta_1 p_1 + \cdots + \theta_n p_n| \ll |\theta_1 q_1 + \cdots + \theta_n q_n| \ll Q.$$

又由式 (4.2.2) 和式 (4.2.3) 得到

$$|\theta_1^{(i)} p_1 + \cdots + \theta_n^{(i)} p_n| \ll Q, \quad |\theta_1^{(i)} q_1 + \cdots + \theta_n^{(i)} q_n| \ll Q \quad (i = 2, \cdots, n).$$

因此由 $P(x)$ 的表达式得到

$$H(P) \ll |\theta_1 q_1 + \cdots + \theta_n q_n| Q^{n-1} (\ll Q^n),$$

进而由不等式 (4.2.6) 得到

$$H_K(\beta) \ll |\theta_1 q_1 + \cdots + \theta_n q_n| Q^{n-1} (\ll Q^n). \tag{4.2.7}$$

(iv) 最后, 由式 (4.2.5) 和式 (4.2.7) 推出

$$|\alpha - \beta| \ll Q^{-n} (Q^{n-1} |\theta_1 q_1 + \cdots + \theta_n q_n|)^{-1}$$

$$\ll Q^{-n}H_K(\beta)^{-1}. \tag{4.2.8}$$

在步骤 (i) 中令 $Q \to \infty$, 可得到无穷多个整数组 $(p_1, \cdots, p_n, q_1, \cdots, q_n)$, 由每个整数组得到一个 $\beta \in K$. 如果这些 β 只有有限多个不同值, 那么必有一个 $\beta_0 \in K$, 使得对于无穷多个 Q, 不等式 (4.2.8) 成立:

$$|\alpha - \beta_0| \ll Q^{-n}H_K(\beta_0)^{-1} \ll Q^{-n},$$

因为 Q 可以任意大, 所以 $\alpha - \beta_0 = 0$. 但 $\alpha \notin K$, 我们得到矛盾. 因此当 $Q \to \infty$ 时将产生无穷多个不同的 $\beta \in K$ 满足不等式 (4.2.8); 而由不等式 (4.2.7) 可知 $Q^{-n} \ll H_K(\beta)^{-1}$, 从而这无穷多个不同的 $\beta \in K$ 满足 $|\alpha - \beta| \ll H_K(\beta)^{-2}$, 或满足

$$|\alpha - \beta| < C_1 H_K(\beta)^{-2},$$

其中 C_1 大于符号 $\ll$ 中的常数 C', 例如可取 $C_1 = 1 + C'$, 并且在本情形中, $\max\{1, |\alpha|^2\} = 1$.

情形 2　设 $|\alpha| > 1$.

依情形 1 所得结论, 存在无穷多个 $\gamma \in K$, 满足

$$\left|\frac{1}{\alpha} - \gamma\right| < C_1 H_K(\gamma)^{-2}. \tag{4.2.9}$$

因为这种 γ 个数无穷, 所以依引理 4.2.1, 正整数 $H_K(\gamma)$ 组成无界集. 若当 $H_K(\gamma) \to \infty$ 时 $\gamma \to 0$, 则由式 (4.2.9) 得到 $1/|\alpha| = 0$, 此不可能. 因此存在 $\delta > 0$, 使得 $|\gamma| \geqslant \delta$. 仍然依引理 4.2.1, 当 $H_K(\gamma)$ 充分大时, 有

$$H_K(\gamma) > \sqrt{C_1},$$

从而

$$H_K(\gamma) > \sqrt{\frac{\delta C_1}{|\gamma|}},$$

于是

$$|\gamma| \geqslant \frac{1}{|\alpha|} - \left|\frac{1}{\alpha} - \gamma\right| > \frac{1}{|\alpha|} - CH_K(\gamma)^{-2}$$

$$> \frac{1}{|\alpha|} - \frac{|\gamma|}{\delta}.$$

因此当 $H_K(\gamma)$ 充分大时, 有

$$\frac{1}{|\gamma|} < \left(1 + \frac{1}{\delta}\right)|\alpha|. \tag{4.2.10}$$

令 $\beta = 1/\gamma$, 则 $H_K(\beta) = H_K(\gamma)$, 并且由不等式 (4.2.9) 和 (4.2.10) 可知当 $H_K(\gamma)$ 充分大时, 有

$$|\alpha - \beta| = |\alpha\beta|\left|\frac{1}{\alpha} - \gamma\right|$$

$$< C_1|\alpha|^2\left(1 + \frac{1}{\delta}\right)H_K(\beta)^{-2}.$$

在本情形中, $\max\{1, |\alpha|^2\} = |\alpha|^2$.

合并两种情形可知, 可取 $C(K) = C_1(1 + 1/\delta)$. $\qquad\square$

注 4.2.1　**1.** 若 $K = \mathbb{Q}, \alpha \notin \mathbb{Q}$, 则由 Dirichlet 逼近定理, 存在无穷多个 $p/q\,(q > 0)$ 满足不等式

$$\left|\alpha - \frac{p}{q}\right| < \frac{1}{q^2}. \tag{4.2.11}$$

因此对于这些 p/q 有 $|p| < q|\alpha| + 1/q \leqslant (|\alpha| + 1)q$, 从而

$$H_{\mathbb{Q}}\left(\frac{p}{q}\right) \leqslant (|\alpha| + 1)q,$$

于是

$$H_{\mathbb{Q}}\left(\frac{p}{q}\right)^{-2} \geqslant (|\alpha| + 1)^{-2}q^{-2}.$$

由此及不等式 (4.2.11) 得知存在无穷多个 $\beta = p/q \in K$, 使得

$$|\alpha - \beta| = \left|\alpha - \frac{p}{q}\right| < q^{-2}$$

$$\leqslant (|\alpha| + 1)^2 H_{\mathbb{Q}}\left(\frac{p}{q}\right)^{-2},$$

注意 $(|\alpha| + 1)^2 < 4\max\{1, |\alpha|^2\}$, 即得

$$|\alpha - \beta| < 4\max\{1, |\alpha|^2\}H_K(\beta)^{-2}. \tag{4.2.12}$$

因此可取 $C(\mathbb{Q}) = 4$.

从上面的证明可知, 当 $K = \mathbb{Q}$ 时, 定理 4.2.2 是 Dirichlet 逼近定理的推论. 因为定理 4.2.2 中 K 不限于 $\mathbb{Q}$, 所以在这个意义下, 它可看作 Dirichlet 逼近定理到数域情形的扩充. 进一步, 结合定理 4.2.1 可知, 定理 4.2.2 本质上是最好可能的.

2. 在 1 的推理中, 如果还设 $|\alpha| < 1$, 那么当 q 充分大时, $|p| < q|\alpha| + 1/q < q$, 从而

$$H_{\mathbb{Q}}\left(\frac{p}{q}\right) = q.$$

于是不等式 (4.2.11) 变为

$$|\alpha - \beta| < H_K(\beta)^{-2}.$$

这表明当 $\alpha \notin \mathbb{Q}, |\alpha| < 1$ 时, 可取 $C(\mathbb{Q}) = 1$. 此外, 若用 Hurwitz 定理代替 Dirichlet 逼近定理, 则可取任意大于 $1/\sqrt{5}$ 的数作为 $C(\mathbb{Q})$.

3. 上面只涉及用代数数逼近实数的问题的一个方面, 即用给定数域中的数逼近 (实) 代数数 (或实数); 问题的另一个方面是用有界次数的代数数逼近某些 (实) 代数数 (或实数), 它们的证明用到更多的较专门的预备知识 (代数数论、数的几何等). 我们只引述下列两个结果:

W. M. Schmidt(文献 [95]) 证明了

定理 4.2.3 对于正整数 n, 用 $\mathscr{S}_n$ 表示次数不超过 n 的代数数形成的集合. 若 α 是实代数数, 则对于任何给定的 $\varepsilon > 0$, 只存在有限多个 $\beta \in \mathscr{S}_n$ 满足不等式

$$|\alpha - \beta| < H(\beta)^{-n-1-\varepsilon}. \tag{4.2.13}$$

E. Wirsing(文献 [118]) 也给出一个类似的结果, 但不等式 (4.2.13) 右边是 $H(\beta)^{-2n-\varepsilon}$. 当 $n = 1$ 时, 这两个结果都给出 Roth 定理.

在相反的方向, E. Wirsing(文献 [119]) 证明了

定理 4.2.4 对于正整数 n, 用 $\mathscr{S}_n$ 表示次数不超过 n 的代数数形成的集合. 若实数 $\alpha \notin \mathscr{S}_n$, 则存在常数 $C = C(n, \alpha) > 0$, 使得有无穷多个 $\beta \in \mathscr{S}_n$ 满足不等式

$$|\alpha - \beta| < CM(\beta)^{-n-1}.$$

由定理 4.2.4 可知, 定理 4.2.3 中的指数 $-n-1$ 是最好可能的.

4. 关于与代数数有关的逼近问题, 更多的结果可见文献 [97,98] 等. 此外, 就总体而言, 与代数数有关的逼近问题与超越数论关系极为密切 (例如数的超越性和代数无关性的判定、超越数的分类, 等等), 看来更适宜放在超越数论课程中讲述, 对此可参见文献 [12,24,42] 等. 关于最近的进展, 可参见文献 [115].

4.3 应用 Schmidt 逼近定理构造超越数

4.3.1 基本结果

现在构造某些无穷级数, 应用代数数联立逼近的 Schmidt 定理证明这些级数的和是超越数.

首先给出公共假设. 设 α 是一个代数数, $q_n = q_n(\alpha)$ 是它的第 n 个渐近分数的分母, 满足条件

$$\sigma_1 q_n^{-1} \leqslant \|\alpha q_n\| \leqslant \sigma_2 q_n^{-1}, \tag{4.3.1}$$

其中 $\sigma_1, \sigma_2 > 0$ 是常数. 还设 $a_n, b_n, c_n\, (n=1,2,\cdots)$ 是三个无穷单调正整数列, 满足下列条件:

(i) $\lim\limits_{n\to\infty} \dfrac{c_{n+1}}{c_n} = c$ (常数). $\hspace{4cm}$ (4.3.2)

(ii) $b_n \,|\, b_{n+1}$, $\log b_n = o(c_n)\, (n \to \infty)$. $\hspace{2.6cm}$ (4.3.3)

(iii) $a_n = o(q_{c_n}^{\varepsilon})\, (n \to \infty)$ (其中 $\varepsilon > 0$ 任意给定). $\hspace{1.5cm}$ (4.3.4)

记

$$\xi = \sum_{n=1}^{\infty} \frac{1}{q_{c_n}}, \quad \eta = \sum_{n=1}^{\infty} \frac{a_n}{b_n q_{c_n}}.$$

定理 4.3.1 设代数数 α 及整数列 a_n, b_n, c_n 如上, 并且

$$\lim_{n\to\infty} \sqrt[n]{q_n} = \beta > 1 \quad (\beta \text{ 是常数}), \tag{4.3.5}$$

那么

(a) 当 $c > 1 + \sqrt{3}$ 时, η 是超越数.

(b) 若还设 η 满足

$$\lim_{n\to\infty} \frac{a_n}{b_n} = \lambda = 0, \infty \text{或无理数}, \tag{4.3.6}$$

则当 $c > 1 + \sqrt{2}$ 时, ξ 和 η 中至少有一个超越数.

定理 4.3.2 设代数数 α 及整数列 a_n, b_n, c_n 如上, 式 (4.3.5) 成立, 并且

$$q_{c_n} \,|\, q_{c_{n+1}} \quad (n=1,2,\cdots), \tag{4.3.7}$$

那么

(a) 当 $c > 1$(但 $c \neq 2$) 时, η 是超越数.

(b) 若还设 η 满足式 (4.3.6), 则当 $c = 2$ 时 ξ 和 η 中至少有一个超越数; 并且若其中有代数数, 则此代数数与 $1, \alpha$ 一起在 $\mathbb{Q}$ 上线性相关.

(c) 当式 (4.3.2) 中的极限 $c = \infty$ 时, η 是超越数.

注 4.3.1 本节按文献 [4, 10] 改写. A. Ya. Khintchine 证明了对于几乎所有实数, 极限 (4.3.5) 存在 (参见文献 [3]). 我们还可证明对于任何二次代数数, 存在某个 $\beta > 1$, 使得式 (4.3.5) 成立. 此外由 Liouville 逼近定理及连分数性质可知, 不等式 (4.3.1) 对于二次代数数总是成立的. 后文的例子主要应用某些特殊的二次无理数给出.

4.3.2 一些引理

记 $r_n = q_{c_n}, S_n = b_n r_1 r_2 \cdots r_n \, (n = 1, 2, \cdots)$.

引理 4.3.1 设 σ_2 是不等式 (4.3.1) 中的常数. 若

$$\frac{S_n}{r_n^2} < \frac{1}{2\sigma_2},$$

则

$$\|\alpha S_n\| = \|\alpha r_n\| \frac{S_n}{r_n}.$$

证 (i) 记 $S_n^* = S_n / r_n \in \mathbb{N}$, 我们要证明

$$\|\alpha r_n S_n^*\| = S_n^* \|\alpha r_n\|. \tag{4.3.8}$$

由式 (4.3.1) 有 $\|\alpha r_n\| \leqslant \sigma_2 r_n^{-1}$, 所以

$$0 < S_n^* \|\alpha r_n\| \leqslant \sigma_2 S_n^* r_n^{-1} < \frac{1}{2},$$

从而

$$\big\| S_n^* \|\alpha r_n\| \big\| = S_n^* \|\alpha r_n\|. \tag{4.3.9}$$

(ii) 注意 $\|\alpha r_n\| = \min\{\{\alpha r_n\}, 1 - \{\alpha r_n\}\}$, 我们区分两种情形. 如果 $\|\alpha r_n\| = \{\alpha r_n\}$, 那么

$$\big\| S_n^* \|\alpha r_n\| \big\| = \|S_n^* \{\alpha r_n\}\| = \|S_n^* (\alpha r_n - [\alpha r_n])\| = \|S_n^* \alpha r_n\|,$$

由此及式 (4.3.9) 可得式 (4.3.8). 如果 $\|\alpha r_n\| = 1 - \{\alpha r_n\}$, 那么

$$\|S_n^*\|\alpha r_n\|\| = \|S_n^*(1 - \{\alpha r_n\})\| = \|-S_n^*\{\alpha r_n\}\| = \|S_n^*\{\alpha r_n\}\|,$$

依刚才所证, 上式右边也等于 $\|S_n^*\alpha r_n\|$, 于是也推出式 (4.3.8). □

引理 4.3.2 若 $c > 1$, 则

$$\lim_{n \to \infty} \frac{c_1 + \cdots + c_n}{c_n} = \frac{c}{c-1}. \tag{4.3.10}$$

证 1 记 $x_n = c_1 + \cdots + c_n (n \geqslant 1), y_1 = 0, y_n = c_1 + \cdots + c_{n-1} (n \geqslant 2)$, 那么 $y_n \to \infty (n \to \infty)$, 并且

$$\lim_{n \to \infty} \frac{x_{n+1} - x_n}{y_{n+1} - y_n} = \lim_{n \to \infty} \frac{c_{n+1}}{c_n} = c,$$

因此由 Stolz 定理得到

$$\lim_{n \to \infty} \frac{x_n}{y_n} = c.$$

此即

$$\lim_{n \to \infty} \frac{c_1 + \cdots + c_n}{c_1 + \cdots + c_{n-1}} = c,$$

或者

$$\lim_{n \to \infty} \frac{1}{1 - \dfrac{c_n}{c_1 + \cdots + c_n}} = \frac{1}{c},$$

于是当 $c > 1$ 时, 得到式 (4.3.10).

证 2 因为当 $c > 1$ 时, 有

$$\lim_{j \to \infty} \frac{c_{j+1}}{c_{j+1} - c_j} = \frac{c}{c-1},$$

所以存在常数 K, 使得

$$\left| \frac{c_{j+1}}{c_{j+1} - c_j} - \frac{c}{c-1} \right| < K \quad (j \geqslant 0),$$

并且对于任意给定的 $\varepsilon > 0$, 存在 $j_0 = j_0(\varepsilon)$, 使得

$$\left| \frac{c_{j+1}}{c_{j+1} - c_j} - \frac{c}{c-1} \right| < \frac{\varepsilon}{2} \quad (j \geqslant j_0).$$

固定此 j_0. 补充定义 $c_0 = 0$. 则当 $c > 1$ 时, 有

$$\frac{1}{c_n} \sum_{j=1}^{n} c_j - \frac{c}{c-1} = \sum_{j=0}^{n-1} \frac{c_{j+1} - c_j}{c_n} \left(\frac{c_{j+1}}{c_{j+1} - c_j} - \frac{c}{c-1} \right)$$

$$= \sum_{j=0}^{j_0-1} \frac{c_{j+1}-c_j}{c_n}\left(\frac{c_{j+1}}{c_{j+1}-c_j}-\frac{c}{c-1}\right)$$

$$+ \sum_{j=j_0}^{n-1} \frac{c_{j+1}-c_j}{c_n}\left(\frac{c_{j+1}}{c_{j+1}-c_j}-\frac{c}{c-1}\right)$$

$$= \Sigma_1 + \Sigma_2 \quad (\text{记}).$$

于是 (注意 c_j 单调) 取 $n \geqslant n_0 = n_0(\varepsilon)$, 可使得

$$|\Sigma_1| < K \sum_{j<j_0} \frac{c_{j+1}-c_j}{c_n} = K \cdot \frac{c_{j_0}}{c_n} < \frac{\varepsilon}{2},$$

还有

$$|\Sigma_2| < \frac{\varepsilon}{2}\sum_{j=j_0}^{n-1}\frac{c_{j+1}-c_j}{c_n} = \frac{\varepsilon}{2}\cdot\frac{c_n-c_{j_0}}{c_n} < \frac{\varepsilon}{2}.$$

于是当 $n \geqslant n_0 = n_0(\varepsilon)$ 时有

$$\left|\frac{1}{c_n}\sum_{j=1}^{n}c_j - \frac{c}{c-1}\right| < \varepsilon.$$

因此式 (4.3.10) 得证. □

引理 4.3.3 若 $c>2$, 并且式 (4.3.1) 和式 (4.3.5) 成立, 则

$$\lim_{n\to\infty} c_n^{-1}\log S_n = \frac{c}{c-1}\log\beta, \tag{4.3.11}$$

$$\lim_{n\to\infty} c_n^{-1}\log\|\alpha S_n\| = -\frac{c-2}{c-1}\log\beta. \tag{4.3.12}$$

证 (i) 对于式 (4.3.11), 我们给出两个证明.

证 1 由式 (4.3.5) 得到

$$\lim_{n\to\infty}\frac{\log q_{c_n}}{c_n} = \log\beta.$$

在 Toeplitz 定理 (见注 4.3.2) 中取

$$c_{nk} = \frac{c-1}{c}\cdot\frac{c_k}{c_n} \quad (k=1,2,\cdots,n; n=1,2,\cdots),$$

由式 (4.3.10) 可知满足定理条件, 于是得到

$$\lim_{n\to\infty} c_n^{-1}\log S_n = \lim_{n\to\infty} c_n^{-1}\log b_n + \lim_{n\to\infty} c_n^{-1}\sum_{k=1}^{n}\log q_{c_k}$$

$$= \frac{c}{c-1}\lim_{n\to\infty}\sum_{k=1}^{n}c_{nk}\cdot c_k^{-1}\log q_{c_k}$$

$$= \frac{c}{c-1} \log \beta.$$

证 2 我们有

$$c_n^{-1} \log S_n = c_n^{-1} \sum_{j=1}^{n} \log r_j$$

$$= c_n^{-1} \left(\sum_{j=1}^{n} c_j \log \beta + \sum_{j=1}^{n} (\log r_j - c_j \log \beta) \right)$$

$$= \left(c_n^{-1} \sum_{j=1}^{n} c_j \right) \log \beta + c_n^{-1} \sum_{j=1}^{n} c_j (c_j^{-1} \log r_j - \log \beta),$$

由引理 4.3.2 可知当 $n \to \infty$ 时上式右边第一项趋于 $(c/(c-1)) \log \beta$, 所以我们只需证明上式右边第二项

$$S(n) = c_n^{-1} \sum_{j=1}^{n} c_j (c_j^{-1} \log r_j - \log \beta) \to 0 \quad (n \to \infty). \tag{4.3.13}$$

这可以类似于引理 4.3.2 的证 2 证明. 具体言之, 因为依式 (4.3.5), 我们有 $c_j^{-1} \log r_j - \log \beta \to 0 (j \to \infty)$, 所以对于任何给定的 $\varepsilon > 0$, 存在 $j_0 = j_0(\varepsilon)$, 使得

$$|c_j^{-1} \log r_j - \log \beta| < \frac{\varepsilon}{2L} \quad (j \geqslant j_0),$$

其中常数 L(与 j_0, n 无关) 满足

$$\frac{1}{c_l} \sum_{i=1}^{l} c_i < L \quad (l \geqslant 1) \tag{4.3.14}$$

(依引理 4.3.2, 常数 L 存在). 此外, 还存在常数 M, 使得

$$|c_j^{-1} \log r_j - \log \beta| < M \quad (j \geqslant 1).$$

固定这个 j_0. 将 $S(n)$ 分拆为

$$S(n) = \sum_{j=1}^{j_0} \frac{c_j}{c_n} (c_j^{-1} \log r_j - \log \beta) + \sum_{j=j_0+1}^{n} \frac{c_j}{c_n} (c_j^{-1} \log r_j - \log \beta)$$

$$= S_1(n) + S_2(n) \quad (\text{记}),$$

其中

$$|S_1(n)| \leqslant M \sum_{j=1}^{j_0} \frac{c_j}{c_n} = M \cdot \frac{c_{j_0}}{c_n} \cdot \frac{1}{c_{j_0}} \sum_{j=1}^{j_0} c_j.$$

由不等式 (4.3.14), 可取 $n \geqslant n_0 = n_0(\varepsilon)$, 使得

$$|S_1(n)| < \frac{\varepsilon}{2}.$$

还有(仍然应用不等式 (4.3.14))

$$|S_2(n)| \leqslant \frac{\varepsilon}{2L} \sum_{j=j_0+1}^{n} \frac{c_j}{c_n} < \frac{\varepsilon}{2L} \sum_{j=1}^{n} \frac{c_j}{c_n}$$

$$\leqslant \frac{\varepsilon}{2L} \cdot L = \frac{\varepsilon}{2}.$$

因此当 $n > n_0$ 时 $|S(n)| < \varepsilon$, 即得式 (4.3.13), 因而式 (4.3.11) 得证.

(ii) 现在来证式 (4.3.12). 因为 $c > 2$, 所以由式 (4.3.5) 和式 (4.3.10) 得到

$$\lim_{n\to\infty} c_n^{-1} \log \frac{S_n}{r_n^2} = \lim_{n\to\infty} c_n^{-1} \log S_n - 2 \lim_{n\to\infty} c_n^{-1} \log r_n$$

$$= \frac{c}{c-1} \log \beta - 2 \log \beta$$

$$= -\frac{c-2}{c-1} \log \beta < 0,$$

从而当 n 充分大时, 有

$$\frac{S_n}{r_n^2} < \frac{1}{2\sigma_2},$$

于是由引理 4.3.1 得到

$$\|\alpha S_n\| = \|\alpha r_n\| \frac{S_n}{r_n}.$$

又由式 (4.3.1) 可知

$$\sigma_1 r_n^{-1} \cdot \frac{S_n}{r_n} \leqslant \|\alpha r_n\| \frac{S_n}{r_n} \leqslant \sigma_2 r_n^{-1} \cdot \frac{S_n}{r_n},$$

所以

$$\sigma_1 \frac{S_n}{r_n^2} \leqslant \|\alpha S_n\| \leqslant \sigma_2 \frac{S_n}{r_n^2}.$$

注意

$$\lim_{n\to\infty} c_n^{-1} \log \left(\sigma_1 \frac{S_n}{r_n^2} \right) = \lim_{n\to\infty} c_n^{-1} \log \sigma_1 + \lim_{n\to\infty} c_n^{-1} \log \frac{S_n}{r_n^2} = -\frac{c-2}{c-1} \log \beta,$$

$$\lim_{n\to\infty} c_n^{-1} \log \left(\sigma_2 \frac{S_n}{r_n^2} \right) = \lim_{n\to\infty} c_n^{-1} \log \sigma_2 + \lim_{n\to\infty} c_n^{-1} \log \frac{S_n}{r_n^2} = -\frac{c-2}{c-1} \log \beta,$$

我们立得式 (4.3.12). $\qquad\qquad\qquad\qquad\qquad\qquad\qquad\qquad\qquad\qquad\square$

引理 4.3.4 若 $c>2$, 并且式 (4.3.1) 和式 (4.3.5) 成立, 则

$$\lim_{n\to\infty} c_n^{-1}\log\|\eta S_n\| = -\frac{c(c-2)}{c-1}\log\beta, \tag{4.3.15}$$

并且若还设 η 满足式 (4.3.6), 则对于所有不同时为零的整数 d_1,d_2, 有

$$\lim_{n\to\infty} c_n^{-1}\log\|(d_1\xi+d_2\eta)S_n\| = -\frac{c(c-2)}{c-1}\log\beta. \tag{4.3.16}$$

证 (i) 为证式 (4.3.15), 我们首先注意

$$\eta S_n = \sum_{j=1}^{n}\frac{a_j S_n}{b_j r_j} + \left(\sum_{j=n+1}^{\infty}\frac{a_j}{b_j r_j}\right)S_n$$
$$= A_n + B_n \quad (\text{记}),$$

其中 $A_n\in\mathbb{Z}$, 因此

$$\|\eta S_n\| = \|B_n\|. \tag{4.3.17}$$

因为 $a_j,b_j\in\mathbb{N}$, 所以由条件 (4.3.4) 可知, 当 n 充分大时, 有

$$0 < \frac{S_n}{b_{n+1}r_{n+1}} < B_n \ll \left(\sum_{j=n+1}^{\infty}\frac{1}{r_j^{1-\varepsilon}}\right)S_n, \tag{4.3.18}$$

其中符号 $\ll$ 中的常数与 n 无关 (下文同此). 又由渐近分数的性质 (见引理 1.3.2) 有 $q_{k+2}\geqslant 2q_k$, 因此当 n 充分大时, 有

$$\frac{r_n}{r_{n+1}}<\frac{1}{2}, \quad \frac{r_n}{r_{n+2}}<\frac{1}{2^2}, \quad \cdots, \tag{4.3.19}$$

所以

$$\sum_{j=n+1}^{\infty}\frac{1}{r_j^{1-\varepsilon}} < \frac{1}{r_{n+1}^{1-\varepsilon}}\left(\frac{1}{2^{1-\varepsilon}}+\frac{1}{2^{2(1-\varepsilon)}}+\cdots\right) \ll \frac{1}{r_{n+1}^{1-\varepsilon}}.$$

由此及式 (4.3.18) 得知当 n 充分大时, 有

$$0 < \frac{S_n}{b_{n+1}r_{n+1}} < B_n \ll \frac{S_n}{r_{n+1}^{1-\varepsilon}}. \tag{4.3.20}$$

由式 (4.3.5) 和式 (4.3.11) 可知

$$\lim_{n\to\infty} c_n^{-1}\log\frac{S_n}{r_{n+1}^{1-\varepsilon}} = -\left((1-\varepsilon)c-\frac{c}{c-1}\right)\log\beta,$$

注意 $c>2$, 并且 $\varepsilon>0$ 可任意小, 所以当 n 充分大时上式右边小于零, 从而 $0<B_n<1/2$, 于是

$$\frac{S_n}{b_{n+1}r_{n+1}} < \|B_n\| \ll \frac{S_n}{r_{n+1}^{1-\varepsilon}}.$$

由此并应用式 (4.3.3)、式 (4.3.5) 和式 (4.3.11) 推出

$$-\left(c-\frac{c}{c-1}\right)\log\beta \leqslant \lim_{n\to\infty} c_n^{-1}\log\|B_n\|$$

$$\leqslant -\left((1-\varepsilon)c-\frac{c}{c-1}\right)\log\beta.$$

因为 $\varepsilon>0$ 可任意小, 由此及式 (4.3.17) 立得式 (4.3.15).

(ii) 式 (4.3.16) 可以类似地证明. 首先, 我们不妨认为 $d_1 \neq 0$. 因若不然, 则 $d_2 \neq 0$, 从而无论条件 (4.3.6) 是否成立, 用 $d_2 S_n$ 代替 S_n 即可归结为式 (4.3.15).

其次, 我们有

$$(d_1\xi+d_2\eta)S_n = \sum_{j=1}^{n}\left(\frac{d_1}{r_j}+\frac{d_2 a_j}{b_j r_j}\right)S_n + \sum_{j=n+1}^{\infty}\left(d_1+d_2\frac{a_j}{b_j}\right)\frac{S_n}{r_j}$$

$$= A_n' + B_n' \quad (\text{记}),$$

其中 $A_n' \in \mathbb{Z}$, 因此当 n 充分大时, 有

$$\|(d_1\xi+d_2\eta)S_n\| = \|B_n'\|. \tag{4.3.21}$$

依 $d_1 \neq 0$, 由条件 (4.3.6) 可知

$$\lim_{n\to\infty}\left(d_1+d_2\frac{a_n}{b_n}\right)=\begin{cases}d_1+d_2\lambda \neq 0 & (\text{当 } \lambda \notin \mathbb{Q} \text{ 时}), \\ d_1 \neq 0 & (\text{当 } \lambda = 0 \text{ 时}), \\ (\text{sgn}(d_2))\infty & (\text{当 } \lambda = \infty \text{ 时}),\end{cases}$$

其中 $\text{sgn}(d_2)$ 表示 d_2 的符号. 又因为

$$\|(d_1\xi+d_2\eta)S_n\| = \|\big((-d_1)\xi+(-d_2)\eta\big)S_n\|,$$

所以必要时用 $-d_1,-d_2$ 代替 d_1,d_2, 可以认为在每种情形中极限为正数或 $+\infty$. 因此存在常数 $C>0$, 使得当 n 充分大时, 有

$$d_1+d_2\frac{a_n}{b_n} > C,$$

从而

$$B_n' = \sum_{j=n+1}^{\infty}\left(d_1+d_2\frac{a_j}{b_j}\right)\frac{S_n}{r_j} \gg \frac{S_n}{r_{n+1}}.$$

此外, 应用不等式 (4.3.19), 还有

$$B_n' \leqslant |d_1|\left(\sum_{j=n+1}^{\infty}\frac{1}{r_j}\right)S_n + |d_2|\left(\sum_{j=n+1}^{\infty}\frac{a_j}{b_j r_j}\right)S_n$$

$$\leqslant |d_1| \left(\sum_{j=n+1}^{\infty} \frac{1}{r_j} \right) S_n + |d_2| \left(\sum_{j=n+1}^{\infty} \frac{1}{r_j^{1-\varepsilon}} \right) S_n$$

$$\ll \frac{S_n}{r_{n+1}} + \frac{S_n}{r_{n+1}^{1-\varepsilon}}.$$

合起来可知, 当 n 充分大时, 有

$$\frac{S_n}{r_{n+1}} \ll B_n' \ll \frac{S_n}{r_{n+1}^{1-\varepsilon}}.$$

此式与不等式 (4.3.20) 同型, 并注意式 (4.3.21), 于是可类似地推出式 (4.3.16). □

注 4.3.2 Toeplitz 定理: 设 $\boldsymbol{T}$ 是下列形式的无穷 "三角阵列":

$$
\begin{array}{llll}
c_{11} & & & \\
c_{21} & c_{22} & & \\
c_{31} & c_{32} & c_{33} & \\
\cdots & & & \\
c_{n1} & c_{n2} & c_{n3} & \cdots \quad c_{nn} \\
\cdots,
\end{array}
$$

满足下列条件:

(i) 对于每个正整数 k, $c_{nk} \to 0 \ (n \to \infty)$;

(ii) $\sum_{k=1}^{n} c_{nk} \to 1 \ (n \to \infty)$;

(iii) 存在常数 $C > 0$, 使得对于每个正整数 n, $\sum_{k=1}^{n} |c_{nk}| \leqslant C$.

设 $a_n n \geqslant 1$, 令

$$b_n = \sum_{k=1}^{n} c_{nk} a_k \quad (n \geqslant 1),$$

称 $b_n (n \geqslant 1)$ 是数列 $a_n (n \geqslant 1)$ 通过 $\boldsymbol{T}$ 确定的 Toeplitz 变换; 换言之, 若将数列 a_n 和 b_n 分别理解为无穷维列向量, $\boldsymbol{T}$ 为无穷阶下三角方阵, 则 $(b_n) = \boldsymbol{T}(a_n)$. 若 $a_n \to a \,(n \to \infty)$, 则 $(b_n)_{n \geqslant 1}$ 也收敛, 并且 $b_n \to a \,(n \to \infty)$.

有关信息可参见: 菲赫金哥尔茨. 微积分学教程 (第一卷)[M]. 北京: 高等教育出版社, 2006.

4.3.3 定理 4.3.1 的证明

(a) 之证　由式(4.3.11)、式(4.3.12) 和式 (4.3.15) 可算出, 对于任何给定的 $\varepsilon > 0$, 有

$$\lim_{n \to \infty} c_n^{-1} \log(S_n^{1+\varepsilon} \|\eta S_n\| \|\alpha S_n\|)$$

$$= -\left((1+\varepsilon) \cdot \frac{c}{c-1} - \frac{c(c-2)}{c-1} - \frac{c-2}{c-1} \right) \log \beta$$

$$= -\left(-\frac{c\varepsilon}{c-1} + \frac{c^2 - 2c - 2}{c-1} \right) \log \beta.$$

取 $\varepsilon > 0$ 足够小, 当 $c > 1 + \sqrt{3}$ 时上式右边小于零, 因此有无穷多个不同的正整数 S_n, 使得

$$S_n^{1+\varepsilon} \|\eta S_n\| \|\alpha S_n\| < 1.$$

因为 α 是代数数, 所以依 Schmidt 逼近定理, 为证明 η 的超越性, 只需证明 $1, \eta, \alpha$ 在 $\mathbb{Q}$ 上线性无关. 用反证法. 设

$$a\eta = b\alpha + d, \tag{4.3.22}$$

其中 $a, b, d \in \mathbb{Z}, a > 0$. 那么

$$\lim_{n \to \infty} c_n^{-1} \log \|a\eta S_n\| = -\frac{c(c-2)}{c-1} \log \beta \tag{4.3.23}$$

(其证法与式 (4.3.15) 的证明基本相同, 此时用 aS_n 代替 S_n, 并且注意 $c_n^{-1} \log a \to 0 \, (n \to \infty)$), 于是 $\|a\eta S_n\| \neq 0$, 从而 $a\eta \neq d$(不然 $\|a\eta S_n\| = \|dS_n\| = 0$); 进而由式 (4.3.22) 可知 $b \neq 0$. 类似于式 (4.3.12) 的证明可知, 当 $b \neq 0$ 时, 有

$$\lim_{n \to \infty} c_n^{-1} \log \|(b\alpha + d)S_n\| = -\frac{c-2}{c-1} \log \beta. \tag{4.3.24}$$

比较式 (4.3.23) 和式 (4.3.24) 可知, 当 n 充分大时 $\|a\eta S_n\| \neq \|(b\alpha + d)S_n\|$, 因而与式 (4.3.22) 矛盾. 因此 η 是超越数. □

(b) 之证　类似地, 由引理 4.3.3 和引理 4.3.4(其中式 (4.3.16) 中取 $d_1 = 1, d_2 = 0$)可推出, 当 $c > 1 + \sqrt{2}$ 并且 $\varepsilon > 0$ 足够小时, 有无穷多个不同的正整数 S_n, 使得

$$S_n^{1+\varepsilon} \|\xi S_n\| \|\eta S_n\| \|\alpha S_n\| < 1.$$

我们来证明 $1, \alpha, \xi, \eta$ 在 $\mathbb{Q}$ 上线性无关. 用反证法. 设存在不全为零的整数 d_1, d_2, d_3, d_4, 使得

$$d_1\xi + d_2\eta = d_3\alpha + d_4. \tag{4.3.25}$$

由式 (4.3.16) 可知 $1, \xi, \eta$ 在 $\mathbb{Q}$ 上线性无关, 因此 $d_3 \neq 0$. 由式 (4.3.24)(其中取 $b = d_3, d = d_4$) 及式 (4.3.16) 可知, 当 n 充分大时 $\|(d_1\xi + d_2\eta)S_n\| \neq \|(d_3\alpha + d_4)S_n\|$, 这与式 (4.3.25) 矛盾, 所以 $1, \alpha, \xi, \eta$ 确实在 $\mathbb{Q}$ 上线性无关. 据此依 Schmidt 逼近定理可知 α, ξ, η 不可能全是代数数. 因为已知 α 是代数数, 所以 ξ, η 中至少有一个超越数. □

4.3.4 定理 4.3.2 的证明

因为证明思路与定理 4.3.1 的证法类似, 所以下面略去某些推理的细节. 令 $t_n = b_n r_n$. 由条件 (4.3.7) 可知

$$r_j = q_{c_j} \mid r_n = q_{c_n} \quad (\text{当 } j \leqslant n \text{ 时}).$$

引理 4.3.5 我们有

$$\lim_{\substack{n \to \infty \\ n \in \mathscr{N}}} c_n^{-1} \log r_n = \log \beta, \tag{4.3.26}$$

$$\lim_{\substack{n \to \infty \\ n \in \mathscr{N}}} c_n^{-1} \log t_n = \log \beta, \tag{4.3.27}$$

$$\lim_{\substack{n \to \infty \\ n \in \mathscr{N}}} c_n^{-1} \log \|\alpha t_n\| = -\log \beta, \tag{4.3.28}$$

$$\lim_{\substack{n \to \infty \\ n \in \mathscr{N}}} c_n^{-1} \log \|\eta t_n\| = -(c-1) \log \beta. \tag{4.3.29}$$

并且当 η 满足式 (4.3.6) 时, 对于所有不同时为零的整数 d_1, d_2, 有

$$\lim_{n \to \infty} c_n^{-1} \log \|(d_1\xi + d_2\eta)t_n\| = -(c-1) \log \beta. \tag{4.3.30}$$

证 式 (4.3.26) 是显然的. 式 (4.3.27) 可由式 (4.3.3) 和式 (4.3.5) 直接推出. 式 (4.3.28) 与式 (4.3.12) 类似, 只需首先证明与引理 4.3.1 相当的结果:

$$\frac{b_n}{r_n} < \frac{1}{2\sigma_2} \quad \Rightarrow \quad \|\alpha t_n\| = \|\alpha r_n\| b_n.$$

证法也是类似的: 由 $\|\alpha r_n\| b_n \leqslant \sigma_2 r_n^{-1} b_n < 1/2$ 可知

$$\big\| \|\alpha r_n\| b_n \big\| = \|\alpha r_n\| b_n.$$

无论 $\|\alpha r_n\| = \{\alpha r_n\}$ 或 $1 - \{\alpha r_n\}$, 都有

$$\big\| \|\alpha r_n\| b_n \big\| = \|\alpha r_n b_n\| = \|\alpha t_n\|.$$

现在证明式 (4.3.29). 与式 (4.3.15) 的证法类似, 我们有

$$\eta t_n = \sum_{j=1}^{n} \frac{a_j t_n}{b_j r_j} + \left(\sum_{j=n+1}^{\infty} \frac{a_j}{b_j r_j} \right) t_n$$
$$= A_n'' + B_n'' \quad (\text{记}),$$

其中 $A_n'' \in \mathbb{Z}$, 因此 $\|\eta t_n\| = \|B_n''\|$. 当 n 充分大时, 有

$$0 < \frac{t_n}{b_{n+1} r_{n+1}} < B_n'' \ll \left(\sum_{j=n+1}^{\infty} \frac{1}{r_j^{1-\varepsilon}} \right) t_n.$$

应用式 (4.3.19) 得到

$$0 < \frac{t_{n_l}}{b_{n_l+1} r_{n_l+1}} < B_n'' \ll \frac{t_n}{r_{n+1}^{1-\varepsilon}}.$$

由此推出当 n 充分大时, 有

$$0 < \frac{t_{n_l}}{b_{n_l+1} r_{n_l+1}} < \|B_n''\| \ll \frac{t_n}{r_{n+1}^{1-\varepsilon}}.$$

由此容易推出式 (4.3.29).

式 (4.3.30) 可用式 (4.3.16) 的证法类似地证明, 读者不难补出. □

定理 4.3.2 之证 (a) 若 $c > 1(c \neq 2)$, 则由式 (4.3.27)$\sim$ 式 (4.3.29) 可知, 当 $\varepsilon > 0$ 足够小时, 存在无穷多个正整数 t_n 满足不等式

$$t_n^{1+\varepsilon} \|\alpha t_n\| \|\eta t_n\| < 1.$$

又由式 (4.3.28) 和式 (4.3.29) 推出 $1, \alpha, \eta$ 在 $\mathbb{Q}$ 上线性无关, 所以 η 是超越数.

(b) 若 $c = 2$, 则由引理 4.3.5 推出存在无穷多个正整数 t_n 满足不等式

$$t_n^{1+\varepsilon} \|\xi t_n\| \|\eta t_n\| < 1 \quad (\varepsilon > 0 \text{ 足够小}).$$

由式 (4.3.30) 可知 $1, \xi, \eta$ 在 $\mathbb{Q}$ 上线性无关, 所以 ξ, η 中至少有一个超越数. 若其中 ξ 是代数数, 则与前类似地可知不等式

$$t_n^{1+\varepsilon} \|\alpha t_n\| \|\xi t_n\| < 1 \quad (\varepsilon > 0 \text{ 足够小})$$

有无穷多个正整数解 t_n, 所以 $1, \alpha, \xi$ 在 $\mathbb{Q}$ 上线性相关; 若其中 η 是代数数, 则类似地由不等式

$$t_n^{1+\varepsilon} \|\alpha t_n\| \|\eta t_n\| < 1 \quad (\varepsilon > 0 \text{ 足够小})$$

有无穷多个正整数解 t_n 推出 $1, \alpha, \eta$ 在 $\mathbb{Q}$ 上线性相关.

(c) 若

$$\lim_{n\to\infty} \frac{c_{n+1}}{c_n} = \infty,$$

则

$$\lim_{n\to\infty} c_n^{-1} \log r_{n+1} = \lim_{n\to\infty} \frac{c_{n+1}}{c_n} \cdot \lim_{n\to\infty} c_{n+1}^{-1} \log r_{n+1} = \infty. \tag{4.3.31}$$

下面给出 η 的超越性的两种证法.

证 1   我们有

$$0 < \eta t_n = t_n \sum_{j=1}^{n} \frac{a_j}{b_j r_j} + t_n \sum_{j=n+1}^{\infty} \frac{a_j}{b_j r_j}$$

$$= C_n + D_n \quad (记),$$

其中 $C_n \in \mathbb{Z}$, 以及

$$0 < D_n \ll t_n \sum_{j=n+1}^{\infty} \frac{1}{r_j^{1-\varepsilon}} \ll \frac{t_n}{r_{n+1}^{1-\varepsilon}}.$$

因为由式 (4.3.31), 当 $0 < \varepsilon < 1$ 时, 有

$$\lim_{n\to\infty} c_n^{-1} \log \frac{t_n}{r_{n+1}^{1-\varepsilon}} = \lim_{n\to\infty} c_n^{-1} \log(b_n r_n) - (1-\varepsilon) \lim_{n\to\infty} c_n^{-1} \log r_{n+1} = -\infty,$$

所以当 n 充分大时, 有

$$\|\eta t_n\| = D_n \leqslant \sigma \cdot \frac{t_n}{r_{n+1}^{1-\varepsilon}}$$

(其中 σ 是符号 $\ll$ 中的常数). 于是对于 $\varepsilon > 0$, 有

$$\varlimsup_{n\to\infty} c_n^{-1} \log \left(t_n^{1+\varepsilon} \|\eta t_n\| \right)$$

$$\leqslant (1+\varepsilon) \lim_{n\to\infty} c_n^{-1} \log(b_n r_n) + \lim_{n\to\infty} c_n^{-1} \log \frac{\sigma t_n}{r_{n+1}^{1-\varepsilon}}$$

$$= -\infty.$$

因此有无穷多个正整数 t_n 满足不等式

$$t_n^{1+\varepsilon} \|\eta t_n\| < 1.$$

由 Roth 逼近定理可知 η 是超越数.

证 2   对于足够小的 $\varepsilon > 0$, 我们有

$$\left| \eta - \sum_{j=1}^{n} \frac{a_j}{b_j r_j} \right| = \sum_{j=n+1}^{\infty} \frac{a_j}{b_j r_j} \ll \sum_{j=n+1}^{\infty} \frac{1}{r_j^{1-\varepsilon}} \ll \frac{1}{r_{n+1}^{1-\varepsilon}}.$$

由式 (4.3.31) 可知 (σ' 是符号 $\ll$ 中的常数)

$$\lim_{n\to\infty} c_n^{-1} \log\left(\frac{\sigma'(t_n)^{2+\varepsilon}}{r_{n+1}^{1-\varepsilon}}\right) = -\infty.$$

若记

$$\sum_{j=1}^{n} \frac{a_j}{b_j r_j} = \frac{s_n}{t_n},$$

则当 n 充分大时不等式

$$\left|\eta - \frac{s_n}{t_n}\right| \leqslant \frac{1}{t_n^{2+\varepsilon}}$$

有无穷多个有理解 s_n/t_n. 于是由 Roth 逼近定理可知 η 是超越数. $\square$

4.3.5 超越数的例子

例 4.3.1 取 α 为二次代数数

$$\alpha = \frac{\sqrt{5}-1}{2},$$

则 $q_n = F_n$, 其中 F_n 是 Fibonacci 数, 满足二阶常系数递推关系

$$F_{n+1} = F_n + F_{n-1} \quad (n \geqslant 1),$$

$$F_0 = 0, \quad F_1 = 1.$$

可以证明 (参见文献 [13])

$$F_m \,|\, F_n \quad (\text{若 } m \,|\, n),$$

$$\sum_{n=1}^{\infty} \frac{1}{F_{2^n}} = \frac{7-\sqrt{5}}{2},$$

$$F_n = \frac{\omega_1^n - \omega_2^n}{\sqrt{5}} \quad (n = 0, 1, 2, \cdots),$$

其中

$$\omega_1 = (1+\sqrt{5})/2,$$

$$\omega_2 = (1-\sqrt{5})/2 = -1/\omega_1.$$

(a) 依定理 4.3.1, 若 h 是任意给定的正整数, 则当 $c > 1 + \sqrt{3}$ 时

$$\xi = \sum_{n=1}^{\infty} \frac{1}{F_{h[c^n]}}$$

是超越数; 当 $c > 1 + \sqrt{2}$ 时

$$\xi = \sum_{n=1}^{\infty} \frac{1}{F_{h[c^n]}},$$

$$\eta = \sum_{n=1}^{\infty} \frac{c^n}{F_{h[c^n]}}$$

中至少有一个超越数.

(b) 依定理 4.3.2(b), 下列级数的和都是超越数:

$$\sum_{n=1}^{\infty} \frac{1}{n F_{2^n}}, \quad \sum_{n=1}^{\infty} \frac{1}{(n+1) F_{2^n}}, \quad \sum_{n=1}^{\infty} \frac{[\mathrm{e}^n]}{F_{2^n}}, \quad \sum_{n=1}^{\infty} \frac{[n\mathrm{e}]}{F_{2^n}}.$$

由定理 4.3.2(c) 推出下列级数的和都是超越数:

$$\sum_{n=1}^{\infty} \frac{1}{F_{n!}}, \quad \sum_{n=1}^{\infty} \frac{1}{F_{F_{2^n}}}.$$

例 4.3.2 取 $\alpha = \sqrt{3}$. 设 $P_n/Q_n = P_n(\sqrt{3})/Q_n(\sqrt{3})$ 是 $\sqrt{3}$ 的连分数展开的第 n 个渐近分数.

(i) 为了求出 $Q_n(\sqrt{3})$ 的表达式, 我们考察 Pell 方程 $x^2 - 3y^2 = 1$. 由 Pell 方程的经典解法, 我们有

$$P_{2n-1} \pm \sqrt{3} Q_{2n-1} = (2 \pm \sqrt{3})^n \quad (n \geqslant 1). \tag{4.3.32}$$

因为 $\sqrt{3} = [1; \overline{1,2}]$(周期连分数), 所以

$$P_{2n+1} = P_{2n} + P_{2n-1}, \quad Q_{2n+1} = Q_{2n} + Q_{2n-1},$$

于是

$$\begin{aligned}
P_{2n} \pm \sqrt{3} Q_{2n} &= (P_{2n+1} - P_{2n-1}) \pm \sqrt{3}(Q_{2n+1} - Q_{2n-1}) \\
&= (P_{2n+1} \pm \sqrt{3} Q_{2n+1}) - (P_{2n-1} \pm \sqrt{3} Q_{2n-1}) \\
&= (2 \pm \sqrt{3})^{n+1} - (2 \pm \sqrt{3})^n \\
&= (2 \pm \sqrt{3})^n (1 \pm \sqrt{3}).
\end{aligned}$$

注意 $(1\pm\sqrt{3})^2 = 2(2\pm\sqrt{3})$, 所以由上式及式 (4.3.32) 推出: 当 $n\geqslant 1$ 时, 有

$$2^n(P_{2n}\pm\sqrt{3}Q_{2n}) = (1\pm\sqrt{3})^{2n+1},$$
$$2^n(P_{2n-1}\pm\sqrt{3}Q_{2n-1}) = (1\pm\sqrt{3})^{2n}.$$

因为

$$\left[\frac{2n+1}{2}\right] = \left[\frac{(2n-1)+1}{2}\right] = n,$$

所以对所有整数 $m\geqslant 1$, 有

$$2^{[(m+1)/2]}(P_m\pm\sqrt{3}Q_m) = (1\pm\sqrt{3})^{m+1}.$$

显然当 $m=0$ 时上式也成立. 于是我们最终由上述公式推出

$$Q_n(\sqrt{3}) = \frac{(1+\sqrt{3})^{n+1} - (1-\sqrt{3})^{n+1}}{2\sqrt{3}\cdot 2^{[(n+1)/2]}}. \tag{4.3.33}$$

(ii) 由公式 (4.3.33) 算出

$$Q_{2^n-1}(\sqrt{3}) = \frac{(1+\sqrt{3})^{2^n} - (1-\sqrt{3})^{2^n}}{2\sqrt{3}\cdot 2^{2^n-1}}$$

$$= \frac{\left(2(2+\sqrt{3})\right)^{2^{n-1}} - \left(2(2-\sqrt{3})\right)^{2^{n-1}}}{2\sqrt{3}\cdot 2^{2^n-1}}$$

$$= \frac{(2+\sqrt{3})^{2^{n-1}} - (2-\sqrt{3})^{2^{n-1}}}{2\sqrt{3}}$$

$$= \frac{(2+\sqrt{3})^{2^n} - 1}{2\sqrt{3}(2+\sqrt{3})^{2^{n-1}}}.$$

因此 $Q_{2^n-1}\,|\,Q_{2^{n+1}-1}\,(n\geqslant 1)$.

(iii) 取 $c_n = 2^n - 1$, 构造级数

$$\xi = \xi(\sqrt{3}) = \sum_{n=1}^{\infty} \frac{1}{Q_{2^n-1}(\sqrt{3})}$$

$$= 2\sqrt{3}\sum_{n=1}^{\infty} \frac{(2+\sqrt{3})^{2^{n-1}}}{(2+\sqrt{3})^{2^n} - 1}.$$

我们来证明 ξ 是代数数.

为此注意, 对于 $n\geqslant 0$, 当 $z = 2-\sqrt{3}$ 时, 可算出

$$\frac{z^{2^n}}{1 - z^{2^{n+1}}} = \frac{(2-\sqrt{3})^{2^n}}{1 - (2-\sqrt{3})^{2^{n+1}}}$$

$$= \frac{(2-\sqrt{3})^{2^n} \cdot (2+\sqrt{3})^{2^n}}{(2+\sqrt{3})^{2^n} - (2-\sqrt{3})^{2^{n+1}} \cdot (2+\sqrt{3})^{2^n}}$$

$$= \frac{1}{(2+\sqrt{3})^{2^n} - (2-\sqrt{3})^{2^n}}$$

$$= \frac{1}{2\sqrt{3}} \cdot \frac{1}{Q_{2^{n+1}-1}}$$

(最后一步用到步骤 (ii) 中的公式). 因为当 $|z| < 1$ 时, 有

$$\sum_{n=0}^{\infty} \frac{z^{2^n}}{1-z^{2^{n+1}}} = \frac{z}{1-z},$$

所以

$$\xi = \xi(\sqrt{3}) = \sum_{n=1}^{\infty} \frac{1}{Q_{2^n-1}}$$

$$= 2\sqrt{3} \cdot \sum_{n=0}^{\infty} \frac{z^{2^n}}{1-z^{2^{n+1}}} \bigg|_{z=2-\sqrt{3}}$$

$$= 2\sqrt{3} \cdot \frac{z}{1-z} \bigg|_{z=2-\sqrt{3}}$$

$$= 2\sqrt{3} \cdot \frac{\sqrt{3}-1}{2} = 3-\sqrt{3},$$

即 ξ 确实是代数数.

(iv) 依定理 4.3.2(b), 我们可以构造一些级数, 例如

$$\sum_{n=1}^{\infty} \frac{(2+\sqrt{3})^{2^{n-1}}}{n!\big((2+\sqrt{3})^{2^n}-1\big)}, \quad \sum_{n=1}^{\infty} \frac{(2+\sqrt{3})^{2^{n-1}}}{n\big((2+\sqrt{3})^{2^n}-1\big)},$$

它们都是超越数.

第 **5** 章
度 量 理 论

由定理 1.4.1 可知, 不等式

$$\|q\alpha\| < Cq^{-1}$$

当 $C = 1/\sqrt{5}$ 时对于所有无理数 α 都有无穷多个整数解 q; 而当 $C < 1/\sqrt{5}$ 时此结论不成立, 即对于某些无理数 α, 不等式 (其中 $C < 1/\sqrt{5}$) 只有有限多个整数解 q. 但若去掉与 $(\sqrt{5}-1)/2$ 等价的无理数 (有时称它们组成 "例外集合"), 将 C 减小, 直到 $1/\sqrt{8}$ 为止, 则结论依旧成立. 因此, 对于给定的常数 C, 依据不等式 $\|q\alpha\| < Cq^{-1}$ 有没有无穷多个整数解 q, 可将所有无理数 (或实数)α 分为两类. 我们要比较这两类数的 "多少", 最有意义的方法当属研究这两类数形成的集合的测度 (Lebesgue 测度, 下同). 例如, 上述 "例外集合" 的测度为零. 基于这种观点, 产生了丢番图逼近的度量理论. 本章将给出其中一些最基本的结果, 并将围绕 Khintchine 度量定理 (定理 5.1.1) 展开讨论, 包括单个实数的逼近、实数的联立逼近和非齐次逼近三个方面.

5.1 实数有理逼近的度量定理

5.1.1 Khintchine 度量定理

A. Ya. Khintchine(文献 [3, 64]) 基于连分数方法证明了下列定理:

定理 5.1.1(Khintchine 度量定理) 设 $c > 0$. 如果在 (c, ∞) 上 $\psi(x)$ 是正连续函数,$x\psi(x)$ 是非增函数, 那么

(i) 若积分

$$\int_c^\infty \psi(x)\mathrm{d}x \tag{5.1.1}$$

发散, 则对几乎所有实数 α, 不等式

$$\|q\alpha\| < \psi(q) \tag{5.1.2}$$

有无穷多个正整数解 q;

(ii) 若积分 (5.1.1) 收敛, 则对几乎所有实数 α, 不等式 (5.1.2) 只有有限多个正整数解 q.

上述定理有时称做 Khintchine 度量定理的 “积分” 形式, 它还有下列 “级数” 形式:

定理 5.1.1A (i) 若 $\psi(q)$ 是正整数变量 q 的单调减少的正函数, 并且级数

$$\sum_{q=1}^\infty \psi(q) \tag{5.1.3}$$

发散, 则对几乎所有实数 α, 不等式 (5.1.2) 有无穷多个正整数解 q;

(ii) 若 $\psi(q)$ 是正整数变量 q 的正函数, 并且级数 (5.1.3) 收敛, 则对几乎所有实数 α, 不等式 (5.1.2) 只有有限多个正整数解 q.

例 5.1.1 (a) 当 $C > 0$ 时, 对于几乎所有实数 α, 不等式 $\|\alpha q\| < Cq^{-1}$ 有无穷多个整数解 $q > 0$.

(b) 对于几乎所有实数 α, 不等式 $\|\alpha q\| < 1/(q \log q)$ 有无穷多个整数解 $q > 0$.

(c) 几乎没有实数 α, 使得不等式 $\|\alpha q\| < 1/(q\log^{1+\varepsilon} q)\,(\varepsilon > 0)$ 有无穷多个整数解 $q > 0$.

我们在此不重复 Khintchine 的连分数证法, 而是采用另一种方法. 注意定理 5.1.1 中函数 $x\psi(x)(x > c)$ 的非增性假设保证了 $\psi(x) = (x\psi(x))/x(x > c)$ 的单调减少性, 因而积分 (5.1.1) 和级数 (5.1.3) 同时收敛或同时发散; 还要注意定理 5.1.1A(ii) 当 $\psi(q)$ 单调减少时当然成立. 于是定理 5.1.1 可以由定理 5.1.1A 推出. 因此我们只证明定理 5.1.1A.

我们将上面两个定理中的命题 (i) 和 (ii) 分别称为"发散性部分"和"收敛性部分". 定理 5.1.1A 的"发散性部分"将由下文的定理 5.1.3 推出. 现在证明定理 5.1.1A 的"收敛性部分". 首先给出下列引理:

引理 5.1.1(Borel-Cantor) 设 $n \geqslant 1, A_1, A_2, \cdots$ 是 $\mathbb{R}^n$ 中的可测集的无穷序列, 并且有

$$\sum_{q=1}^{\infty} |A_q| < \infty, \tag{5.1.4}$$

此处 $|A|$ 表示集合 A 的 Lebesgue 测度, 则由属于无穷多个 A_q 的那些实数组 $(r_1, \cdots, r_n)$ 所形成的集合的测度为零.

证 用 K_0 表示引理中所说的实数组组成的集合, 那么

$$K_0 = \bigcap_{p=1}^{\infty} \bigcup_{q=p}^{\infty} A_q.$$

因此对于每个 $p = 1, 2, \cdots$, 有

$$K_0 \subseteq \bigcup_{q=p}^{\infty} A_q.$$

于是由式 (5.1.4) 推出

$$|K_0| \leqslant \sum_{q=p}^{\infty} |A_q| \to 0 \quad (p \to \infty),$$

因此 $|K_0| = 0$. $\qquad\square$

定理 5.1.1A(ii) 之证 (i) 对 $q = 1, 2, \cdots$ 定义集合

$$A_q = \{\alpha \in [0,1) \,|\, \alpha \text{ 满足不等式 (5.1.2)}\}.$$

将不等式 (5.1.2) 改写为

$$\left|\alpha - \frac{p}{q}\right| < \frac{\psi(q)}{q} \quad (p \in \mathbb{Z}, q \in \mathbb{N}). \tag{5.1.5}$$

则对于 $\alpha \in A_q$ 有

$$\left|\alpha - \frac{p}{q}\right| = \delta \cdot \frac{\psi(q)}{q} \quad (\delta \in (0,1)),$$

或

$$\frac{p}{q} = \alpha \mp \delta \cdot \frac{\psi(q)}{q}.$$

因为 $\alpha \in [0,1)$, 所以当 q 固定时, p 满足不等式

$$-\psi(q) < p < q + \psi(q). \tag{5.1.6}$$

另外, 对于任何给定的 $q \in \mathbb{N}$ 以及某个满足不等式 (5.1.5) 的 $p \in \mathbb{Z}$, 实数 α 满足

$$\frac{p}{q} - \frac{\psi(q)}{q} < \alpha < \frac{p}{q} + \frac{\psi(q)}{q},$$
$$0 < \alpha < 1,$$

可见 α 落在一个长度 $\ll \psi(q)/q$ 的区间中 (此处符号 $\ll$ 中的常数与 p,q 无关). 对于给定的 $q \in \mathbb{N}$, 若不等式 (5.1.5) 成立, 则 $p \in \mathbb{Z}$ 满足不等式 (5.1.6), 而 p 的个数不超过 $2\psi(q) + q$, 所以

$$|A_q| \ll \big(\psi(q) + q\big) \cdot \frac{\psi(q)}{q}$$
$$= \left(\frac{\psi(q)}{q} + 1\right)\psi(q).$$

因为级数 $\sum\limits_{q=1}^{\infty} \psi(q)$ 收敛, 所以 $\psi(q)/q + 1$ 有界, 从而

$$|A_q| \ll \psi(q).$$

因为 q 是任意固定的, 所以上式对于 $q = 1, 2, \cdots$ 都成立. 于是 (注意符号 $\ll$ 中的常数与 q 无关)

$$\sum_{q=1}^{\infty} |A_q| \ll \sum_{q=1}^{\infty} \psi(q) < \infty.$$

因为使得不等式 (5.1.5) 有无穷多个解 $p/q(q > 0)$ 的实数 $\alpha \in [0,1)$ 必定落在无穷多个 A_q 中, 所以依引理 5.1.1 可知这种 α 形成的集合 $A([0,1))$ 有零测度.

(ii) 整个实轴可划分为可数多个子区间 $[m, m+1)(m \in \mathbb{Z})$. 对于每个 $\alpha \in [m, m+1)$, 有 $\alpha = \alpha' + m$, 其中 $\alpha' \in (0,1)$, 并且 $\|\alpha q\| = \|(\alpha' + m)q\| = \|\alpha' q\|$, 因此不等式 (5.1.2) 可写成

$$\|\alpha' q\| < \psi(q).$$

于是对于任何 $m \in \mathbb{Z}$, 集合

$$A_q^{(m)} = \{\alpha \in [m, m+1) \,|\, \alpha \text{ 满足不等式 } (5.1.2)\} \quad (q = 1, 2, \cdots)$$

等于 A_q, 因此依步骤 (i) 所证, 使得不等式 (5.1.5) 有无穷多个解 $p/q(q > 0)$ 的实数 $\alpha \in [m, m+1)$ 形成的集合 $A([m, m+1))$ 有零测度.

(iii) 因为使得不等式 (5.1.5) 有无穷多个解 $p/q(q > 0)$ 的实数组成的集合 A 等于 $\bigcup_{m \in \mathbb{Z}} A([m, m+1))$, 而可数多个零测度集之并也是零测度集, 所以 $|A| = 0$, 即对几乎所有实数 α, 不等式 (5.1.2) 只有有限多个正整数解 q. □

5.1.2 Duffin-Schaeffer 定理

现在讨论 Khintchine 度量定理的 "发散性部分".R. J. Duffin 和 A. C. Schaeffer(文献 [36]) 给出下列一般性结果:

定理 5.1.2 (Duffin-Schaeffer 定理) 设 $\psi(q)(q = 1, 2, \cdots)$ 是任意无穷非负实数列, 级数 $\sum_{q=1}^{\infty} \psi(q)$ 发散, 并且存在无穷多个正整数 Q, 使得

$$\sum_{q \leqslant Q} \psi(q) < C_1 \sum_{q \leqslant Q} \psi(q) \frac{\phi(q)}{q}, \tag{5.1.7}$$

其中 $C_1 > 0$ 是常数,$\phi(q)$ 是 Euler 函数, 那么对于几乎所有实数 α, 不等式

$$\|q\alpha\| = |q\alpha - a| < \psi(q) \tag{5.1.8}$$

有无穷多组整数解 $(a, q) \in \mathbb{N}^2, (a, q) = 1$.

为证明这个定理, 我们首先回顾测度论中的某些结果. 令 Ω 是某个具有有限 (Lebesgue) 测度 μ 的抽象空间,μ 定义在 Ω 的可测子集的 σ 代数 $\mathbb{A}$ 上. 我们只考虑 $\Omega \subseteq [0, 1)^n$ 的情形. 有时记测度 $\mu(A) = |A|$.

引理 5.1.2 设 $(\Omega, \mathbb{A}, \mu)$ 是一个测度空间, 给定集合 (无穷) 序列 $A_q \in \mathbb{A}(q = 1, 2, \cdots)$. 若

$$\sum_{q=1}^{\infty} \mu(A_q) = \infty, \tag{5.1.9}$$

则由落在无穷多个集合 A_q 中的点所形成的集合 A 的测度

$$\mu(A) \geqslant \varliminf_{Q \to \infty} \frac{\left(\sum\limits_{q=1}^{Q} \mu(A_q)\right)^2}{\sum\limits_{p,q=1}^{Q} \mu(A_p \cap A_q)}. \tag{5.1.10}$$

证 (i) 对于任何一对整数 $m, n (1 \leqslant m \leqslant n)$, 记

$$A_m^n = \bigcup_{m \leqslant q \leqslant n} A_q, \quad A_m = A_m^\infty = \bigcup_{q \geqslant m} A_q.$$

于是

$$A_m^n \subseteq A_m, \quad A = \bigcap_{m=1}^{\infty} A_m = \lim_{m \to \infty} A_m,$$

并且

$$\mu(A_m) \geqslant \lim_{n \to \infty} \mu(A_m^n),$$

以及

$$\mu(A) = \lim_{m \to \infty} \mu(A_m) \geqslant \lim_{m \to \infty} \left(\lim_{n \to \infty} \mu(A_m^n) \right). \tag{5.1.11}$$

(ii) 设 $\omega \in \Omega$. 用 $N_m^n(\Omega)$ 表示含有 ω 的集合 $A_q(m \leqslant q \leqslant n)$ 的个数, 用 χ_q 表示 A_q 的特征函数, 则有

$$N_m^n(\omega) = \sum_{m \leqslant q \leqslant n} \chi_q(\omega), \tag{5.1.12}$$

因此 $N_m^n(\Omega)$ 是 μ 可测函数. 由 Cauchy-Schwarz 不等式, 得

$$\left(\int_\Omega N_m^n(\omega) \mathrm{d}\mu \right)^2 = \left(\int_{A_m^n} N_m^n(\omega) \mathrm{d}\mu \right)^2$$

$$\leqslant \int_{A_m^n} \mathrm{d}\mu \cdot \int_{A_m^n} \left(N_m^n(\omega) \right)^2 \mathrm{d}\mu$$

$$= \mu(A_m^n) \int_\Omega \left(N_m^n(\omega) \right)^2 \mathrm{d}\mu,$$

于是

$$\mu(A_m^n) \geqslant \frac{\left(\int_\Omega N_m^n(\omega) \mathrm{d}\mu \right)^2}{\int_\Omega \left(N_m^n(\omega) \right)^2 \mathrm{d}\mu}. \tag{5.1.13}$$

由式 (5.1.12) 可知

$$\int_{\Omega} N_m^n(\omega)\mathrm{d}\mu = \sum_{m \leqslant q \leqslant n} \int_{\Omega} \chi_q(\omega)\mathrm{d}\mu = \sum_{m \leqslant q \leqslant n} \mu(A_q),$$

$$\int_{\Omega} \left(N_m^n(\omega)\right)^2 \mathrm{d}\mu = \sum_{m \leqslant p,q \leqslant n} \int_{\Omega} \chi_p(\omega)\chi_q(\omega)\mathrm{d}\mu$$

$$= \sum_{m \leqslant p,q \leqslant n} \mu(A_p \cap A_q),$$

由此及式 (5.1.13) 得到

$$\mu(A_m^n) \geqslant \frac{\left(\sum\limits_{m \leqslant q \leqslant n} \mu(A_q)\right)^2}{\sum\limits_{m \leqslant p,q \leqslant n} \mu(A_p \cap A_q)}. \tag{5.1.14}$$

(iii) 依引理条件 (5.1.9), 当 m 固定时, 有

$$\sum_{m \leqslant q \leqslant n} \mu(A_q) = \sum_{1 \leqslant q \leqslant n} \mu(A_q) + O(1),$$

$$\sum_{m \leqslant p,q \leqslant n} \mu(A_p \cap A_q) = \sum_{1 \leqslant p,q \leqslant n} \mu(A_p \cap A_q) + O\left(\sum_{1 \leqslant q \leqslant n} \mu(A_q)\right).$$

还要注意 $A_m^n \subseteq \Omega, \mu(A_m^n) \leqslant \mu(\Omega) < \infty$, 所以由式 (5.1.14) 和式 (5.1.9) 推出

$$\sum_{m \leqslant p,q \leqslant n} \mu(A_p \cap A_q) \geqslant \frac{1}{\mu(\Omega)} \left(\sum_{m \leqslant q \leqslant n} \mu(A_q)\right)^2$$

$$\sim \frac{1}{\mu(\Omega)} \left(\sum_{1 \leqslant q \leqslant n} \mu(A_q)\right)^2 \quad (n \to \infty).$$

于是

$$\sum_{m \leqslant q \leqslant n} \mu(A_q) \sim \sum_{1 \leqslant q \leqslant n} \mu(A_q) \quad (n \to \infty),$$

$$\sum_{m \leqslant p,q \leqslant n} \mu(A_p \cap A_q) \sim \sum_{1 \leqslant p,q \leqslant n} \mu(A_p \cap A_q) \quad (n \to \infty).$$

由此及式 (5.1.14) 得到

$$\lim_{n \to \infty} \mu(A_m^n) \geqslant \varlimsup_{n \to \infty} \frac{\left(\sum\limits_{m \leqslant q \leqslant n} \mu(A_q)\right)^2}{\sum\limits_{m \leqslant p,q \leqslant n} \mu(A_p \cap A_q)}$$

$$= \varlimsup_{n \to \infty} \frac{\left(\sum\limits_{1 \leqslant q \leqslant n} \mu(A_q)\right)^2}{\sum\limits_{1 \leqslant p,q \leqslant n} \mu(A_p \cap A_q)}.$$

于是(注意式 (5.1.11))得到式 (5.1.10). □

注 5.1.1 对于任何固定的正整数 s, 对集合 (无穷) 序列 $A_q \in \mathbb{A}(q = s, s+1, \cdots)$, 定义集合 $A(s)$ 为落在无穷多个集合 $A_q(q \geqslant s)$ 中的点所形成的集合, 那么 $A = A(s), \mu(A) = \mu(A(s))$, 并且由式 (5.1.9) 可知

$$\sum_{q=s}^{\infty} \mu(A_q) = \infty.$$

于是将上述引理应用于集合 $A(s)$, 可得: 对于任何固定的正整数 s, 有

$$\mu(A) \geqslant \varlimsup_{Q \to \infty} \frac{\left(\sum\limits_{q=s}^{Q} \mu(A_q)\right)^2}{\sum\limits_{s \leqslant p,q \leqslant Q} \mu(A_p \cap A_q)}. \tag{5.1.15}$$

引理 5.1.3 设 $I_1, I_2, \cdots$ 是区间 (无穷) 序列, $|I_k| \to 0(k \to \infty)$. 还设 $A_1, A_2, \cdots$ 是可测集 (无穷) 序列, $A_k \subseteq I_k (k = 1, 2, \cdots)$, 并且存在 $\delta > 0$, 使得

$$|A_k| \geqslant \delta |I_k| \quad (k = 1, 2, \cdots). \tag{5.1.16}$$

那么由落在无穷多个 I_k 中的点组成的集合与由落在无穷多个 A_k 中的点组成的集合有相等的测度.

证 设

$$J = \bigcap_{t=1}^{\infty} \bigcup_{k=t}^{\infty} I_k, \quad B_t = \bigcup_{k=t}^{\infty} A_k, \quad D_k = J \setminus B_k, \quad J' = \bigcap_{k=1}^{\infty} B_k.$$

我们要证明 $|J| = |J'|$. 因为

$$J' \subseteq J, \quad J \setminus J' = \bigcup_{k=1}^{\infty} (J \setminus B_k),$$

所以只需证明

$$|D_k| = |J \setminus B_k| = 0 \quad (k = 1, 2, \cdots).$$

用反证法. 设对某个 $t, |D_t| > 0$. 因为 $D_1, D_2, \cdots$ 是递升集合序列, 并且 $|D_k| > 0(k \geqslant t)$, 所以由 Lebesgue 定理, D_t 含有全密点 x_0(见注 5.1.2). 因为 $x_0 \in J$, 所以对无穷多个 $k, x_0 \in I_k$. 但 $|I_k| \to 0(k \to \infty)$, 因此由全密点的定义可知, 对于这些 k, 有

$$|D_k \cap I_k| \sim |I_k| \quad (k \to \infty). \tag{5.1.17}$$

另一方面, 当 $k \geqslant t$ 时,D_k 与 A_k 不相交, 所以 $D_k \cap I_k$ 与 A_k 不相交, 它们都是区间 I_k 的子集, 所以由式 (5.1.16) 得到

$$|I_k| \geqslant |A_k| + |D_k \cap I_k| \geqslant \delta|I_k| + |D_k \cap I_k|,$$

从而

$$|D_k \cap I_k| \leqslant (1 - \delta)|I_k| \quad (k \geqslant t).$$

这与式 (5.1.17) 矛盾. □

注 5.1.2 关于全密点, 可参见: 陈建功. 实函数论 [M]. 北京: 科学出版社, 1958: 201, 229, 定理 3.

引理 5.1.4 设 $q \geqslant 2$ 及 s 是任意一对整数, 作区间 $[0,1)$ 到自身的变换

$$T: \quad x \mapsto qx + \frac{s}{q} \pmod 1,$$

即

$$T(x) = \left\{ qx + \frac{s}{q} \right\} \quad (x \in [0,1)),$$

那么任何在变换 T 之下的不变子集 $A \subseteq [0,1)$ (即 $T(A) = A$)的测度或者为 0, 或者为 1 (换言之,T 是遍历的).

证 因为 A 是变换 T 的不变子集, 所以它也是变换

$$T^n: \quad x \mapsto q^n x + \frac{s}{q} \pmod 1$$

(n 为正整数) 的不变子集. 设 χ 是 A 的特征函数, 则

$$\chi(x) \leqslant \chi\left(q^n x + \frac{s}{q} \right),$$

注意, 上式右边 $q^n x + s/q$ 按 $\mathrm{mod}\, 1$ 理解. 设 $|A| > 0$, 只需证明 $|A| = 1$. 依假设,A 含有全密点 x_0. 取以 x_0 为中点、长为 q^{-n} 的区间 I_n, 则

$$|A \cap I_n| \leqslant \int_{I_n} \chi(x)\mathrm{d}x$$

$$\leqslant \int_{I_n} \chi\left(q^n x + \frac{s}{q} \right)\mathrm{d}x$$

$$= \frac{1}{q^n} \int_0^1 \chi(x)\mathrm{d}x$$

$$= |I_n||A|.$$

由全密点的定义可知

$$|A \cap I_n| \sim |I_n| \quad (n \to \infty),$$

所以 $|A| = 1$. □

引理 5.1.5 设 $\psi(q)\,(q = 1, 2, \cdots)$ 是任意非负实数列, 则在区间 $[0, 1)$ 中使不等式

$$\left| \alpha - \frac{a}{q} \right| < \frac{\psi(q)}{q} \quad ((a, q) \in \mathbb{N}^2, (a, q) = 1)$$

有无穷多组解 (a, q) 的实数 α 所组成的集合 A 的测度或为 0, 或为 1.

证 (i) 首先设存在无穷数列 $q_k \in \mathbb{N}$ 满足

$$\psi(q_k) \geqslant q_k^{\varepsilon_0} \quad (k = 1, 2, \cdots),$$

其中 $0 < \varepsilon_0 < 1$. 我们来证明: 对于任何实数 $\alpha \in [0, 1)$, 相应于每个充分大的 q_k, 存在 $a_k \in \mathbb{N}$ 满足

$$\left| \alpha - \frac{a_k}{q_k} \right| < \frac{\psi(q_k)}{q_k}, \quad (a_k, q_k) = 1.$$

从而 $|A| = |[0, 1)| = 1$.

因为 a_k 满足不等式

$$-\psi(q_k) + q_k\alpha < a_k < \psi(q_k) + q_k\alpha,$$

可见 a_k 落在一个长度为 $2\psi(q_k) \geqslant 2q_k^{\varepsilon_0}$ 的区间中. 我们只需证明: 当 q 充分大时, 每个长度为 q^{ε_0} 的区间中至少存在一个与 p 互素的整数 a. 为此令

$$\Phi_q(x) = \sum_{\substack{0 < a < x \\ (a, q) = 1}} 1.$$

由 Möbius 函数 $\mu(n)$ 的性质, 有

$$\Phi_q(x) = \sum_{0 < a < x} \sum_{d | (a, q)} \mu(d)$$

$$= \sum_{d | q} \mu(d) \sum_{0 < a \leqslant x/d} 1$$

$$= \sum_{d | q} \mu(d) \left[\frac{x}{d} \right]$$

$$= \sum_{d|q} \mu(d)\frac{x}{d} + O\left({\sum_{d|q}}' |\mu(d)|\right)$$

$$= x\sum_{d|q} \frac{\mu(d)}{d} + O\left({\sum_{d|q}}' 1\right),$$

其中 ${\sum_{d|q}}'$ 表示对无平方因子的 d 求和. 注意, 若用 $\nu(q)$ 表示 q 的不同的素因子之个数, 则 q 的不同的无平方因子的因数之个数为 $2^{\nu(q)}$, 所以

$$\varPhi_q(x) = x\sum_{d|q} \frac{\mu(d)}{d} + O(2^{\nu(q)})$$

$$= x\cdot\frac{\phi(x)}{q} + O(q^\varepsilon),$$

其中 ε 是任意正数. 但对于充分大的 $q, \phi(q) > q^{1-\varepsilon}$(例如由文献 [4] 5.9 节定理 3 可推出这个结果), 所以若取 $\varepsilon\in(0,\varepsilon_0)$, 则在长为 q^{ε_0} 的区间中 (即取 $x = q^{\varepsilon_0}$), 与 q 互素的整数个数为

$$q^{\varepsilon_0}\cdot\frac{\phi(q)}{q} + O(q^\varepsilon) > \frac{1}{2}q^{\varepsilon_0-\varepsilon} > 1.$$

这正是要证的.

据此, 下文中我们可以认为

$$\psi(q) < q^{\varepsilon_0} \quad (q = 1,2,\cdots;\ 0 < \varepsilon_0 < 1). \tag{5.1.18}$$

(ii) 取定素数 p 和整数 $n \geqslant 1$, 考虑 α 的下列形式的逼近: 存在整数 a,q, 使得

$$\left|\alpha - \frac{a}{q}\right| < \frac{\psi(q)}{q}p^{n-1}, \quad (a,q) = 1. \tag{5.1.19}$$

用 $A(p^n)$ 和 $B(p^n)$ 分别表示满足无穷多个式 (5.1.19) 形式的不等式的 $\alpha\in[0,1)$ 组成的集合, 但分别附加条件 $p\nmid q$ 和 $p\|q$(即 $p|q$, 但 $p^2\nmid q$). 因为 p^{n-1} 是 n 的增函数, 所以 $\alpha\in A(p^n)\Rightarrow \alpha\in A(p^{n+1})$, 从而 $A(p^n)\subseteq A(p^{n+1})$. 类似地, $B(p^n)\subseteq B(p^{n+1})$. 还易见 $\alpha\in A(p)\Rightarrow \alpha\in A$, 所以 $A(p)\subseteq A$. 类似地, $B(p)\subseteq A$.

(iii) 设 $(a,q) = 1, p\nmid q$. 定义区间 $A_q(p)$:

$$-\frac{\psi(q)}{q} + \frac{a}{q} < x < \frac{\psi(q)}{q} + \frac{a}{q},$$

以及区间 $I_q(p^n)$:

$$-\frac{\psi(q)}{q}p^{n-1} + \frac{a}{q} < x < \frac{\psi(q)}{q}p^{n-1} + \frac{a}{q}.$$

由式 (5.1.18) 可知

$$|I_q(p^n)| = 2\frac{\psi(q)}{q}p^{n-1} < 2p^{n-1}q^{-1+\varepsilon_0} \to 0 \quad (q \to \infty),$$

并且对于任意 $n \geqslant 1$, 有

$$A_q(p) \subseteq I_q(p^n), \quad |A_q(p)| = p^{-(n-1)}|I_q(p^n)|.$$

因此由引理 5.1.3 可知, 对于任意 $n \geqslant 1$, 有

$$|A(p)| = |A(p^n)|.$$

记

$$A^*(p) = \bigcap_{n=1}^{\infty} A(p^n),$$

注意 $A(p) \subseteq A(p^2) \subseteq A(p^3) \subseteq \cdots$, 则有

$$|A^*(p)| = \lim_{n\to\infty} |A(p^n)| = |A(p)|. \tag{5.1.20}$$

若 $\alpha \in A(p^n)$, 则因为 $p \nmid q$, 所以由不等式 (5.1.19) 得到

$$\left|p\alpha - \frac{pa}{q}\right| < \frac{\psi(q)}{q}p^n,$$

记 $[p\alpha] = l$, 则

$$\left|\{p\alpha\} - \frac{pa-ql}{q}\right| < \frac{\psi(q)}{q}p^n, \quad (pa-ql,q)=1,$$

从而 $\{p\alpha\} \in A(p^{n+1})$, 即变换

$$T: x \mapsto px \,(\mathrm{mod}\,1)$$

将 $A(p^n)$ 变为 $A(p^{n+1})$, 因此 $A^*(p)$ 变为自身. 依引理 5.1.4 及式 (5.1.20) 可知 $|A(p)|=1$ 或 0.

(iv) 设 $(a,q)=1, p\|q$. 若 $\alpha \in B(p^n)$, 则

$$\left|p\alpha + \frac{1}{p} - \frac{pa+\frac{q}{p}}{q}\right| < \frac{\psi(q)}{q}p^n, \quad (a,q)=1.$$

若 $\{p\alpha+1/p\}=t$, 则

$$\left|\left\{p\alpha+\frac{1}{p}\right\} - \frac{pa+\frac{q}{p}-qt}{q}\right| < \frac{\psi(q)}{q}p^n.$$

因为 $p\|q$, 所以 $q=\lambda p,p\nmid\lambda$, 而且 $(\lambda,a)=(q,a)=1,pa+q/p-qt=pa+\lambda-\lambda pt$, 从而

$$\left(pa+\frac{q}{p}-qt,q\right)=(pa+\lambda-\lambda pt,\lambda p)=1.$$

于是应用变换

$$T:\quad x\mapsto px+\frac{1}{p}\,(\mathrm{mod}\,1),$$

类似于步骤 (iii) 可知 $|B(p)|=1$ 或 0.

(v) 因为 $A(p),B(p)\subseteq A$, 并且 $|A|\leqslant 1$, 所以若对某个素数 $p,|A(p)|$ 和 $|B(p)|$ 中有一个是正的, 则其中有一个等于 1, 从而 $|A|=1$.

(vi) 剩下的情形是对于任何素数 p, 有

$$|A(p)|=|B(p)|=0. \tag{5.1.21}$$

定义 $C(p)$ 是所有具有下列性质的 $\alpha\in[0,1)$ 组成的集合: 不等式

$$\left|\alpha-\frac{a}{q}\right|<\frac{\psi(q)}{q}\quad ((a,q)=1,\,p^2|q) \tag{5.1.22}$$

有无穷多组解 $(a,q)\in\mathbb{N}^2$. 那么 $A(p),B(p),C(p)$ 两两互不相交, 并且

$$A=A(p)\cup B(p)\cup C(p). \tag{5.1.23}$$

于是由式 (5.1.21) 可知, 对于任何素数 p, 有

$$|A|=|C(p)|.$$

由式 (5.1.22)(并且注意 $q=\tau p^2,p\nmid\tau$) 可以推出: 对于任何整数 s, 有

$$\left|\alpha+\frac{s}{p}-\frac{a+\frac{sq}{p}}{q}\right|<\frac{\psi(q)}{q},\quad\left(a+\frac{sq}{p},q\right)=1;$$

反之, 若

$$\left|\alpha+\frac{s}{p}-\frac{a'}{q}\right|<\frac{\psi(q)}{q},\quad(a',q)=1,$$

则

$$\left|\alpha-\frac{a'+\frac{sq}{p}}{q}\right|<\frac{\psi(q)}{q},\quad\left(a'+\frac{sq}{p},q\right)=1.$$

因此

$$\alpha\in C(p)\quad\Leftrightarrow\quad\alpha+\frac{s}{p}\,(\mathrm{mod}\,1)\in C(p). \tag{5.1.24}$$

令

$$W_s: \quad x \mapsto x + \frac{s}{p} \pmod 1 \quad (s \in \mathbb{Z}).$$

对于任何长为 $1/p$ 的区间 $I(p) = [r, r+1/p) \subset [0,1)$, 记 $I_s(p) = W_s\big(I(p)\big)$(特别地, $I_0(p) = I(p)$), 则有

$$[0,1) = I(p) \cup I_1(p) \cup \cdots \cup I_{p-1}(p),$$

于是由 $C(p) = C(p) \cap [0,1)$ 得到

$$C(p) = \big(C(p) \cap I(p)\big) \cup \big(C(p) \cap I_1(p)\big) \cup \cdots \cup \big(C(p) \cap I_{p-1}(p)\big). \tag{5.1.25}$$

又由式 (5.1.24) 及 $I_i(p)$ 的定义可知

$$|C(p) \cap I(p)| = |C(p) \cap I_1(p)| = \cdots = |C(p) \cap I_{p-1}(p)|.$$

由此及式 (5.1.25) 推出: 对于任何长为 $1/p$ 的区间 $I(p) \subset [0,1)$, 有

$$|C(p) \cap I(p)| = \frac{1}{p}|C(p)| = |I(p)||C(p)|.$$

依式 (5.1.23), A 与 $C(p)$ 只相差一个零测度集, 所以对于任何素数 p, 有

$$|A \cap I(p)| = |A||I(p)|. \tag{5.1.26}$$

为了证明 $|A| = 0$ 或 1, 我们只需证明 $|A| > 0 \Rightarrow |A| = 1$. 为此设 $|A| > 0$. 取 A 的一个全密点, 定义以它为中心且长为 $1/p$ 的区间序列 $I(p)$(其中 p 遍取所有素数), 那么依全密点定义, 有

$$|A \cap I(p)| \sim |I(p)| \quad (p \to \infty).$$

由此及式 (5.1.26), 立得 $|A| = 1$. $\qquad\square$

注 5.1.3 上述证法可以加以扩充, 证明 n 维情形的命题: 设 $\psi(q)\,(q = 1, 2, \cdots)$ 是任意非负实数列, 则在 n 维正方体 $[0,1]^n$ 中使不等式

$$\max\left\{\left|\alpha_1 - \frac{a_1}{q}\right|, \cdots, \left|\alpha_n - \frac{a_n}{q}\right|\right\} < \frac{\psi(q)}{q}$$

$$((a_1, \cdots, a_n, q) \in \mathbb{N}^{n+1}, (a_1, q) = \cdots = (a_n, q) = 1)$$

有无穷多组解 $(a_1, \cdots, a_n, q)$ 的实数组 $(\alpha_1, \cdots, \alpha_n)$ 所组成的集合 A 的测度或为 0, 或为 1.

定理 5.1.2 之证 因为 $\|q\alpha\|$ 关于 α 以 1 为周期, 所以只需限定 $\alpha \in [0,1)$, 并且将不等式 (5.1.8) 加强为

$$\left|\alpha - \frac{a}{q}\right| < \frac{\psi(q)}{q} \quad ((a,q) \in \mathbb{N}^2,\ (a,q) = 1,\ 0 < a < q). \tag{5.1.27}$$

下面区分三种情形进行证明.

情形 1 $\quad 0 \leqslant \psi(q) < 1/2$.

对于正整数 q, 定义集合 A_q 为所有满足不等式 (5.1.27) 的实数 $\alpha \in [0,1)$ 组成的集合.

(i) 首先估计 $|A_q|$. 如果存在整数对 (a,q) 和 (a',q), 其中 $0 < a \neq a' < q$, 使得不等式 (5.1.27) 都成立, 即

$$\left|\alpha - \frac{a}{q}\right| < \frac{\psi(q)}{q}, \quad \left|\alpha - \frac{a'}{q}\right| < \frac{\psi(q)}{q},$$

那么两个不等式相应定义的 α 所在区间的中心分别是 a/q 和 a'/q, 它们间的距离是

$$\left|\frac{a}{q} - \frac{a'}{q}\right| = \frac{|a - a'|}{q} \geqslant \frac{1}{q}.$$

由不等式 (5.1.27) 可知两个区间的长度都是 $2\psi(q)/q < 1/q$. 所以它们互不相交. 又因为满足 $(a,q) = 1, 0 < a < q$ 的整数 a 的个数是 $\phi(q)$, 所以

$$|A_q| = \frac{2\psi(q)\phi(q)}{q}. \tag{5.1.28}$$

(ii) 现在估计 $|A_q \cap A_{q_1}|\,(q_1 < q)$. 当 $\alpha \in A_q \cap A_{q_1}$ 时, 下列两个不等式同时成立:

$$\left|\alpha - \frac{a}{q}\right| < \frac{\psi(q)}{q} \quad (0 < a < q,\ (a,q) = 1);$$

$$\left|\alpha - \frac{a_1}{q_1}\right| < \frac{\psi(q_1)}{q_1} \quad (0 < a_1 < q_1,\ (a_1,q_1) = 1).$$

于是

$$\left|\frac{a}{q} - \frac{a_1}{q_1}\right| < \left|\alpha - \frac{a}{q}\right| + \left|\alpha - \frac{a_1}{q_1}\right|$$

$$< \frac{\psi(q)}{q} + \frac{\psi(q_1)}{q_1},$$

从而

$$|A_q \cap A_{q_1}| \leqslant 2 \min\left\{\frac{\psi(q)}{q}, \frac{\psi(q_1)}{q_1}\right\} N(q, q_1), \tag{5.1.29}$$

其中 $N(q, q_1)$ 表示满足下列条件的整数对 (a, a_1) 的个数:

$$\left| \frac{a}{q} - \frac{a_1}{q_1} \right| < \frac{\psi(q)}{q} + \frac{\psi(q_1)}{q_1}, \tag{5.1.30}$$

$$(a, q) = (a_1, q_1) = 1, \quad 0 < a < q, \quad 0 < a_1 < q_1. \tag{5.1.31}$$

对于任意满足条件 (5.1.31) 的整数对 $(a, a_1), t \in \mathbb{Z}$ 由下式定义:

$$a q_1 - a_1 q = t. \tag{5.1.32}$$

令 $d = (q, q_1)$, 则 $d | t$. 记 $q = dq', q_1 = dq_1', t = dt'$. 将它们代入上式, 得到

$$a q_1' - a_1 q' = t' \in \mathbb{Z}, \quad (q', q_1') = 1.$$

如果整数对 (a', a_1') 也满足等式 (5.1.32), 那么 $a q_1 - a_1 q = a' q_1 - a_1' q (= t)$, 从而 $(a - a') q_1 = (a_1 - a_1') q$, 或 $(a - a') d q_1' = (a_1 - a_1') d q'$, 于是

$$(a - a') q_1' = (a_1 - a_1') q'.$$

因为 q_1', q' 互素, 所以 $q' | a - a', q_1' | a_1 - a_1'$, 于是

$$a = a' + k q', \quad a_1 = a_1' + k q_1' \quad (k \in \mathbb{Z}). \tag{5.1.33}$$

因为 $a, a' \in (0, q)$, 所以 $|a - a'| < q = dq'$, 注意 $|a - a'| = |k| q'$, 从而 $|k| < d$, 于是对于确定的 t, 满足等式 (5.1.32) 的 a 的值至多有 $2(d-1) + 1 = 2d - 1$ 个, 并且由式 (5.1.33) 可知满足等式 (5.1.32) 的整数对 (a, a_1) 也至多有 $2d - 1$ 个.

由式 (5.1.30) 可知

$$|a q_1 - a_1 q| = |t| < q_1 \psi(q) + q \psi(q_1).$$

因为 $d | t$, 所以等式 (5.1.32) 中 t 的可能值至多有

$$2 \left[\frac{q_1 \psi(q) + q \psi(q_1)}{d} \right]$$

个. 因此满足条件 (5.1.30) 和 (5.1.32) 的整数对 (a, a_1) 的个数

$$N(q, q_1) \leqslant 2 \left[\frac{q_1 \psi(q) + q \psi(q_1)}{d} \right] \cdot (2d - 1)$$
$$< 4(q_1 \psi(q) + q \psi(q_1)).$$

由此及式 (5.1.29) 得到

$$|A_q \cap A_{q_1}| \leqslant 16\psi(q)\psi(q_1) \quad (q_1 < q). \tag{5.1.34}$$

(iii) 由式 (5.1.28) 和式 (5.1.34) 可知

$$\sum_{q,q_1 \leqslant Q} |A_q \cap A_{q_1}| = \left(\sum_{q_1 < q \leqslant Q} + \sum_{q < q_1 \leqslant Q} + \sum_{q = q_1 \leqslant Q} \right) |A_q \cap A_{q_1}|$$

$$= 2 \sum_{q_1 < q \leqslant Q} |A_q \cap A_{q_1}| + \sum_{q \leqslant Q} |A_q \cap A_{q_1}|$$

$$\leqslant 32 \sum_{q_1 < q \leqslant Q} \psi(q)\psi(q_1) + 2 \sum_{q \leqslant Q} \frac{\psi(q)\phi(q)}{q},$$

注意级数 $\sum\limits_{q=1}^{\infty} \psi(q)$ 发散, 所以当 Q 充分大时, 有

$$\sum_{q \leqslant Q} \frac{\psi(q)\phi(q)}{q} < \sum_{q \leqslant Q} \psi(q) < \frac{1}{2} \left(\sum_{q \leqslant Q} \psi(q) \right)^2,$$

于是当 Q 充分大时, 有

$$\sum_{q,q_1 \leqslant Q} |A_q \cap A_{q_1}| < 17 \left(\sum_{q \leqslant Q} \psi(q) \right)^2.$$

应用式 (5.1.7) 和式 (5.1.28), 由此推出

$$\sum_{q,q_1 \leqslant Q} |A_q \cap A_{q_1}| < 17 C_1^2 \left(\sum_{q \leqslant Q} \frac{\psi(q)\phi(q)}{q} \right)^2$$

$$= 17 C_1^2 \left(\frac{1}{2} \sum_{q \leqslant Q} |A_q| \right)^2$$

$$< 5 C_1^2 \left(\sum_{q \leqslant Q} |A_q| \right)^2.$$

此外, 仍然由式 (5.1.7) 和式 (5.1.28) 可知

$$\sum_{q=1}^{\infty} |A_q| = \infty.$$

注意集合 A 是由属于无穷多个集合 A_q 的实数 α 组成的, 所以由引理 5.1.2 推出

$$|A| > (5C_1^2)^{-1} > 0.$$

最后应用引理 5.1.5 得知 $|A| = 1$. 于是在情形 1, 定理得证.

情形 2　存在无穷正整数列 $q_k(k = 1, 2, \cdots)$, 使得 $0 < \psi(q_k) < 1/2$.

此时用 q_k 取代 q, 情形 1 的推理仍然有效.

情形 3　$\psi(q) \geqslant 1/2$ (当 $q > q_0$ 时).

取常数 $C_2 \in (0, 1/2)$, 令 $\psi_1(q) = C_2(\forall q)$. 若 α 满足不等式

$$\left| \alpha - \frac{a}{q} \right| < \frac{\psi_1(q)}{q} \quad ((a, q) = 1), \tag{5.1.35}$$

则 α 必满足不等式

$$\left| \alpha - \frac{a}{q} \right| < \frac{\psi(q)}{q} \quad ((a, q) = 1).$$

因此只需证明对于几乎所有 $\alpha \in [0, 1)$ 不等式 (5.1.35) 有无穷多解. 这归结到情形 1, 但需验证级数 $\sum\limits_{q=1}^{\infty} \psi_1(q)$ 发散 (这显然成立), 以及证明: 存在常数 C_1', 使得对无穷多个正整数 Q, 有

$$\sum_{q \leqslant Q} \psi_1(q) < C_1' \sum_{q \leqslant Q} \psi_1(q) \frac{\phi(q)}{q}. \tag{5.1.36}$$

事实上, 因为

$$\sum_{n \leqslant x} \phi(n) = \frac{3}{\pi^2} x^2 + O(x \log x) \tag{5.1.37}$$

(见文献 [4] 第 128 页定理 4), 所以由分部求和公式 (见注 5.1.4), 有

$$\sum_{q \leqslant Q} \psi_1(q) \frac{\phi(q)}{q} = C_2 \sum_{q \leqslant Q} \frac{\phi(q)}{q}$$

$$= C_2 \sum_{k=1}^{Q-1} \left(\sum_{q \leqslant k} \phi(q) \right) \left(\frac{1}{k} - \frac{1}{k+1} \right) + C_2 \left(\sum_{q \leqslant Q} \phi(q) \right) \frac{1}{Q}$$

$$\geqslant C_3 \sum_{k=1}^{Q-1} k^2 \cdot \frac{1}{k(k+1)} + C_4 Q^2 \cdot \frac{1}{Q}$$

$$\geqslant C_4 Q = C_4 C_2^{-1} \sum_{q \leqslant Q} \psi_1(q).$$

于是取 $C_1' = C_4 C_2^{-1}$, 即得不等式 (5.1.36). □

注 5.1.4　分部求和公式 (也称 Abel 求和公式, 或 Abel 变换): 若 $l < n, A_k, b_k$ 是任意复数, 则

$$\sum_{k=l}^{n} (A_k - A_{k-1}) b_k = A_n b_n - A_{l-1} b_l + \sum_{k=l}^{n-1} A_k (b_k - b_{k+1}).$$

它容易直接验证. 通常取 $l=1$, 并补充定义 $A_0=0$.

5.1.3 定理 5.1.1A(i) 的证明

定理 5.1.1A 的 "发散性部分" 是下列定理的显然推论 (取 $\gamma=0$):

定理 5.1.3 设 $\psi(q)\,(q=1,2,\cdots)$ 是任意非负实数列, 并且级数 $\sum\limits_{q=1}^{\infty}\psi(q)$ 发散, 还设存在常数 $\gamma\in[0,1]$, 使得 $q^{\gamma}\psi(q)$ 非增, 那么对几乎所有实数 α, 不等式 (5.1.8) 有无穷多组解 $(a,q)\in\mathbb{N}^2,(a,q)=1$.

首先证明下列引理:

引理 5.1.6 若 $Q\in\mathbb{N}$, 则

$$\sum_{q\leqslant Q}\frac{\phi(q)}{q^{1+\gamma}}\gg\begin{cases}Q^{1-\gamma} & (\text{当 }0\leqslant\gamma<1\text{ 时}),\\ \log Q & (\text{当 }\gamma=1\text{ 时}).\end{cases}$$

其中符号 $\gg$ 中的常数至多与 γ 有关.

证 由 Abel 变换, 我们有

$$\sum_{q\leqslant Q}\frac{\phi(q)}{q^{1+\gamma}}=\sum_{k\leqslant Q-1}\left(\sum_{q\leqslant k}\phi(q)\right)\left(\frac{1}{k^{1+\gamma}}-\frac{1}{(k+1)^{1+\gamma}}\right)+\left(\sum_{q\leqslant Q}\phi(q)\right)\cdot\frac{1}{Q^{1+\gamma}}$$

$$=(\gamma+1)\sum_{k\leqslant Q-1}\left(\sum_{q\leqslant k}\phi(q)\right)\cdot\int_{k+1}^{k}\frac{\mathrm{d}x}{x^{2+\gamma}}+\left(\sum_{q\leqslant Q}\phi(q)\right)\cdot\frac{1}{Q^{1+\gamma}}$$

$$\gg\sum_{k\leqslant Q-1}\left(\sum_{q\leqslant k}\phi(q)\right)\cdot\frac{1}{(k+1)^{2+\gamma}}+\left(\sum_{q\leqslant Q}\phi(q)\right)\cdot\frac{1}{Q^{1+\gamma}},$$

应用式 (5.1.37), 可得

$$\sum_{q\leqslant Q}\frac{\phi(q)}{q^{1+\gamma}}\gg\sum_{k\leqslant Q-1}\left(C_5k^2+O(k\log k)\right)\cdot\frac{1}{(k+1)^{2+\gamma}}$$

$$+\left(C_5Q^2+O(Q\log Q)\right)\cdot\frac{1}{Q^{1+\gamma}}$$

$$=C_5\sum_{k\leqslant Q-1}\frac{k^2}{(k+1)^{2+\gamma}}+O\left(\sum_{k\leqslant Q-1}\frac{k\log k}{(k+1)^{2+\gamma}}\right)$$

$$+C_5Q^{1-\gamma}+O\left(\frac{\log Q}{Q^{\gamma}}\right).$$

于是, 当 $0 \leqslant \gamma < 1$ 时, 有

$$\sum_{q \leqslant Q} \frac{\phi(q)}{q^{1+\gamma}} \gg Q^{1-\gamma}.$$

当 $\gamma = 1$ 时, 有

$$\sum_{q \leqslant Q} \frac{\phi(q)}{q^{1+\gamma}} \gg \sum_{k \leqslant Q-1} \frac{k^2}{(k+1)^3} + O\left(\sum_{k \leqslant Q-1} \frac{k \log k}{(k+1)^3}\right) + C_5 + O\left(\frac{\log Q}{Q}\right)$$

$$\gg \sum_{k \leqslant Q} \frac{1}{k} + O(1) + C_5 + O(1)$$

$$\gg \log Q. \qquad \qquad \square$$

定理 5.1.3 之证 只需验证不等式 (5.1.7), 就可由定理 5.1.2 推出本定理. 为此将不等式 (5.1.7) 的右边写成

$$\sum_{q \leqslant Q} q^\gamma \psi(q) \frac{\phi(q)}{q^{1+\gamma}}.$$

由 Abel 变换得到

$$\sum_{q \leqslant Q} \psi(q) \frac{\phi(q)}{q} = \sum_{k \leqslant Q-1} \left(\sum_{q \leqslant k} \frac{\phi(q)}{q^{1+\gamma}}\right) \left(k^\gamma \psi(k) - (k+1)^\gamma \psi(k+1)\right)$$

$$+ \left(\sum_{q \leqslant Q} \frac{\phi(q)}{q^{1+\gamma}}\right) \cdot Q^\gamma \psi(Q)$$

$$= S \quad (\text{记}).$$

因为 $q^\gamma \psi(q)$ 非增, 所以依引理 5.1.6, 当 $\gamma < 1$ 时, 有

$$S \gg \sum_{k \leqslant Q-1} k^{1-\gamma} \left(k^\gamma \psi(k) - (k+1)^\gamma \psi(k+1)\right) + Q^{1-\gamma} Q^\gamma \psi(Q)$$

$$= \sum_{k \leqslant Q-1} \left(k\psi(k) - k\left(\frac{k+1}{k}\right)^\gamma \psi(k+1)\right) + Q\psi(Q)$$

$$= \psi(1) + \sum_{k \leqslant Q-1} \left((k+1) - k\left(\frac{k+1}{k}\right)^\gamma\right) \psi(k+1).$$

由此以及

$$(k+1) - k\left(\frac{k+1}{k}\right)^\gamma = \frac{k(k+1)}{k^\gamma}\left(\frac{1}{k^{1-\gamma}} - \frac{1}{(k+1)^{1-\gamma}}\right)$$

$$\gg \frac{k(k+1)}{k^\gamma} \cdot \frac{1}{(k+1)^{2-\gamma}}$$

$$= \left(\frac{k}{k+1}\right)^{1-\gamma} \gg 1,$$

推出

$$S \gg \sum_{k \leqslant Q} \psi(k).$$

同样依引理 5.1.6, 当 $\gamma = 1$ 时, 有

$$S \gg \sum_{k \leqslant Q-1} \log k \big(k\psi(k) - (k+1)\psi(k+1)\big) + (\log Q) \cdot Q\psi(Q)$$

$$= \sum_{k \leqslant Q-1} \big((k+1)\log(k+1) - (k+1)\log k\big)\psi(k+1)$$

$$= \sum_{k \leqslant Q-1} \log \left(1 + \frac{1}{k}\right)^{k+1} \psi(k+1)$$

$$\gg \sum_{k \leqslant Q} \psi(k).$$

于是不等式 (5.1.7) 在此成立. □

注 5.1.5 Duffin 和 Schaeffer(文献 [36]) 构造了无穷非负数列 $\psi(q)(q = 1, 2, \cdots)$, 使得级数 $\sum_{q=1}^{\infty} \psi(q)$ 发散, 但对几乎所有实数 α, 不等式 $\|q\alpha\| < \psi(q)$ 只有有限多个正整数解 q. 因此他们提出: 对几乎所有实数 α, 不等式 $\|q\alpha\| < \psi(q)$ 有无穷多个正整数解 q 的充要条件是级数

$$\sum_{q=1}^{\infty} \psi(q)\frac{\phi(q)}{q}$$

发散. 这就是 Duffin-Schaeffer 猜想, 至今尚未被证实或否定. 与此有关的有文献 [107,108,112], 还可参见文献 [53](第 10 章) 等.

5.2　实数联立有理逼近的度量定理

5.2.1　多维 Khintchine 度量定理

A. Ya. Khintchine(文献 [67]) 将定理 5.1.1 扩充到联立逼近的情形:

定理 5.2.1 (多维 Khintchine 度量定理)　设 $n \geqslant 1$ 是正整数, 实数 $c > 0$. 如果在 (c, ∞) 上 $\psi(x)$ 是正连续函数, 并且当 $x \to \infty$ 时 $x \psi^n(x)$ 单调趋于零, 那么

(i) 若积分

$$\int_c^\infty \psi^n(x) \mathrm{d}x \tag{5.2.1}$$

发散, 则对几乎所有实数组 $(\alpha_1, \cdots, \alpha_n)$, 不等式

$$\max_{1 \leqslant i \leqslant n} \|q\alpha_i\| < \psi(q) \tag{5.2.2}$$

有无穷多个正整数解 q;

(ii) 若积分 (5.2.1) 收敛, 则对几乎所有实数组 $(\alpha_1, \cdots, \alpha_n)$, 不等式 (5.2.2) 只有有限多个正整数解 q.

上面是定理的 "积分" 形式, 它还有下列 "级数" 形式:

定理 5.2.1A　设 $n \geqslant 1$ 是正整数.

(i) 若 $\psi(q)$ 是正整数变量 q 的单调减少的正函数, 并且级数

$$\sum_{q=1}^\infty \psi^n(q) \tag{5.2.3}$$

发散, 则对几乎所有实数组 $(\alpha_1, \cdots, \alpha_n)$, 不等式 (5.2.2) 有无穷多个正整数解 q;

(ii) 若 $\psi(q)$ 是正整数变量 q 的正函数, 并且级数 (5.2.3) 收敛, 则对几乎所有实数组 $(\alpha_1, \cdots, \alpha_n)$, 不等式 (5.2.2) 只有有限多个正整数解 q.

类似于 5.1.1 小节, 只需证明定理 5.2.1A. 定理的 "收敛性部分" 可由引理 5.1.1 推出 (这里从略), 定理的 "发散性部分" 是下面定理 5.2.2 的推论, 见 5.2.3 小节.

5.2.2 多维 Duffin-Schaeffer 定理

定理 5.2.2 (多维 Duffin-Schaeffer 定理) 设 $\psi(q)(q=1,2,\cdots)$ 是任意无穷非负实数列, 级数 $\sum\limits_{q=1}^{\infty}\psi^n(q)$ 发散, 并且存在无穷多个正整数 Q, 使得

$$\sum_{q\leqslant Q}\psi^n(q) < C_1 \sum_{q\leqslant Q}\psi^n(q)\left(\frac{\phi(q)}{q}\right)^n, \tag{5.2.4}$$

其中 $C_1 > 0$ 是常数, 那么对于几乎所有实数组 $(\alpha_1,\cdots,\alpha_n)$, 不等式

$$\max_{1\leqslant i\leqslant n}\|q\alpha_i\| = \max_{1\leqslant i\leqslant n}\{|q\alpha_1-a_1|,\cdots,|q\alpha_n-a_n|\} < \psi(q) \tag{5.2.5}$$

有无穷多组解 $q\in\mathbb{N}, a_1,\cdots,a_n\in\mathbb{Z}$, 并且 $(q,a_1)=\cdots=(q,a_n)=1$.

证 因为证明思路与定理 5.1.2 的相同, 所以只给出证明概要. 定义集合

$$A_q = A_q^{(1)}\times\cdots\times A_q^{(n)},$$

其中 $A_q^{(i)}$ 是满足下列条件的实数 $\alpha_i\in[0,1)$ 组成的集合: 对 $q\in\mathbb{N}$ 和某个 $a_i\in\mathbb{N}$ 有

$$|q\alpha_i-a_i| < \psi(q), \quad (q,a_i)=1, \quad 0 < a_i < q.$$

那么由式 (5.1.28) 得到

$$|A_q| = |A_q^{(1)}|\cdots|A_q^{(n)}| = \left(\frac{2\psi(q)\phi(q)}{q}\right)^n.$$

于是

$$\sum_{q\leqslant Q}|A_q| = 2^n\sum_{q\leqslant Q}\psi^n(q)\left(\frac{\phi(q)}{q}\right)^n. \tag{5.2.6}$$

又由式 (5.1.34) 可知, 当 $q_1 < q$ 时, 有

$$|A_q\cap A_{q_1}| = |A_q^{(1)}\cap A_{q_1}^{(1)}|\cdots|A_q^{(n)}\cap A_{q_1}^{(n)}|$$
$$\leqslant \left(16\psi(q)\psi(q_1)\right)^n.$$

因此当 Q 充分大时, 有

$$\sum_{q,q_1\leqslant Q}|A_q\cap A_{q_1}| < 2(16)^n\left(\sum_{q\leqslant Q}\psi^n(q)\right)^2$$

(要用到级数 $\sum\limits_{q=1}^{\infty}\psi^n(q)$ 的发散性). 由此及式 (5.2.4) 和式 (5.2.6) 可推出

$$\sum_{q,q_1\leqslant Q}|A_q\cap A_{q_1}|<2\cdot 4^n C_1^2\left(\sum_{q\leqslant Q}|A_q|\right)^2.$$

最后, 依引理 5.1.2 及上式可知由属于无穷多个 A_q 的实数组 $(\alpha_1,\cdots,\alpha_n)$ 组成的集合 A 的测度

$$|A|\geqslant (2\cdot 4^n C_1^2)^{-1}>0.$$

于是由引理 5.1.5(n 维情形, 见注 5.1.3) 推出 $|A|=1$. 由于 $\|q\alpha_i\|$ 关于 α_i 以 1 为周期, 因此定理结论成立. □

5.2.3 定理 5.2.1A(i) 的证明

首先证明几个引理.

引理 5.2.1 对于任何正整数 N, 有

$$\sum_{k\leqslant N}\sum_{p|k}\frac{1}{p}<C_2N, \tag{5.2.7}$$

其中 p 表示素数,$C_2>0$ 是常数.

证 由 $p|k,k\leqslant N$ 可知 $p\leqslant k\leqslant N$. 对于每个不超过 N 的素数 p, 在 $\{1,2,\cdots,N\}$ 中被 p 整除的整数 k 的个数为 $[N/p]\leqslant N/p$. 用 $\sum\limits_{k}$ 表示 (当 p 给定时) 对这些 k 求和. 于是交换求和次序, 可得

$$\sum_{k\leqslant N}\sum_{p|k}\frac{1}{p}=\sum_{p\leqslant N}\frac{1}{p}\sum_{k}1\leqslant\sum_{p\leqslant N}\frac{1}{p}\cdot\frac{N}{p}$$

$$=N\sum_{p\leqslant N}\frac{1}{p^2}<N\sum_{j=1}^{\infty}\frac{1}{j^2}$$

$$=C_2N,$$

其中 $C_2=\sum\limits_{j=1}^{\infty}1/j^2=\pi^2/6=\zeta(2)$. □

引理 5.2.2 设 C_2 是引理 5.2.1 中的常数, 则对任何正整数 M 和任何满足条件

$$0<\delta<\frac{\mathrm{e}^{-C_2}}{\zeta(2)} \tag{5.2.8}$$

的常数 δ, 不等式组

$$\frac{\phi(k)}{k} \geqslant \delta, \quad k \leqslant M$$

的正整数解 k 的个数不少于 βM, 其中

$$\beta = 1 + \frac{C_2}{\log(\delta\zeta(2))}. \tag{5.2.9}$$

证 我们用记号 $\sharp\{k \leqslant M; \cdots\}$ 表示具有性质 "$\cdots$" 的不超过 M 的正整数 k 的个数. 由式 (5.2.7) 可知对于任何 $\tau > 0$ 有

$$\sharp\left\{k \leqslant M; \sum_{p|k} \frac{1}{p} > \tau\right\} < \frac{C_2}{\tau} M. \tag{5.2.10}$$

因为

$$\log \prod_{p|k}\left(1 + \frac{1}{p}\right) = \sum_{p|k} \log\left(1 + \frac{1}{p}\right) < \sum_{p|k} \frac{1}{p},$$

所以由式 (5.2.10), 对于任何 $T > \mathrm{e}^{C_2}$, 有

$$\sharp\left\{k \leqslant M; \prod_{p|k}\left(1 + \frac{1}{p}\right) > T\right\} < \frac{C_2}{\log T} M. \tag{5.2.11}$$

又因为

$$\prod_{p|k}\left(1 - \frac{1}{p}\right)^{-1} \prod_{p|k}\left(1 + \frac{1}{p}\right)^{-1} = \prod_{p|k}\left(1 - \frac{1}{p^2}\right)^{-1}$$

$$\leqslant \prod_{j}\left(1 - \frac{1}{j^2}\right)^{-1}$$

$$= \zeta(2),$$

所以

$$\frac{k}{\phi(k)} = \prod_{p|k}\left(1 - \frac{1}{p}\right)^{-1} \leqslant \zeta(2) \prod_{p|k}\left(1 + \frac{1}{p}\right).$$

于是由式 (5.2.11) 推出

$$\sharp\left\{k \leqslant M; \frac{k}{\phi(k)} > T\zeta(2)\right\} < \frac{C_2}{\log T} M.$$

记 $\delta = \big(T\zeta(2)\big)^{-1}$, 则式 (5.2.8) 成立, 并且由上式得到

$$\sharp\left\{k \leqslant M; \frac{\phi(k)}{k} < \delta\right\} < \frac{C_2 M}{\log\big(\delta\zeta(2)\big)^{-1}}.$$

从而

$$\sharp\left\{k \leqslant M; \frac{\phi(k)}{k} \geqslant \delta\right\} \geqslant M - \frac{C_2 M}{\log\big(\delta\zeta(2)\big)^{-1}} = \beta M,$$

其中 β 如式 (5.2.9) 所示. □

引理 5.2.3 存在常数 $C_3 > 0$, 使得对于任何正整数 Q, 有

$$\sum_{q \leqslant Q}\left(\frac{\phi(q)}{q}\right)^n \geqslant C_3 Q. \tag{5.2.12}$$

证 在引理 5.2.2 中取 $\delta = \mathrm{e}^{-C_2}/\big(2\zeta(2)\big)$, 得到

$$\sum_{q \leqslant Q}\left(\frac{\phi(q)}{q}\right)^n \geqslant \sum_{\substack{q \leqslant Q \\ \phi(q)/q \geqslant \delta}}\left(\frac{\phi(q)}{q}\right)^n \geqslant \beta Q \cdot \delta^n = \delta^n \beta Q,$$

取 $C_3 = \delta^n \beta$, 即得结论. □

定理 5.2.1A(i) 之证 只需验证定理 5.2.2 中的不等式 (5.2.4) 在此成立. 由 Abel 变换得到

$$\sum_{q \leqslant Q} \psi^n(q)\left(\frac{\phi(q)}{q}\right)^n = \sum_{k \leqslant Q-1}\left(\sum_{q \leqslant k}\left(\frac{\phi(q)}{q}\right)^n\right)\big(\psi^n(k) - \psi^n(k+1)\big)$$

$$+ \left(\sum_{q \leqslant Q}\left(\frac{\phi(q)}{q}\right)^n\right) \cdot \psi^n(Q).$$

因为 $\psi(q)$ 单调减少, 所以由式 (5.2.12) 可知

$$上式右边 \geqslant \sum_{k \leqslant Q-1} C_3 k\big(\psi^n(k) - \psi^n(k+1)\big) + C_3 Q \psi^n(Q)$$

$$= C_3\left(\sum_{k \leqslant Q-1} k\big(\psi^n(k) - \psi^n(k+1)\big) + Q\psi^n(Q)\right)$$

$$= C_3 \sum_{q \leqslant Q} \psi^n(q).$$

因此对任何正整数 Q, 有

$$\sum_{q \leqslant Q} \psi^n(q) < C_1'\sum_{q \leqslant Q} \psi^n(q)\left(\frac{\phi(q)}{q}\right)^n,$$

其中 $C_1' = (C_3/2)^{-1}$. $\qquad\qquad\qquad\qquad\qquad\qquad\qquad\qquad\qquad\qquad\qquad$ □

5.2.4 一些注记

1. 文献 [83] 研究了多维 Duffin-Schaeffer 猜想. 当维数大于 1 时, 这个猜想是成立的 (对此还可参见文献 [16,48]).

2. 关于 Khintchine 度量定理的定量结果 (即解数的渐近公式), 可见文献 [53](第 4 章), [98] (第 Ⅲ 章), [106](第 1 章第 7 节). 对于附有某些限制条件的有关结果, 可见文献 [62](第 2 章) 等.

3. A. V. Groshev 将 Khintchine 度量定理扩充到线性型情形, 所得结果称为 Khintchine-Groshev 定理, 对此可见文献 [106](第 1 章第 5 节).

4. G. Harman(文献 [52]) 给出 Khintchine 度量定理的一种类似结果, 其中不等式的解的分子和分母限定在素数集合中取值 (还可见文献 [53] 第 6 章);H. Jones (文献 [61]) 将此扩充到联立逼近的情形.

5. Khintchine 度量定理还被扩充到用实代数数逼近实数的情形. 例如, V. Beresnevich (文献 [18]) 证明了: 设 $n \geqslant 1$ 是正整数, $\psi(q)$ 是正整数变量 q 的单调减少的正函数, 那么当级数 $\sum\limits_{q=1}^{\infty} \psi(q)$ 发散时, 对于几乎所有实数 α, 存在无穷多个次数为 n 的实代数数 β 满足不等式

$$|\alpha - \beta| < H(\beta)^{-n} \psi(H(\beta));$$

而当上述级数收敛时, 对于几乎所有实数 α, 只有有限多个次数为 n 的实代数数 β 满足上述不等式. 进一步的信息可参见文献 [24](第 6 章) 和 [115](2.7 节) 等.

6. A. Baker 和 W. M. Schimidt(文献 [15]) 首先应用 Hausdorff 维数研究丢番图逼近的度量理论. 这个方向的基本专著有文献 [19, 20] 等, 还可参见文献 [24](第 5, 6 章) 和 [26](附录 C) 等.

7. 文献 [48] 研究了射影度量数论, 建立了射影空间中与 Khintchine 度量定理和 Duffin-Schaeffer 猜想类似的结果. 该文还给出有关基本文献及一些近期进展.

5.3 非齐次逼近的度量定理

5.3.1 基本结果

定理 5.3.1 设 $n \geqslant 1, \psi(q)$ 是正整数变量 q 的函数, 满足 $0 \leqslant \psi(q) \leqslant 1/2$.

(i) 当级数 $\sum\limits_{q=1}^{\infty} \psi^n(q)$ 发散时, 对几乎所有 $(\alpha_1, \cdots, \alpha_n, \beta_1, \cdots, \beta_n) \in \mathbb{R}^{2n}$, 不等式

$$\max_{1 \leqslant i \leqslant n} \|q\alpha_i - \beta_i\| < \psi(q) \tag{5.3.1}$$

有无穷多个正整数解 q.

(ii) 当级数 $\sum\limits_{q=1}^{\infty} \psi^n(q)$ 收敛时, 对几乎所有 $(\alpha_1, \cdots, \alpha_n, \beta_1, \cdots, \beta_n) \in \mathbb{R}^{2n}$, 不等式 (5.3.1) 只有有限多个正整数解 q.

注意, 与齐次逼近情形不同, 这里不要求 $\psi(q)$ 单调. 此外, 这个定理不蕴含齐次情形, 因为 $(\alpha_1, \cdots, \alpha_n; 0, \cdots, 0) \in \mathbb{R}^{2n}$ 可以组成零测度集.

5.3.2 一维情形的证明

定理 5.3.1(ii)($n = 1$) 之证 因为函数 $\|x\|$ 以 1 为周期, 并且可数多个零测度集之并也是零测度集, 所以可以限定 $(\alpha, \beta) \in [0, 1) \times [0, 1)$.

(i) 设 $\beta \in [0, 1)$ 是给定的实数, q 是某个 (固定) 正整数, 令

$$A_q = A_q(\beta) = \{\alpha \in [0, 1) \,|\, \alpha \text{ 满足不等式 } \|q\alpha - \beta\| < \psi(q)\}.$$

那么存在整数 p, 使得 $\|q\alpha - \beta\| = |q\alpha - \beta - p|$. 于是满足不等式

$$\left| \alpha - \frac{p + \beta}{q} \right| < \frac{\psi(q)}{q} \tag{5.3.2}$$

的实数 α 位于数轴上以 $(p + \beta)/q$ 为中心、长度为 $2\psi(q)/q$ 的 (小) 区间中. 当 $p = 0, \pm 1, \pm 2, \cdots$ 时相邻两区间中心相距 $1/q$. 因为

$$\frac{\psi(q)}{q} + \frac{\psi(q)}{q} = \frac{2\psi(q)}{q} < 2 \cdot \frac{1}{2} \cdot \frac{1}{q} = \frac{1}{q},$$

所以相邻两区间互不相交. 我们用 I_p 记中心为 $(p+\alpha)/q$ 的 (小) 区间. 易见总共有 q 个小区间的中心落在区间 $[0,1]$ 中. 在区间 $[0,1)$ 中, 它们的相互位置有三种可能:

(a) $[0,1)$ 恰含 q 个 (完整的) 小区间 $I_0, I_1, \cdots, I_{q-1}$.

(b) 区间 $I_0, I_1, \cdots, I_{q-1}$ 的中心落在 $[0,1)$ 中, $I_1, \cdots, I_{q-1}$ 完全含在 $[0,1)$ 中, $|I_0 \setminus [0,1)| = |[0,1) \cap I_q| \neq 0$.

(c) 区间 $I_0, I_1, \cdots, I_{q-1}$ 的中心落在 $[0,1)$ 中, $I_0, \cdots, I_{q-2}$ 完全含在 $[0,1)$ 中, $|I_{q-1} \setminus [0,1)| = |[0,1) \cap I_{-1}| \neq 0$.

在每种情形中都得到

$$|A_q| = q \cdot \frac{2\psi(q)}{q} = 2\psi(q).$$

(ii) 令集合

$$L_Q = L_Q(\beta) = \{\alpha \in [0,1) \,|\, \text{当 } q \geqslant Q \text{ 时不等式 } \|q\alpha - \beta\| < \psi(q) \text{ 有正整数解 } q\}.$$

那么

$$|L_Q| \leqslant \sum_{q \geqslant Q} |A_q| = 2 \sum_{q \geqslant Q} \psi(q).$$

(iii) 定义集合

$$L = L(\beta) = \{\alpha \in [0,1) \,|\, \text{不等式 } \|q\alpha - \beta\| < \psi(q) \text{ 有无穷多个正整数解 } q\}.$$

那么对于任何正整数 $Q, L \subseteq L_Q$, 所以

$$|L| \leqslant |L_Q| \leqslant 2 \sum_{q \geqslant Q} \psi(q).$$

因为级数 $\sum\limits_{q=1}^{\infty} \psi(q)$ 收敛, 所以对于任何 $\varepsilon > 0$, 当 Q 充分大时, 有

$$|L| \leqslant 2 \sum_{q \geqslant Q} \psi(q) < \varepsilon.$$

因此 $|L| = 0$.

(iv) 因为对于每个 $\beta \in (0,1]$ 都有 $|L| = |L(\beta)| = 0$, 所以使得不等式 $\|q\alpha - \beta\| < \psi(q)$ 有无穷多个正整数解 q 的实数组 $(\alpha, \beta) \in [0,1) \times [0,1)$ (平面点集) 的测度为零. □

为证明定理 5.3.1(i)($n=1$), 我们先证一些引理.

引理 5.3.1 (Pòlya-Zugmond) 设函数 $f(x,y)$ 在单位正方形 $G_2 = [0,1) \times [0,1)$ 上非负并且平方可积. 令

$$M_1 = \iint\limits_{G_2} f(x,y)\mathrm{d}x\mathrm{d}y,$$

$$M_2 = \left(\iint\limits_{G_2} f^2(x,y)\mathrm{d}x\mathrm{d}y \right)^{1/2}.$$

若

$$M_1 \geqslant aM_2, \quad 0 \leqslant b \leqslant a,$$

则使 $f(x,y) \geqslant bM_2$ 的点 (x,y) 所组成的集合 A 的测度 $|A| > (b-a)^2$.

证 由 Cauchy-Schwarz 不等式可知

$$\iint\limits_{A} f(x,y)\mathrm{d}x\mathrm{d}y \leqslant \left(\iint\limits_{A} 1^2\mathrm{d}x\mathrm{d}y \right)^{1/2} \left(\iint\limits_{A} f^2(x,y)\mathrm{d}x\mathrm{d}y \right)^{1/2}$$

$$\leqslant |A|^{1/2} \left(\iint\limits_{G_2} f^2(x,y)\mathrm{d}x\mathrm{d}y \right)^{1/2}$$

$$= |A|^{1/2} M_2.$$

另一方面, 因为 $M_1 \geqslant aM_2 \geqslant bM_2$, 并且当 $(x,y) \in G_2 \setminus A$ 时, $f(x,y) < bM_2$, 所以

$$\iint\limits_{A} f(x,y)\mathrm{d}x\mathrm{d}y = \iint\limits_{G_2 \setminus (G_2 \setminus A)} f(x,y)\mathrm{d}x\mathrm{d}y$$

$$= \left(\iint\limits_{G_2} - \iint\limits_{G_2 \setminus A} \right) f(x,y)\mathrm{d}x\mathrm{d}y$$

$$> M_1 - \iint\limits_{G_2 \setminus A} bM_2\mathrm{d}x\mathrm{d}y$$

$$\geqslant M_1 - \iint\limits_{G_2} bM_2\mathrm{d}x\mathrm{d}y$$

$$= M_1 - bM_2 \geqslant aM_2 - bM_2$$

$$= (a-b)M_2.$$

于是

$$|A|^{1/2} M_2 > (a-b)M_2,$$

从而 $|A| > (b-a)^2$. $\qquad\square$

引理 5.3.2 设 $\delta(x)$ 是周期为 1 的实函数, 则对于任何实数 β 和非零整数 q, 有

$$\int_0^1 \delta(qx+\beta)\mathrm{d}x = \int_0^1 \delta(x)\mathrm{d}x.$$

证 (i) 不妨认为 $\beta \geqslant 0$. 因若不然, 可用 $\beta' = \beta - [\beta] > 0$ 代替 β, 此时由 $\delta(x)$ 的周期性可知

$$\int_0^1 \delta(qx + \beta')\mathrm{d}x = \int_0^1 \delta(qx + \beta - [\beta])\mathrm{d}x$$

$$= \int_0^1 \delta(qx + \beta)\mathrm{d}x.$$

(ii) 用 I 记命题中的积分. 令 $t = x + \beta/q$, 则

$$I = \int_0^1 \delta(qx + \beta)\mathrm{d}x$$

$$= \int_{\beta/q}^{1+\beta/q} \delta(qt)\mathrm{d}t$$

$$= \int_{\beta/q}^1 \delta(qt)\mathrm{d}t + \int_1^{1+\beta/q} \delta(qt)\mathrm{d}t,$$

在右边第二个积分中令 $u = t - 1$, 并且注意 $\delta(x)$ 的周期性, 则得

$$I = \int_{\beta/q}^1 \delta(qt)\mathrm{d}t + \int_0^{\beta/q} \delta(qu + q)\mathrm{d}u$$

$$= \int_{\beta/q}^1 \delta(qt)\mathrm{d}t + \int_0^{\beta/q} \delta(qu)\mathrm{d}u$$

$$= \int_0^1 \delta(qt)\mathrm{d}t.$$

在最后得到的积分中令 $x = qt$, 则有

$$I = \frac{1}{q}\int_0^q \delta(x)\mathrm{d}x.$$

(iii) 若 $q > 0$, 则易见

$$I = \frac{1}{q}\left(\int_0^1 + \int_1^2 + \cdots + \int_{q-1}^q\right)\delta(x)\mathrm{d}x$$

$$= \frac{1}{q} \cdot q \int_0^1 \delta(x)\mathrm{d}x$$

$$= \int_0^1 \delta(x)\mathrm{d}x.$$

若 $q < 0$, 则令 $y = -x$, 可得

$$I = -\frac{1}{q}\int_0^{-q} \delta(-y)\mathrm{d}y$$

$$= \frac{1}{-q}\int_0^{-q} \delta(-y)\mathrm{d}(-y)$$

$$= \frac{1}{-q}\int_0^{-q} \delta(u)\mathrm{d}u,$$

注意 $-q > 0$, 所以右边积分等于 $\int_0^1 \delta(x)\mathrm{d}x$. □

对于 $q \in \mathbb{N}$, 定义

$$\delta_q(x) = \begin{cases} 1 & (\text{当 } \|x\| < \psi(q) \text{ 时}), \\ 0 & (\text{当 } \|x\| \geqslant \psi(q) \text{ 时}). \end{cases}$$

那么 $\delta_q(x)$ 是周期为 1 的偶函数. 因为对于任何 $x \in \mathbb{R}$, 或者 $\delta_q(x) = 0$, 或者 $\delta_q(x) - 1 = 0$, 所以总有

$$\delta_q^2(x) - \delta_q(x) = \delta_q(x)\big(\delta_q(x) - 1\big) = 0,$$

从而

$$\delta_q^2(x) = \delta_q(x). \tag{5.3.3}$$

引理 5.3.3 设 $q, r \in \mathbb{N}$, 则

$$\int_0^1 \delta_q(x)\mathrm{d}x = 2\psi(q),$$

$$\int_0^1\int_0^1 \delta_q(q\alpha - \beta)\mathrm{d}\alpha\mathrm{d}\beta = 2\psi(q),$$

以及

$$\int_0^1\int_0^1 \delta_q(q\alpha - \beta)\delta_r(r\alpha - \beta)\mathrm{d}\alpha\mathrm{d}\beta = \begin{cases} 4\psi(q)\psi(r) & (\text{当 } q \neq r \text{ 时}), \\ 2\psi(q) & (\text{当 } q = r \text{ 时}). \end{cases}$$

证 (i) 由 $\delta_q(x)$ 的定义, 当 $0 \leqslant x < 1$ 时, $\|x\| < \psi(q)$ 当且仅当 $0 \leqslant x < \psi(q)$ 或 $1 - \psi(q) < x < 1$ 时, 此时才有 $\delta_q(x) = 1$, 不然 $\delta_q(x) = 0$. 于是

$$\int_0^1 \delta_q(x)\mathrm{d}x = \int_0^{\psi(q)} \mathrm{d}x + \int_{1-\psi(q)}^1 \mathrm{d}x = 2\psi(q).$$

(ii) 依引理 5.3.2, 并应用步骤 (i) 所得结果, 可得

$$\int_0^1\int_0^1 \delta_q(q\alpha - \beta)\mathrm{d}\alpha\mathrm{d}\beta = \int_0^1 \left(\int_0^1 \delta_q(\alpha)\mathrm{d}\alpha\right)\mathrm{d}\beta$$

$$= \int_0^1 2\psi(q)\mathrm{d}\beta = 2\psi(q).$$

(iii) 令 $\gamma = \beta - q\alpha$，记 $s = r - q$，由 $\delta_q(x)$ 的周期性，可设 $0 \leqslant \gamma < 1$. 于是(注意 $\delta_q(x)$ 是偶函数)

$$\int_0^1\int_0^1 \delta_q(q\alpha - \beta)\delta_r(r\alpha - \beta)\mathrm{d}\alpha\mathrm{d}\beta$$

$$= \int_0^1\int_0^1 \delta_q(-\gamma)\delta_r(s\alpha - \gamma)\mathrm{d}\alpha\mathrm{d}\gamma$$

$$= \int_0^1\int_0^1 \delta_q(\gamma)\delta_r(s\alpha - \gamma)\mathrm{d}\alpha\mathrm{d}\gamma \ (= J).$$

若 $q \neq r$, 则 $s \neq 0$, 于是由引理 5.3.2 及步骤 (i) 所得结果推出

$$J = \int_0^1 \delta_q(\gamma)\left(\int_0^1 \delta_r(s\alpha - \gamma)\mathrm{d}\alpha\right)\mathrm{d}\gamma$$

$$= \int_0^1 \delta_q(\gamma)\left(\int_0^1 \delta_r(\alpha)\mathrm{d}\alpha\right)\mathrm{d}\gamma$$

$$= \int_0^1 \delta_q(\gamma)\big(2\psi(r)\big)\mathrm{d}\gamma$$

$$= 2\psi(r)\int_0^1 \delta_q(\gamma)\mathrm{d}\gamma$$

$$= 2\psi(r) \cdot 2\psi(q)$$

$$= 4\psi(r)\psi(q).$$

若 $q = r$, 则 $s = 0$, 从而由式 (5.3.3) 及步骤 (i) 所得结果, 并注意 $\delta_q(x)$ 是偶函数, 可知

$$J = \int_0^1\int_0^1 \delta_q^2(\gamma)\mathrm{d}\alpha\mathrm{d}\gamma$$

$$= \int_0^1\int_0^1 \delta_q(\gamma)\mathrm{d}\alpha\mathrm{d}\gamma$$

$$= 2\psi(q). \qquad \square$$

定理 5.3.1(i)($n = 1$) 之证 (i) 用 $\Delta_Q(\alpha,\beta)$ 表示不等式

$$\|q\alpha - \beta\| < \psi(q), \quad 0 < q \leqslant Q$$

的整数解 q 的个数, 由 $\delta_q(x)$ 的定义可知

$$\Delta_q(\alpha,\beta) = \sum_{q \leqslant Q} \delta_q(q\alpha - \beta). \tag{5.3.4}$$

还记

$$\Psi(Q) = \sum_{q \leqslant Q} \psi(q),$$

则由定理假设可知

$$\Psi(Q) \to \infty \quad (q \to \infty). \tag{5.3.5}$$

(ii) 令

$$M_1(Q) = \int_0^1 \int_0^1 \Delta_Q(\alpha, \beta) \mathrm{d}\alpha \mathrm{d}\beta,$$

$$M_2(Q) = \left(\int_0^1 \int_0^1 \Delta_Q^2(\alpha, \beta) \mathrm{d}\alpha \mathrm{d}\beta \right)^{1/2}.$$

由 Cauchy-Schwarz 不等式, 有

$$M_1(Q) \leqslant M_2(Q), \tag{5.3.6}$$

并且由式 (5.3.4) 和引理 5.3.3, 得到

$$M_1(Q) = \sum_{q \leqslant Q} \int_0^1 \int_0^1 \delta_q(q\alpha - \beta) \mathrm{d}\alpha \mathrm{d}\beta$$

$$= \sum_{q \leqslant Q} 2\psi(q) = 2\Psi(Q). \tag{5.3.7}$$

我们断言: 对于任何给定的 $\varepsilon \in (0, 1/2)$, 当 Q 充分大时, 有

$$M_1(Q) \geqslant (1 - \varepsilon) M_2(Q). \tag{5.3.8}$$

这是因为, 由式 (5.3.4) 和引理 5.3.3, 可得

$$M_2^2(Q) = \int_0^1 \int_0^1 \Delta_Q^2(\alpha, \beta) \mathrm{d}\alpha \mathrm{d}\beta$$

$$= \sum_{q, r \leqslant Q} \int_0^1 \int_0^1 \delta_q(q\alpha - \beta) \delta_r(r\alpha - \beta) \mathrm{d}\alpha \mathrm{d}\beta$$

$$= \left(\sum_{\substack{q, r \leqslant Q \\ q \neq r}} + \sum_{q = r \leqslant Q} \right) \int_0^1 \int_0^1 \delta_q(q\alpha - \beta) \delta_r(r\alpha - \beta) \mathrm{d}\alpha \mathrm{d}\beta$$

$$= 4 \sum_{\substack{q, r \leqslant Q \\ q \neq r}} \psi(q)\psi(r) + 2 \sum_{q \leqslant Q} \psi(q)$$

$$\leqslant 4\Psi^2(Q) + 2\Psi(Q)$$

$$= 4\Psi^2(Q)\left(1 + \frac{1}{2\Psi(Q)}\right).$$

于是由式 (5.3.5) 和式 (5.3.7) 推出: 当 Q 充分大时, 有

$$M_2^2(Q) \leqslant 4(1-\varepsilon)^{-2}\Psi^2(Q)$$

$$= (1-\varepsilon)^{-2}M_1^2(Q),$$

由此即得不等式 (5.3.8).

(iii) 在引理 5.3.1 中取 $f = f(\alpha,\beta) = \Delta_q(\alpha,\beta), a = 1-\varepsilon, b = \varepsilon$. 由不等式 (5.3.8) 可知引理条件在此被满足, 于是存在正方形 $G_2 : 0 \leqslant \alpha,\beta \leqslant 1$ 的某个子集合 A, 其测度

$$|A| \geqslant (1-2\varepsilon)^2 \geqslant 1-4\varepsilon,$$

使得在其上不等式

$$\Delta_Q(\alpha,\beta) \geqslant \varepsilon M_2(Q)$$

成立; 注意由式 (5.3.6) 和式 (5.3.7) 可知 $M_2(Q) \geqslant M_1(Q) = 2\Psi(Q)$, 从而在集合 A 上不等式

$$\Delta_Q(\alpha,\beta) \geqslant 2\varepsilon\Psi(Q)$$

成立. 因为 $\Delta_Q(\alpha,\beta)$ 是 Q 的增函数, 所以由上式及式 (5.3.5) 推出: 在集合 A 上有

$$\Delta_Q(\alpha,\beta) \to \infty \quad (Q \to \infty).$$

这表明, 除去一个测度小于 4ε 的集合外, 在正方形 G_2 上上式处处成立. 因为 $\varepsilon > 0$ 可以任意小, 所以定理得证. □

5.3.3 多维情形的证明

设 $n \geqslant 2$. 因为下面的推理与 5.3.2 小节是平行进行的, 所以略去有关细节.

定理 5.3.1(ii)($n \geqslant 2$) 之证 可以限定 $(\alpha_1,\cdots,\alpha_n,\beta_1,\cdots,\beta_n) \in G_{2n} = [0,1)^{2n}$.

设 $(\beta_1,\cdots,\beta_n) \in [0,1)^n$ 是给定的实数组, q 是某个 (固定) 正整数. 考虑满足不等式组

$$\left|\alpha_j - \frac{p+\beta_j}{q}\right| < \frac{\psi(q)}{q}, \quad 0 \leqslant \alpha_j < 1 \quad (j = 1,\cdots,n) \tag{5.3.9}$$

的 $(\alpha_1, \cdots, \alpha_n)$ 组成的集合 $A_q = A_q(\beta_1, \cdots, \beta_n)$. 它由 q^n 个 (小)n 维正方体组成, 它们的中心是

$$\left(\frac{\nu_1 + \beta_1}{q}, \cdots, \frac{\nu_n + \beta_n}{q} \right), \quad \nu_i = 0, 1, \cdots, q-1 \quad (i = 1, \cdots, n),$$

边长是 $2\psi(q)/q$, 并且互不相交. 于是

$$|A_q(\beta_1, \cdots, \beta_n)| = \sum_{\nu_1=0}^{q-1} \cdots \sum_{\nu_n=0}^{q-1} \left(\frac{2\psi(q)}{q} \right)^n = 2^n \psi^n(q).$$

当 $q \geqslant Q$ 时, 使不等式 (5.3.9) 有解的 $(\alpha_1, \cdots, \alpha_n) \in [0, 1)^n$ 组成的集合的测度为

$$2^n \sum_{q \geqslant Q} \psi^n(q) < \varepsilon \quad (\text{当 } Q \text{ 充分大时}),$$

其中 $\varepsilon > 0$ 任意小. 由此可推出所要的结论. □

定理 5.3.1(i)($n \geqslant 2$) 之证 (i) 记 $\boldsymbol{\alpha} = (\alpha_1, \cdots, \alpha_n), \mathrm{d}\boldsymbol{\alpha} = \mathrm{d}\alpha_1 \cdots \mathrm{d}\alpha_n$ (类似地定义 $\boldsymbol{\beta}, \mathrm{d}\boldsymbol{\beta}$). 用 $\Delta_Q(\boldsymbol{\alpha}, \boldsymbol{\beta})$ 表示不等式组

$$\|q\alpha_j - \beta_j\| < \psi(q), \quad 0 < q \leqslant Q \quad (j = 1, \cdots, n)$$

的解数. 定义函数 $\delta_q(x)$ 同前 (5.3.2 小节), 则

$$\Delta_Q(\boldsymbol{\alpha}, \boldsymbol{\beta}) = \sum_{q \leqslant Q} \delta_q(q\alpha_1 - \beta_1) \cdots \delta_q(q\alpha_n - \beta_n).$$

记

$$\Psi(Q) = \sum_{q \leqslant Q} \psi^n(q),$$

由定理假设可知

$$\Psi(Q) \to \infty \quad (Q \to \infty).$$

(ii) 令

$$M_1(Q) = \int \cdots \int_{G_{2n}} \Delta_Q(\boldsymbol{\alpha}, \boldsymbol{\beta}) \mathrm{d}\boldsymbol{\alpha} \mathrm{d}\boldsymbol{\beta},$$

$$M_2(Q) = \left(\int \cdots \int_{G_{2n}} \Delta_Q^2(\boldsymbol{\alpha}, \boldsymbol{\beta}) \mathrm{d}\boldsymbol{\alpha} \mathrm{d}\boldsymbol{\beta} \right)^{1/2}.$$

则由 Cauchy-Schwarz 不等式可知

$$M_1(Q) \leqslant M_2(Q).$$

类似于引理 5.2.3 可证

$$\int\cdots\int_{G_{2n}}\delta_q(q\alpha_1-\beta_1)\cdots\delta_q(q\alpha_n-\beta_n)\mathrm{d}\boldsymbol{\alpha}\mathrm{d}\boldsymbol{\beta}=2^n\psi^n(q),$$

以及

$$\int\cdots\int_{G_{2n}}\delta_q(q\alpha_1-\beta_1)\cdots\delta_q(q\alpha_n-\beta_n)\delta_r(r\alpha_1-\beta_1)\cdots\delta_r(r\alpha_n-\beta_n)\mathrm{d}\boldsymbol{\alpha}\mathrm{d}\boldsymbol{\beta}$$

$$=\begin{cases}4^n\psi^n(q)\psi^n(r) & (\text{当 } q\neq r \text{ 时}),\\2^n\psi^n(q) & (\text{当 } q=r \text{ 时}).\end{cases}$$

由此可知

$$M_1(Q)=2^n\Psi(Q),$$
$$M_2^2(Q)\leqslant 4^n\Psi^2(Q)\left(1+\frac{1}{2^n\Psi(Q)}\right).$$

进而推出: 对于任意给定的 $\varepsilon\in(0,1/2)$, 当 Q 充分大时, 有

$$M_2^2(Q)\leqslant 4^n(1-\varepsilon)^{-2}\Psi^2(Q)$$
$$=\left(2^n\Psi(Q)\right)^2(1-\varepsilon)^{-2}$$
$$=M_1^2(Q)(1-\varepsilon)^{-2},$$

于是

$$M_1(Q)\geqslant(1-\varepsilon)M_2(Q).$$

(iii) 易见将 2 重积分换成 $2n$ 重积分后引理 5.3.1 也是成立的, 在其中 ($2n$ 重积分情形) 取 $f(x_1,\cdots,x_n,y_1,\cdots,y_n)$ 为 $\Delta_Q(\boldsymbol{\alpha},\boldsymbol{\beta}),a=1-\varepsilon,b=\varepsilon$. 于是存在正方体 $G_{2n}:0\leqslant\alpha_1\cdots,\alpha_n,\beta_1,\cdots,\beta_n\leqslant 1$ 的某个子集合 A, 其测度 $|A|\geqslant(1-2\varepsilon)^{2n}\geqslant 1-4n\varepsilon$, 使得在其上不等式

$$\Delta_Q(\boldsymbol{\alpha},\boldsymbol{\beta})\geqslant\varepsilon M_2(Q)$$

成立; 注意 $M_2(Q)\geqslant M_1(Q)=2^n\Psi(Q)$, 从而在集合 A 上不等式

$$\Delta_Q(\boldsymbol{\alpha},\boldsymbol{\beta})\geqslant 2^n\varepsilon\Psi(Q)$$

成立, 进而在集合 A 上有

$$\Delta_Q(\boldsymbol{\alpha},\boldsymbol{\beta})\to\infty\quad(Q\to\infty).$$

这表明, 除去一个测度小于 $4n\varepsilon$ 的集合外, 在正方体 G_{2n} 上上式处处成立. 因为 $\varepsilon>0$ 可以任意小, 所以定理得证. $\square$

第6章
序列的一致分布

由定理 2.1.1 可知, 如果 α 是一个无理数, $\beta \in [0,1)$ 是任意给定的实数, 那么存在整数 q 使得 $\|q\alpha - \beta\|$ 相当小, 因此当 q 充分大时, $\{q\alpha\}$ 可以任意接近 β. 这表明数列 $\{q\alpha\}(q \in \mathbf{N})$ 在 $[0,1]$ 中处处稠密. 进一步研究还可发现, 对于任何区间 $[a,b) \subset [0,1]$, 数列 $\{q\alpha\}(q = 1, 2, \cdots, Q)$ 落在 $[a,b)$ 中的项数与总项数 Q 之比渐近地等于区间 $[a,b)$ 的长度与 $[0,1]$ 的长度之比. 因此数列 $\{q\alpha\}(q \in \mathbf{N})$ 在 $[0,1]$ 中的分布是均匀的. 这种现象导致一致分布序列的概念 (见文献 [116,117]), 进而形成一个重要的数论研究领域, 也是一个与概率论有关的交叉课题. 此外, 从 20 世纪 70 年代开始, 一致分布理论与数值计算相结合, 推动了拟 Monte Carlo 方法的发展.

本章是关于一致分布理论的基本导引. 6.1 节给出一致分布序列的定义、基本性质和实例 (即 "定性" 部分). 6.2 节引进偏差概念, 给出它的一些基本性质, 以及偏差计算的例子 (即 "定量" 部分). 6.3 节作为理论实际应用的示例, 给出一致分布点列与数值积分的关系.

6.1 模 1 一致分布序列

6.1.1 一维情形

用 ω 表示任意一个无穷实数列 $x_n(n=1,2,\cdots)$, 对于正整数 N 及 $I=[0,1)$ 的任一子集 E, 用 $A(E;N;\omega)$ 表示 $x_1,x_2,\cdots,x_N$ 中使得 $\{x_i\}\in E$ 的项的个数 (在不引起混淆时, 将 $A(E;N;\omega)$ 记成 $A(E;N)$). 若对于任何区间 $[a,b)\subseteq I$(其中 $0\leqslant a<b\leqslant 1$) 总有

$$\lim_{N\to\infty}\frac{A([a,b);N;\omega)}{N}=b-a,\tag{6.1.1}$$

则称数列 ω 模 1 一致分布, 或一致分布 $(\mathrm{mod}\,1)$, 并简记为 u.d.mod 1.

因为式 (6.1.1) 的右边是区间 $[a,b)$ 的长度, 所以如果用 $\chi_{[a,b)}(x)$ 表示区间 $[a,b)$ 的特征函数, 那么式 (6.1.1) 可等价地写为

$$\lim_{N\to\infty}\frac{1}{N}\sum_{n=1}^{N}\chi_{[a,b)}(\{x_n\})=\int_0^1\chi_{[a,b)}(x)\mathrm{d}x.\tag{6.1.2}$$

将区间 $[a,b)$ 的特征函数加强为连续函数, 就导致下列数列模 1 一致分布判别法则:

定理 6.1.1 实数列 ω 模 1 一致分布的充要条件是: 对于任何 $[0,1]$ 上的实值连续函数 $f(x)$, 有

$$\lim_{N\to\infty}\frac{1}{N}\sum_{n=1}^{N}f(\{x_n\})=\int_0^1 f(x)\mathrm{d}x.\tag{6.1.3}$$

证 (i) 必要性. 设数列 $\omega:x_n\,(n\geqslant 1)\,\mathrm{u.d.mod}\,1$. 我们首先考虑任意一个 $[0,1]$ 上的阶梯函数 $f_0(x)$. 设

$$0=a_0<a_1<\cdots<a_s=1,$$

用 $\chi_{[a_i,a_{i+1})}(x)$ 表示区间 $[a_i,a_{i+1})$ 的特征函数, 那么

$$f_0(x)=\sum_{i=0}^{s-1}c_i\chi_{[a_i,a_{i+1})}(x),$$

其中 c_i 是一些常数. 由式 (6.1.2) 可知

$$\lim_{N\to\infty}\frac{1}{N}\sum_{n=1}^{N}f_0(\{x_n\})=\sum_{i=0}^{s-1}c_i\lim_{N\to\infty}\frac{1}{N}\sum_{n=1}^{N}\chi_{[a_i,a_{i+1})}(\{x_n\})$$

$$=\sum_{i=0}^{s-1}c_i\int_0^1\chi_{[a_i,a_{i+1})}(x)\mathrm{d}x$$

$$=\int_0^1\left(\sum_{i=0}^{s-1}c_i\chi_{[a_i,a_{i+1})}(x)\right)\mathrm{d}x$$

$$=\int_0^1f_0(x)\mathrm{d}x.$$

于是对于 $[0,1]$ 上的阶梯函数, 等式 (6.1.3) 成立.

其次, 对于 $[0,1]$ 上的任何连续函数 $f(x)$, 由 Riemann 积分的基本性质可知, 对于任何给定的 $\varepsilon>0$, 存在两个阶梯函数 $f_1(x)$ 和 $f_2(x)$, 满足

$$f_1(x)\leqslant f(x)\leqslant f_2(x)\quad(\forall x\in[0,1]),\tag{6.1.4}$$

并且

$$\int_0^1\big(f_2(x)-f_1(x)\big)\mathrm{d}x\leqslant\varepsilon.\tag{6.1.5}$$

于是

$$\int_0^1 f(x)\mathrm{d}x-\varepsilon\leqslant\int_0^1 f_2(x)\mathrm{d}x-\varepsilon$$

$$\leqslant\int_0^1 f_1(x)\mathrm{d}x$$

$$=\lim_{N\to\infty}\frac{1}{N}\sum_{n=1}^{N}f_1(\{x_n\})$$

$$\leqslant\varliminf_{N\to\infty}\frac{1}{N}\sum_{n=1}^{N}f(\{x_n\})$$

$$\leqslant\varlimsup_{N\to\infty}\frac{1}{N}\sum_{n=1}^{N}f(\{x_n\})$$

$$\leqslant\lim_{N\to\infty}\frac{1}{N}\sum_{n=1}^{N}f_2(\{x_n\})$$

$$=\int_0^1 f_2(x)\mathrm{d}x$$

$$\leqslant \int_0^1 f_1(x)\mathrm{d}x + \varepsilon$$

$$\leqslant \int_0^1 f(x)\mathrm{d}x + \varepsilon.$$

因为 $\varepsilon > 0$ 可以任意小, 所以

$$\varliminf_{N\to\infty} \frac{1}{N}\sum_{n=1}^N f(\{x_n\}) = \varlimsup_{N\to\infty} \frac{1}{N}\sum_{n=1}^N f(\{x_n\})$$
$$= \int_0^1 f(x)\mathrm{d}x,$$

从而对于任何连续函数 $f(x)$, 等式 (6.1.2) 成立.

(ii) 充分性. 设数列 $\omega: x_n(n \geqslant 1)$ 对于任何 $[0,1]$ 上的连续函数 $f(x)$, 都满足等式 (6.1.3). 我们证明: 对于任何区间 $[a,b] \subseteq [0,1]$(其中 $0 \leqslant a < b \leqslant 1$), 数列 ω 满足等式 (6.1.1).

对于任何给定的 $\varepsilon > 0$, 显然存在两个 $[0,1]$ 上的连续函数 $g_1(x)$ 和 $g_2(x)$, 满足 $g_1(x) \leqslant \chi_{[a,b)}(x) \leqslant g_2(x)$, 以及 $\int_0^1 (g_2(x) - g_1(x))\mathrm{d}x \leqslant \varepsilon$. 于是

$$b - a - \varepsilon \leqslant \int_0^1 g_2(x)\mathrm{d}x - \varepsilon$$

$$\leqslant \int_0^1 g_1(x)\mathrm{d}x$$

$$= \lim_{N\to\infty} \sum_{n=1}^N g_1(\{x_n\})$$

$$\leqslant \varliminf_{N\to\infty} \frac{1}{N} A([a,b); N; \omega)$$

$$\leqslant \varlimsup_{N\to\infty} \frac{1}{N} A([a,b); N; \omega)$$

$$\leqslant \lim_{N\to\infty} \frac{1}{N}\sum_{n=1}^N g_2(\{x_n\})$$

$$= \int_0^1 g_2(x)\mathrm{d}x$$

$$\leqslant \int_0^1 g_1(x)\mathrm{d}x + \varepsilon$$

$$\leqslant b - a + \varepsilon.$$

因为 $\varepsilon > 0$ 可以任意小, 所以

$$\varliminf_{N\to\infty} \frac{1}{N} A\big([a,b);N;\omega\big) = \varlimsup_{N\to\infty} \frac{1}{N} A\big([a,b);N;\omega\big)$$

$$= b - a.$$

从而对于任何区间 $[a,b) \subseteq [0,1]$, 式 (6.1.1) 成立, 即数列 ω u.d.mod 1. □

推论 6.1.1 实数列 ω 模 1 一致分布的充要条件是: 对于任何 $[0,1]$ 上的 Riemann 可积函数 $f(x)$, 式 (6.1.3) 成立.

证 因为对于 Riemann 可积函数 $f(x)$, 式 (6.1.4) 和式 (6.1.5) 也成立, 所以必要性的证明与定理 6.1.1 的证明步骤 (i) 相同. 又因为连续函数一定是 Riemann 可积的, 所以若对于任何 $[0,1]$ 上的 Riemann 可积函数 $f(x)$, 式 (6.1.3) 成立, 则对于任何 $[0,1]$ 上的连续函数 $f(x)$, 式 (6.1.3) 也成立, 于是依定理 6.1.1 的充分性部分推出数列 ω u.d.mod 1. 从而推论 6.1.1 的充分性部分得证. □

推论 6.1.2 实数列 ω 模 1 一致分布的充要条件是: 对于每个 $\mathbb{R}$ 上的复值连续并且周期为 1 的函数 $f(x)$, 有

$$\lim_{N\to\infty} \frac{1}{N} \sum_{n=1}^{N} f(x_n) = \int_0^1 f(x)\mathrm{d}x. \tag{6.1.6}$$

证 注意 $f(x)$ 的周期性蕴含 $f(\{x\}) = f(x)$. 将定理 6.1.1 的必要性部分分别应用于 $\mathbb{R}$ 上的复值函数 $f(x)$ 的实部和虚部, 即得推论的必要性部分. 为证充分性部分, 可将定理 6.1.1 的证明步骤 (ii) 应用于实值周期为 1 的函数 $f(x)$(这是 $\mathbb{R}$ 上的复值函数的特殊情形), 并且在式 (6.1.4) 和式 (6.1.5) 中要求 $g_1(0) = g_1(1)$ 和 $g_2(0) = g_2(1)$(这显然是做得到的). □

例 6.1.1 (a) 若 α 是有理数, 则数列 $n\alpha\,(n \geqslant 1)$ 不是 u.d.mod 1 的.

这是因为, 若 α 是整数, 则 $\{n\alpha\} = 0\,(n = 1,2,\cdots)$, 所以上述结论成立. 若 $\alpha = p/q$, 其中 p,q 是互素整数,$q > 0$, 则 $\{n(q\alpha)\} = 0\,(n = 1,2,\cdots)$, 于是对于任何区间 $[a,b)$ (其中 $0 \leqslant a < b \leqslant 1$) 有

$$A\big([a,b);sq;\omega\big) \leqslant sq - s,$$

其中 s 是任意正整数, 从而

$$\lim_{s\to\infty} \frac{A\big([a,b);sq;\omega\big)}{sq} \leqslant \frac{q-1}{q}.$$

因此若取 a,b 满足 $b - a > (q-1)/q$, 则数列 ω 不满足式 (6.1.1), 所以对于 $\alpha = p/q$, 上述结论也成立.

(b) 数列 ω:

$$\frac{0}{1}, \quad \frac{0}{2}, \quad \frac{1}{2}, \quad \frac{0}{3}, \quad \frac{1}{3}, \quad \frac{2}{3}, \quad \cdots, \quad \frac{0}{k}, \quad \frac{1}{k}, \quad \cdots, \quad \frac{k-1}{k}, \quad \cdots$$

是 u.d.mod 1 的.

我们只需验证: 对于任何 $[0,1]$ 上的连续函数 $f(x)$, 数列 ω 满足等式 (6.1.3). 为此注意 ω 的各项 $\in (0,1)$. 对于任何 $N \in \mathbb{N}$, 存在正整数 $k = k(N)$, 使得

$$N = 1 + 2 + \cdots + k + \tau,$$

其中整数 $\tau \in \{0, \cdots, k\}$, 于是

$$\sum_{j=1}^{k} j \leqslant N < \sum_{j=1}^{k+1} j,$$

即整数 k 满足

$$\frac{k(k+1)}{2} \leqslant N < \frac{(k+1)(k+2)}{2}. \tag{6.1.7}$$

我们有

$$\begin{aligned}
\sum_{n=1}^{N} f(x_n) = {}& f\left(\frac{0}{1}\right) + \left(f\left(\frac{0}{2}\right) + f\left(\frac{1}{2}\right)\right) + \cdots \\
& + \left(f\left(\frac{0}{k}\right) + f\left(\frac{1}{k}\right) + \cdots + f\left(\frac{k-1}{k}\right)\right) \\
& + \left(f\left(\frac{0}{k+1}\right) + \cdots + f\left(\frac{\tau}{k+1}\right)\right).
\end{aligned}$$

记

$$I_j = f\left(\frac{0}{j}\right) + f\left(\frac{1}{j}\right) + \cdots + f\left(\frac{j-1}{j}\right) \quad (j = 1, 2, \cdots),$$

$$I_k(\tau) = f\left(\frac{0}{k+1}\right) + f\left(\frac{1}{k+1}\right) + \cdots + f\left(\frac{\tau}{k+1}\right) \quad (\text{其中 } \tau < k),$$

则

$$\sum_{n=1}^{N} f(x_n) = I_1 + \cdots + I_k + I_k(\tau). \tag{6.1.8}$$

因为函数 $f(x)$ 连续, 所以由式 (6.1.7) 推出

$$\frac{|I_k(\tau)|}{N} \leqslant \frac{\tau}{N} \max_{0 \leqslant x \leqslant 1} |f(x)|$$

$$< \frac{k}{N} \max_{0 \leqslant x \leqslant 1} |f(x)| \to 0 \quad (N \to \infty). \tag{6.1.9}$$

又由定积分定义得到

$$\lim_{k\to\infty}\frac{I_k}{k}=\int_0^1 f(x)\mathrm{d}x. \tag{6.1.10}$$

此外, 由关于数列极限的 Stolz 定理及式 (6.1.10) 可知

$$\lim_{k\to\infty}\frac{I_1+I_2+\cdots+I_k}{1+2+\cdots+k}=\lim_{k\to\infty}\frac{I_k}{k}=\int_0^1 f(x)\mathrm{d}x. \tag{6.1.11}$$

注意, 依式 (6.1.7), 我们还有

$$\begin{aligned}
\frac{1+2+\cdots+k}{N}=\frac{k(k+1)}{2N}\leqslant 1 &< \frac{(k+1)(k+2)}{2N}\\
&=\frac{1+2+\cdots+k+(k+1)}{N}\\
&=\frac{1+2+\cdots+k}{N}+\frac{k+1}{N},
\end{aligned}$$

所以

$$1+2+\cdots+k\sim N \quad (N\to\infty). \tag{6.1.12}$$

由式 (6.1.8)、式 (6.1.9)、式 (6.1.11) 和式 (6.1.12) 推出

$$\lim_{N\to\infty}\frac{1}{N}\sum_{n=1}^N f(x_n)=\int_0^1 f(x)\mathrm{d}x.$$

依定理 6.1.1 可知数列 ω u.d.mod 1.

6.1.2 Weyl 判别法则

设 $h\in\mathbb{Z}\setminus\{0\}, \mathrm{i}=\sqrt{-1}$. 那么函数 $f(x)=\mathrm{e}^{2\pi hx\mathrm{i}}$ 是实变量 x 的复值连续且周期为 1 的函数, 因此由推论 6.1.2 可知, 若数列 $\omega:x_n(n\geqslant 1)$ u.d.mod 1, 则等式 (6.1.6) 对这样的函数成立. 重要的是, 这类函数已足以保证数列 ω 的模 1 一致分布性. 这个事实是 H. Weyl(文献 [116,117]) 首先发现的, 这就是序列 u.d.mod 1 的 Weyl 判别法则:

定理 6.1.2(Weyl 判别法则) 实数列 $\omega:x_n(n\geqslant 1)$ 模 1 一致分布, 当且仅当对所有非零整数 h 有

$$\lim_{N\to\infty}\frac{1}{N}\sum_{n=1}^N \mathrm{e}^{2\pi hx_n\mathrm{i}}=0. \tag{6.1.13}$$

证 如上所述, 必要性可由推论 6.1.2 推出. 现在设等式 (6.1.13) 对任何非零整数 h 成立, 要证明对于每个 $\mathbb{R}$ 上的复值连续并且周期为 1 的函数 $f(x)$, 等式 (6.1.6) 成立, 从而数列 ω u.d.mod 1.

对于任意给定的 $\varepsilon > 0$, 由 Weierstrass 逼近定理, 存在某个三角多项式 $F(x)$, 即 $\mathrm{e}^{2\pi \mathrm{i} h x}(h \in \mathbb{Z})$ 型函数的有限复系数线性组合, 使得

$$\sup_{0 \leqslant x \leqslant 1} |f(x) - F(x)| \leqslant \varepsilon. \tag{6.1.14}$$

于是

$$
\left| \int_0^1 f(x)\mathrm{d}x - \frac{1}{N}\sum_{n=1}^N f(x_n) \right| \leqslant \left| \int_0^1 \big(f(x) - F(x)\big)\mathrm{d}x \right|
$$
$$
+ \left| \int_0^1 F(x)\mathrm{d}x - \frac{1}{N}\sum_{n=1}^N F(x_n) \right|
$$
$$
+ \left| \frac{1}{N}\sum_{n=1}^N \big(f(x_n) - F(x_n)\big) \right|.
$$

由式 (6.1.14) 可知, 对于任何 N, 上述不等式右边第 1 项和第 3 项都不超过 ε. 对于不等式右边第 2 项, 若 $F(x)$ 的线性组合包含 $c_0\mathrm{e}^{2\pi \mathrm{i} h x}(h = 0)$, 则

$$\int_0^1 F(x)\mathrm{d}x = c_0, \quad \frac{1}{N}\sum_{n=1}^N c_0\mathrm{e}^{2\pi \mathrm{i} h x} = c_0 \quad (h = 0),$$

从而互相抵消; 对于 $c_h\mathrm{e}^{2\pi \mathrm{i} h x}(h \neq 0)$ 类型的项, 依式 (6.1.13) 可知取 N 足够大, 有

$$\left| \int_0^1 F(x)\mathrm{d}x - \frac{1}{N}\sum_{n=1}^N F(x_n) \right| \leqslant \varepsilon.$$

于是当 N 充分大时, 有

$$\left| \int_0^1 f(x)\mathrm{d}x - \frac{1}{N}\sum_{n=1}^N f(x_n) \right| \leqslant 3\varepsilon.$$

因为 $\varepsilon > 0$ 可以任意小, 所以式 (6.1.6) 成立. $\qquad\square$

注 6.1.1 定理 6.1.2 有多种证法, 但大都遵循 Weyl 原证的思路.

例 6.1.2 (a) 若 α 是无理数, 则数列 $n\alpha\,(n \geqslant 1)$ u.d.mod 1 (参见例 6.1.1(a)).

这是定理 6.1.2 的推论, 因为对任何非零整数 h, 有

$$\left| \frac{1}{N}\sum_{n=1}^N \mathrm{e}^{2\pi h n \alpha \mathrm{i}} \right| = \frac{|\mathrm{e}^{2\pi h N \alpha \mathrm{i}} - 1|}{N|\mathrm{e}^{2\pi h \alpha \mathrm{i}} - 1|}$$
$$\leqslant \frac{1}{N|\sin \pi h \alpha|} \to 0 \quad (N \to \infty).$$

(b) 数列 $\log n\,(n \geqslant 1)$ 不是 u.d.mod 1 的.

我们只需证明等式 (6.1.13) 不成立. 为此令 $F(t) = \mathrm{e}^{2\pi \log t \, \mathrm{i}}$, 则有 (见注 6.1.2)

$$\sum_{n=1}^{N} F(n) = \int_1^N F(t)\mathrm{d}t + \frac{1}{2}\big(F(1)+F(N)\big) + \int_1^N \left(\{t\} - \frac{1}{2}\right)F'(t)\mathrm{d}t. \qquad (6.1.15)$$

两边除以 N, 得到等式

$$\frac{1}{N}\sum_{n=1}^{N} F(n) = T_1 + T_2 + T_3,$$

当 $N \to \infty$ 时, 右边第一项

$$T_1 = \frac{N\mathrm{e}^{2\pi \log N \, \mathrm{i}} - 1}{N(2\pi \mathrm{i} + 1)}$$

不存在极限; 右边第二项 T_2 趋于零; 右边第三项的绝对值

$$|T_3| = \frac{1}{N}\left|\int_1^N \left(\{t\} - \frac{1}{2}\right)F'(t)\mathrm{d}t\right|$$

$$\leqslant \frac{\pi}{N}\int_1^N \frac{\mathrm{d}t}{t} \to 0.$$

可见当 $h = 1$ 时等式 (6.1.13) 就已不成立.

(c) 依本例 (a), 数列 $n\mathrm{e}(n \geqslant 1)$ 是 u.d.mod 1 的, 但其子列 $n!\mathrm{e}(n \geqslant 1)$ 不是 u.d.mod 1 的. 事实上, 我们有

$$\mathrm{e} = 1 + \frac{1}{1!} + \frac{1}{2!} + \cdots + \frac{1}{n!} + \frac{\mathrm{e}^\theta}{(n+1)!} \quad (0 < \theta < 1),$$

所以当 $n > 1$ 时, 有

$$\{n!\mathrm{e}\} = \frac{\mathrm{e}^\theta}{n+1} < \frac{\mathrm{e}}{n+1}.$$

可见数列 $\{n!\mathrm{e}\}$ 只有唯一一个极限点 0, 从而不可能是 u.d.mod 1 的. 详而言之, 对于给定的 $\varepsilon \in (0,1)$, 当 $n > n_0 = n_0(\varepsilon)$ 时, $0 < \{n!\mathrm{e}\} < \varepsilon$, 因此对于任何区间 $[a,b] \subseteq [\varepsilon, 1]$, 有 $A([a,b]; N; \omega) \leqslant n_0$, 因而等式 (6.1.1) 不成立.

注 6.1.2 式 (6.1.15) 称为 Euler 求和公式, 可由下式推出:

$$\int_n^{n+1} F(t)\mathrm{d}t = \frac{1}{2}\big(F(n)+F(n+1)\big) - \int_n^{n+1}\left(\{t\} - \frac{1}{2}\right)F'(t)\mathrm{d}t$$

(留待读者证明).

6.1.3 多维情形

现在将 6.1.1 小节中的概念扩充到多维情形.

我们首先引进一些记号. 设 $s \geqslant 2$. 若 $\boldsymbol{a} = (a_1, \cdots, a_s)$ 和 $\boldsymbol{b} = (b_1, \cdots, b_s) \in \mathbb{R}^d$ 满足 $a_i < b_i$(或 $a_i \leqslant b_i$)$(i = 1, \cdots, s)$, 则记作 $\boldsymbol{a} < \boldsymbol{b}$(或 $\boldsymbol{a} \leqslant \boldsymbol{b}$). 我们将集合 ($s$ 维长方体)$\{\boldsymbol{x} \mid \boldsymbol{x} \in \mathbb{R}^s, \boldsymbol{a} \leqslant \boldsymbol{x} < \boldsymbol{b}\}$ 记作 $[\boldsymbol{a}, \boldsymbol{b})$, 有时也记作 $[a_1, b_1) \times \cdots \times [a_s, b_s)$; 类似地定义 $[\boldsymbol{a}, \boldsymbol{b}]$. 特别地, 用 $I^s = [\boldsymbol{0}, \boldsymbol{1})$ 表示 s 维单位正方体 $[0, 1)^s$, 此处 $\boldsymbol{0} = (0, \cdots, 0), \boldsymbol{1} = (1, \cdots, 1) \in \mathbb{R}^s$. 对于任意 $\boldsymbol{x} = (x_1, \cdots, x_s) \in \mathbb{R}^s$, 定义 $\{\boldsymbol{x}\} = (\{x_1\}, \cdots, \{x_s\})(\in I^s)$.

设 $\boldsymbol{\omega}: \boldsymbol{x}_n (n \geqslant 1)$ 是 $\mathbb{R}^s$ 中的向量序列 (或点列). 对于 I^s 的任何子集 E, 用 $A(E; N; \boldsymbol{\omega})$(有时简记为 $A(E; N)$)表示向量 $\boldsymbol{x}_1, \cdots, \boldsymbol{x}_N$ 中满足 $\{\boldsymbol{x}_n\} \in E$ 的向量个数. 如果对于任何 $[\boldsymbol{a}, \boldsymbol{b}) \in I^s$ (其中 $\boldsymbol{0} \leqslant \boldsymbol{a} < \boldsymbol{b} \leqslant \boldsymbol{1}$), 总有

$$\lim_{N \to \infty} \frac{A([\boldsymbol{a}, \boldsymbol{b}); N; \boldsymbol{\omega})}{N} = \prod_{i=1}^{s} (b_i - a_i), \tag{6.1.16}$$

则称向量序列 (或点列)$\boldsymbol{\omega}$ 模 1 一致分布, 或一致分布 (mod 1), 并简记为 u.d.mod 1.

类似于一维情形, 可以证明 (此处从略, 读者容易补出):

定理 6.1.3 $\mathbb{R}^s$ 中的点列 $\boldsymbol{\omega}: \boldsymbol{x}_n (n \geqslant 1)$ 模 1 一致分布的充要条件是: 对于任何 $[0, 1]^s$ 上的实值连续函数 $f(\boldsymbol{x})$, 有

$$\lim_{N \to \infty} \frac{1}{N} \sum_{n=1}^{N} f(\{\boldsymbol{x}_n\}) = \int_{I^s} f(\boldsymbol{x}) \mathrm{d}\boldsymbol{x}$$

(此处 $\mathrm{d}\boldsymbol{x} = \mathrm{d}x_1 \cdots \mathrm{d}x_s$).

类似于定理 6.1.1 的推论在多维情形也成立. 并且还有 (证明也类似, 此处从略)

定理 6.1.4(多维 Weyl 判别法则) $\mathbb{R}^s$ 中的点列 $\boldsymbol{\omega}: \boldsymbol{x}_n (n \geqslant 1)$ 模 1 一致分布, 当且仅当对所有 s 维非零整向量 (整点)$\boldsymbol{h}$ 有

$$\lim_{N \to \infty} \frac{1}{N} \sum_{n=1}^{N} \mathrm{e}^{2\pi(\boldsymbol{h} \cdot \boldsymbol{x}_n)\mathrm{i}} = 0$$

时 (此处 $\boldsymbol{h} \cdot \boldsymbol{x}_n$ 表示向量内积).

由定理 6.1.2 和定理 6.1.4 立得

推论 6.1.3 $\mathbb{R}^s$ 中的点列 $\boldsymbol{\omega}: \boldsymbol{x}_n (n \geqslant 1)$ 模 1 一致分布, 当且仅当对于所有 s 维非零整点 $\boldsymbol{h}$, 一维实数列 $\boldsymbol{h} \cdot \boldsymbol{x}_n (n \geqslant 1)$ 模 1 一致分布时.

例 6.1.3 (a) 设 $\boldsymbol{\alpha} = (\alpha_1, \cdots, \alpha_s) \in \mathbb{R}^s, 1, \alpha_1, \cdots, \alpha_s$ 在 $\mathbb{Q}$ 上线性无关, 则点列 $n\boldsymbol{\alpha} (n \geqslant 1)$ u.d.mod 1.

这是例 6.1.2(a) 到多维情形的扩充. 证明如下: 因为 $1, \alpha_1, \cdots, \alpha_s$ 在 $\mathbb{Q}$ 上的线性无关性蕴含 $\boldsymbol{h} \cdot \boldsymbol{\alpha} \notin \mathbb{Q}(\forall \boldsymbol{h} \in \mathbb{Z}^s \setminus \{\boldsymbol{0}\})$, 所以依例 6.1.2(a) 可知一维数列 $n(\boldsymbol{h} \cdot \boldsymbol{\alpha})(n \geqslant 1)$ u.d.mod 1. 从而由推论 6.1.3 得知上述结论成立.

(b) 设 $\boldsymbol{\alpha} = (\alpha_1, \cdots, \alpha_s) \in \mathbb{R}^s, 1, \alpha_1, \cdots, \alpha_s$ 在 $\mathbb{Q}$ 上线性相关, 则点列 $n\boldsymbol{\alpha}\,(n \geqslant 1)$ 不 u.d.mod 1.

这是例 6.1.1(a) 到多维情形的扩充. 因为由 $1, \alpha_1, \cdots, \alpha_s$ 在 $\mathbb{Q}$ 上的线性相关性推出存在非零的 $\boldsymbol{h} \in \mathbb{Z}^s$, 使得 $\boldsymbol{h} \cdot \boldsymbol{\alpha} \in \mathbb{Z}$, 所以依例 6.1.1(a) 可知一维数列 $n(\boldsymbol{h} \cdot \boldsymbol{\alpha})\,(n \geqslant 1)$ 不 u.d.mod 1. 从而由推论 6.1.3 推出上述结论.

6.1.4 一致分布定义的扩充

我们现在将上面给出的一致分布的定义加以拓广.

设 $m, s \geqslant 1$ 是正整数, T 是 $\mathbb{N}^m$ 的某个无穷子集. 考虑 $\mathbb{R}^s$ 中的序列 $\omega : \boldsymbol{x_n}\,(\boldsymbol{n} \in T)$, 它的每个元素的下标是某个向量 $\boldsymbol{n} = (n_1, n_2, \cdots, n_m) \in T$, 即 $\boldsymbol{x_n} = (x_{n_1}, x_{n_2}, \cdots, x_{n_m})$. 还设 $\boldsymbol{N} = (N_1, N_2, \cdots, N_m) \in \mathbb{N}^m$, 记 $|\boldsymbol{N}| = N_1 N_2 \cdots N_m$. 对于集合 $E \subseteq I^s = [0,1)^s$, 用 $A(E; \boldsymbol{N}; \omega)$ (有时简记为 $A(E; \boldsymbol{N})$) 表示集合

$$\{\boldsymbol{x_n} \,|\, \boldsymbol{n} \leqslant \boldsymbol{N}\}$$

中满足条件 $\{\boldsymbol{x_n}\} \in E$ 的元素的个数.

如果 $\mathbb{R}^s$ 中的序列 $\omega : \boldsymbol{x_n}\,(\boldsymbol{n} \in T)$ 对于任何 $[\boldsymbol{a}, \boldsymbol{b}) \subseteq I^s$ 都有

$$\lim_{|\boldsymbol{N}| \to \infty} \frac{A([\boldsymbol{a}, \boldsymbol{b}); \boldsymbol{N})}{|\boldsymbol{N}|} = \prod_{j=1}^{s} (b_j - a_j),$$

此处 $|\boldsymbol{N}| \to \infty$ 表示 $N_1, N_2, \cdots, N_m$ 各自独立地趋于无穷, 即

$$\min_{1 \leqslant i \leqslant m} N_i \to \infty,$$

那么称 ω 一致分布 (mod 1).

易见, 若取 $m = 1, T = \mathbb{N}$, 则得到前面给出的相应定义.

同样, 我们可以将定理 6.1.2 推广为

定理 6.1.5 (Weyl 判别法则) $\mathbb{R}^s$ 中的序列 $\omega : \boldsymbol{x_n}\,(\boldsymbol{n} \in T)$ 一致分布 (mod 1), 当且仅当对任何 s 维非零整向量 (整点) $\boldsymbol{h}$ 有

$$\lim_{|\boldsymbol{N}| \to \infty} \frac{1}{|\boldsymbol{N}|} \sum_{\boldsymbol{n} \leqslant \boldsymbol{N}} e^{2\pi(\boldsymbol{h} \cdot \boldsymbol{x_n})i} = 0.$$

证明与定理 6.1.2 类似, 此处从略.

例 6.1.4 设 $L_1(\boldsymbol{x}), \cdots, L_s(\boldsymbol{x})$ 是变量 $\boldsymbol{x} = (x_1, \cdots, x_m)$ 的齐次线性型, 具有下列性质: 若整向量 $\boldsymbol{u} = (u_1, \cdots, u_s)$ 使得 $u_1 L_1(\boldsymbol{x}) + \cdots + u_s L_s(\boldsymbol{x})$ 是 $\boldsymbol{x}$ 的整系数线性型, 则必有 $\boldsymbol{u} = \boldsymbol{0}$. 证明: 序列

$$\boldsymbol{z_n} = \big(L_1(\boldsymbol{n}), \cdots, L_s(\boldsymbol{n})\big) \quad (\boldsymbol{n} \in \mathbb{N}^m)$$

一致分布 $(\mathrm{mod}\,1)$.

证 记线性型

$$L_j(\boldsymbol{x}) = \boldsymbol{\alpha}_j \cdot \boldsymbol{x} = \alpha_{j1} x_1 + \cdots + \alpha_{jm} x_m,$$

其中 $\boldsymbol{\alpha}_j = (\alpha_{j1}, \cdots, \alpha_{jm}) \in \mathbb{R}^m$. 还设 $\boldsymbol{N} = (N_1, \cdots, N_m), \boldsymbol{n} = (n_1, \cdots, n_m) \in \mathbb{N}^m$. 于是对于任何非零的 $\boldsymbol{h} = (h_1, \cdots, h_s) \in \mathbb{Z}^s$, 有

$$\begin{aligned}
\boldsymbol{h} \cdot \boldsymbol{z_n} &= (h_1, \cdots, h_s) \cdot \big(L_1(\boldsymbol{n}), \cdots, L_s(\boldsymbol{n})\big) \\
&= (h_1, \cdots, h_s) \cdot \big(\boldsymbol{\alpha}_1 \cdot \boldsymbol{n}, \cdots, \boldsymbol{\alpha}_s \cdot \boldsymbol{n}\big) \\
&= h_1 \boldsymbol{n} \cdot \boldsymbol{\alpha}_1 + \cdots + h_s \boldsymbol{n} \cdot \boldsymbol{\alpha}_s;
\end{aligned}$$

若记

$$\boldsymbol{\beta}_j = (\alpha_{1j}, \cdots, \alpha_{sj}) \in \mathbb{R}^s \quad (j = 1, \cdots, m),$$

则

$$\boldsymbol{h} \cdot \boldsymbol{z_n} = n_1 \boldsymbol{h} \cdot \boldsymbol{\beta}_1 + \cdots + n_m \boldsymbol{h} \cdot \boldsymbol{\beta}_m.$$

由此得到

$$\begin{aligned}
J_{\boldsymbol{N}} &= \left| \frac{1}{|\boldsymbol{N}|} \sum_{\boldsymbol{n} \leqslant \boldsymbol{N}} \mathrm{e}^{2\pi(\boldsymbol{h} \cdot \boldsymbol{z_n})\mathrm{i}} \right| \\
&= \left| \frac{1}{N_1 \cdots N_m} \sum_{\boldsymbol{n} \leqslant \boldsymbol{N}} \mathrm{e}^{2\pi(n_1 \boldsymbol{h} \cdot \boldsymbol{\beta}_1 + \cdots + n_m \boldsymbol{h} \cdot \boldsymbol{\beta}_m)\mathrm{i}} \right| \\
&= \prod_{j=1}^{m} \left(\frac{1}{N_j} \left| \sum_{n_j=1}^{N_j} \mathrm{e}^{2\pi n_j (\boldsymbol{h} \cdot \boldsymbol{\beta}_j)\mathrm{i}} \right| \right) \\
&= \prod_{j=1}^{m} \frac{2}{N_j |1 - \mathrm{e}^{2\pi(\boldsymbol{h} \cdot \boldsymbol{\beta}_j)\mathrm{i}}|}.
\end{aligned}$$

由题设条件可知 $\boldsymbol{h} \cdot \boldsymbol{\beta}_j \notin \mathbb{Z}$, 所以上式分母不为零, 于是

$$J_{\boldsymbol{N}} \to 0 \quad (\text{当 } |\boldsymbol{N}| \to 0 \text{ 时}).$$

依据定理 6.1.5 可知序列 $z_n\,(n \in \mathbb{N}^m)$ 一致分布 $(\mathrm{mod}\,1)$. $\qquad\qquad\qquad\square$

注意, 若取 $m = 1, L_j(\boldsymbol{x}) = \alpha_j x\,(j = 1, \cdots, s)$, 并且 $1, \alpha_1, \cdots, \alpha_s$ 在 $\mathbb{Q}$ 上线性无关, 则得例 6.1.3(a).

6.2　点集的偏差

6.2.1　一维点集的偏差

设 $\omega : a_i\,(i = 1, \cdots, n)$ 是单位区间 $[0,1)$ 中的一个 (有限) 实数列, 对于任意的 $\alpha, \beta \in [0,1]$, 且 $\alpha < \beta$, 用 $A([\alpha, \beta); n) = A([\alpha, \beta); n; \omega)$ 表示这个数列落在区间 $[\alpha, \beta)$ 中的项的个数. 我们称

$$D_n = D_n(\omega) = \sup_{0 \leqslant \alpha < \beta \leqslant 1} \left| \frac{A([\alpha, \beta); n; \omega)}{n} - (\beta - \alpha) \right| \qquad (6.2.1)$$

为数列 ω 的偏差.

一般地, 对于任意一个 (有限) 实数列 $\omega : a_i\,(i = 1, \cdots, n)$, 将数列 $\{a_i\}\,(i = 1, \cdots, n)$ 记作 $\{\omega\}$, 并将数列 $\{\omega\}$ 的偏差 $D_n(\{\omega\})$ 称为数列 ω 的偏差, 仍然记作 $D_n(\omega)$, 亦即 $D_n(\omega) = D_n(\{\omega\})$.

在式 (6.2.1) 中, $\beta - \alpha$ 是区间 $[\alpha, \beta)$ 与整个区间 $[0,1)$ 的长度之比, 而 $A([\alpha, \beta); n)/n$ 是它们所含 ω 的点的个数之比, 因此 $D_n(\omega)$ 是数列 ω 在 $[0,1)$ 中分布的均匀程度的一种刻画.

对于 $[0,1)$ 中的实数列 $\omega : a_i\,(i = 1, \cdots, n)$, 我们还令

$$D_n^* = D_n^*(\omega) = \sup_{0 < \alpha \leqslant 1} \left| \frac{A([0, \alpha); n; \omega)}{n} - \alpha \right|, \qquad (6.2.2)$$

并称为数列 ω 的星偏差. 类似地, 若 $\omega : a_i\,(i = 1, \cdots, n)$ 是一个任意实数列, 则令 $D_n^*(\omega) = D_n^*(\{\omega\})$, 其中 $\{\omega\}$ 表示数列 $\{a_i\}\,(i = 1, \cdots, n)$.

注 6.2.1　此处偏差和星偏差的区分依照文献 [69], 在文献 [1] 中定义的"偏差"实际是此处的星偏差. 在文献 [29](第 4 章) 中, 符号 $D_n^*(\omega)$ 则另有定义, 与式 (6.2.2)

不同.

6.2.2 一维点集偏差的简单性质

显然, 我们可以认为下文中的有限实数列都在区间 $[0,1)$ 中.

引理 6.2.1 若 ω' 是将有限实数列 ω 的项重新排列而得到的数列, 则

$$D_n(\omega') = D_n(\omega), \quad D_n^*(\omega') = D_n^*(\omega).$$

证 因为对于任何 $J = [\alpha,\beta) \subset [0,1](\beta > \alpha \geqslant 0)$, 有 $A(J;n;\omega') = A(J;n;\omega)$, 所以得到结论. □

引理 6.2.2 对于任何项数为 n 的实数列 ω, 有

$$\frac{1}{n} \leqslant D_n(\omega) \leqslant 1. \tag{6.2.3}$$

证 对于区间 J, 我们用 $|J|$ 表示它的长度. 因为数 $A([\alpha,\beta);n)/n$ 和 $\beta - \alpha$ 都是不超过 1 的正数, 所以得到式 (6.2.3) 的右半. 现在设 a 是数列 ω 中的任意一项. 任取 $\varepsilon > 0$, 考虑区间 $J = [a,a+\varepsilon) \cap [0,1)$. 因为 $a \in J$, 所以

$$\frac{A(J;n)}{n} - |J| \geqslant \frac{1}{n} - |J| \geqslant \frac{1}{n} - \varepsilon,$$

于是 $D_n(\omega) \geqslant 1/n - \varepsilon$. 因为 ε 可以任意接近于 0, 所以得到式 (6.2.3) 的左半. □

引理 6.2.3 对于任何项数为 n 的实数列 ω, 有

$$D_n^*(\omega) \leqslant D_n(\omega) \leqslant 2D_n^*(\omega). \tag{6.2.4}$$

证 由定义, 左半不等式是显然的. 为证右半不等式, 注意当 $0 \leqslant \alpha < \beta \leqslant 1$ 时 $A([\alpha,\beta);n) = A([0,\beta);n) - A([0,\alpha);n)$, 因此

$$\left|\frac{A([\alpha,\beta);n)}{n} - (\beta-\alpha)\right| \leqslant \left|\frac{A([0,\beta);n)}{n} - \beta\right| + \left|\frac{A([0,\alpha);n)}{n} - \alpha\right|,$$

由此可推出式 (6.2.4) 的右半. □

注 6.2.2 **1.** 由引理 6.2.2 和引理 6.2.3 可知 $D_n^* \geqslant 1/(2n)$. 由 (后文) 定理 6.2.1 还可推出其中等式仅当数列 $\omega: (2k-1)/(2n)(k=1,2,\cdots,n)$ (或此数列的重新排列) 时成立.

2. 引理 6.2.3 表明, 在应用中,$D_n^*(\omega)$ 与 $D_n(\omega)$ 起着同样的作用.

引理 6.2.4 如果 $\omega_1 : x_i\,(i=1,\cdots,n)$ 和 $\omega_2 : y_i\,(i=1,\cdots,n)$ 是两个实数列, 满足

$$|x_j - y_j| \leqslant \delta \quad (j=1,\cdots,n),$$

那么

$$|D_n^*(\omega_1) - D_n^*(\omega_2)| \leqslant \delta, \tag{6.2.5}$$

$$|D_n(\omega_1) - D_n(\omega_2)| \leqslant 2\delta.$$

证 因为证法类似, 所以只证式 (6.2.5). 考虑任意区间 $J = [0,u) \subset [0,1]$. 如果某个 $y_j \in J$, 那么 $0 \leqslant x_j \leqslant y_j + \delta < u + \delta$, 从而 $x_j \in J_1 = [0,u+\delta) \cap [0,1]$, 于是 $A(J;n;\omega_2) \leqslant A(J_1;n;\omega_1)$, 并且 $|J_1| = \min\{|[0,u+\delta)|,|[0,1]|\} \leqslant u + \delta = |J| + \delta$, 即得 $|J| \geqslant |J_1| - \delta$. 因此

$$\frac{A(J;n;\omega_2)}{n} - |J| \leqslant \frac{A(J_1;n;\omega_1)}{n} - |J_1| + \delta$$
$$\leqslant D_n^*(\omega_1) + \delta. \tag{6.2.6}$$

现在设 $u > \delta$. 如果某个 $x_j \in J_2 = [0,u-\delta)$, 那么 $0 \leqslant y_j \leqslant x_j + \delta < u$, 从而 $y_j \in J$, 于是 $A(J_2;n;\omega_1) \leqslant A(J;n;\omega_2)$, 并且 $|J_2| = u - \delta = |J| - \delta$, 即得 $|J| = |J_2| + \delta$. 于是 $A(J;n;\omega_2)/n - |J| \geqslant A(J_2;n;\omega_1)/n - |J_2| - \delta$, 从而

$$\frac{A(J;n;\omega_2)}{n} - |J| \geqslant -D_n^*(\omega_1) - \delta. \tag{6.2.7}$$

如果 $u \leqslant \delta$, 那么 $A(J;n;\omega_2)/n \geqslant 0 > -D_n^*(\omega_1)$, 以及 $-|J| = -u \geqslant -\delta$, 所以式 (6.2.7) 也成立. 由式 (6.2.6) 和式 (6.2.7) 可知

$$\left| \frac{A(J;n;\omega_2)}{n} - |J| \right| \leqslant D_n^*(\omega_1) + \delta.$$

由于 $J \subset [0,1]$ 是任意的, 因此得到

$$D_n^*(\omega_2) \leqslant D_n^*(\omega_1) + \delta. \tag{6.2.8}$$

在上面的推理中, 交换 ω_1 和 ω_2 的位置, 可得

$$D_n^*(\omega_1) \leqslant D_n^*(\omega_2) + \delta. \tag{6.2.9}$$

于是由式 (6.2.8) 和式 (6.2.9) 得到式 (6.2.5). $\qquad\qquad\qquad\qquad\qquad \Box$

注 6.2.3 引理 6.2.4 表明 $D_n(\omega)$ 和 $D_n^*(\omega)$ 是数列 ω 的各项 $x_1, \cdots, x_n$ 的连续函数.

例 6.2.1 (a) 设 $n \geqslant 1$, 数列 $\omega : k/n(k = 0, 1, \cdots, n-1)$, 则 $D_n(\omega) = 1/n$.

为计算数列 ω 的偏差, 考虑任意区间 $J = [\alpha, \beta) \subset [0, 1]$. 存在唯一的整数 $k(0 \leqslant k \leqslant n-1)$ 使得 $k/n < |J| \leqslant (k+1)/n$, 因而 J 所含有的形如 $j/n(0 \leqslant j \leqslant n-1)$ 的项至少有 k 个, 而且至多有 $k+1$ 个, 于是 $|A(J; n; \omega)/n - |J|| \leqslant 1/n$. 结合式 (6.2.3) 的左半, 即得结论.

由本例可知: 对于一维情形, 式 (6.2.3) 中 $D_n(\omega)$ 的下界估计是最优的 (还可参见注 6.2.4 的 1).

(b) 设 $n \geqslant 1$, 数列 $\omega : k^2/n^2(k = 0, 1, \cdots, n-1)$, 则

$$\lim_{n \to \infty} D_n^*(\omega) = \frac{1}{4}.$$

证明如下: 设 $0 < \alpha \leqslant 1, [0, \alpha) \subseteq [0, 1]$ 是任意一个区间, 而 $A([0, \alpha); n; \omega) = t$, 那么 $t \geqslant 1$, 并且 $\alpha \in ((t-1)^2/n^2, t^2/n^2]$. 如果 $\alpha = t^2/n^2$, 那么 $t = n\sqrt{\alpha}$(这是一个整数)$= [n\sqrt{\alpha}]$; 不然则有

$$\frac{(t-1)^2}{n^2} < \alpha < \frac{t^2}{n^2} \quad \Rightarrow \quad t - 1 < n\sqrt{\alpha} < t,$$

所以 $t = [n\sqrt{\alpha}] + 1$. 总之我们有 $t = [n\sqrt{\alpha}] + \theta$, 其中 $\theta = 0$ 或 1. 由此可知

$$\begin{aligned}
\frac{A([0, \alpha); n; \omega)}{n} - \alpha &= \frac{[n\sqrt{\alpha}] + \theta}{n} - \alpha \\
&= \sqrt{\alpha} - \alpha - \frac{\{n\sqrt{\alpha}\} + \theta}{n} \\
&= \sqrt{\alpha} - \alpha + O\left(\frac{1}{n}\right).
\end{aligned}$$

注意, 当 $\alpha = 1$ 时, $A([0, \alpha); n; \omega)/n - \alpha = 0$; 当 $0 < \alpha < 1$ 时

$$\sqrt{\alpha} - \alpha = -\left(\sqrt{\alpha} - \frac{1}{2}\right)^2 + \frac{1}{4} > 0,$$

因此当 n 充分大时, $A([0, \alpha); n; \omega)/n - \alpha > 0$, 从而

$$D_n^*(\omega) = \sup_{0 < \alpha \leqslant 1} (\sqrt{\alpha} - \alpha) + O\left(\frac{1}{n}\right).$$

由于 $\sup_{0 < \alpha \leqslant 1} (\sqrt{\alpha} - \alpha) = 1/4$, 故得到结论.

(c) 设 $n \geqslant 1$, 对于每个 $l \geqslant 0$ 定义数列 $\omega_l : k^l/n^l (k = 0, 1, \cdots, n-1)$, 则

$$\lim_{l \to \infty} \lim_{n \to \infty} D_n^*(\omega_l) = 1.$$

事实上, 类似于本例 (b) 的证法, 我们得到当 n 充分大时

$$D_n^*(\omega_l) = \sup_{0 < \alpha \leqslant 1} (\sqrt[l]{\alpha} - \alpha) + O\left(\frac{1}{n}\right) \quad (\forall l > 1).$$

由于 $\sup_{0 < \alpha \leqslant 1} (\sqrt[l]{\alpha} - \alpha) = l^{-1/(l-1)}(1 - l^{-1})$, 易得结论.

6.2.3 一维点列偏差的精确计算

对于一维点列的星偏差和偏差, H. Niederreiter(文献 [80]) 给出下列精确计算公式:

定理 6.2.1 设 $\omega : x_i (i = 1, \cdots, n)$ 是 $[0, 1)$ 中的一个数列, 那么它的星偏差

$$D_n^*(\omega) = \max_{1 \leqslant i \leqslant n} \max \left\{ \left| x_i - \frac{i}{n} \right|, \left| x_i - \frac{i-1}{n} \right| \right\}$$

$$= \frac{1}{2n} + \max_{1 \leqslant i \leqslant n} \left| x_i - \frac{2i-1}{2n} \right|.$$

证 依引理 6.2.1, 不妨认为 $x_1 \leqslant x_2 \leqslant \cdots \leqslant x_n$. 又由引理 6.2.4 可知 $D_n^*(\omega)$ 是 x_i 的连续函数. 必要时以 $x_i + \varepsilon(\varepsilon > 0)$ 代替 x_i, 可以认为诸 x_i 两两不等, 若能在此情形证得结论, 则令 $\varepsilon \to 0$ 即可导出所要的公式. 因此我们设 ω 满足

$$0 < x_1 < x_2 < \cdots < x_n < 1, \tag{6.2.10}$$

并且还令 $x_0 = 0, x_{n+1} = 1$. 显然有

$$D_n^*(\omega) = \max_{0 \leqslant i \leqslant n} \sup_{x_i < \alpha \leqslant x_{i+1}} \left| \frac{A([0, \alpha); n)}{n} - \alpha \right|$$

$$= \max_{0 \leqslant i \leqslant n} \sup_{x_i < \alpha \leqslant x_{i+1}} \left| \frac{i}{n} - \alpha \right|.$$

因为函数 $f_i(x) = |i/n - x|$ 在区间 $[x_i, x_{i+1}]$ 上只可能在端点达到最大值, 所以上式等于

$$\max_{0 \leqslant i \leqslant n} \max \left\{ \left| \frac{i}{n} - x_i \right|, \left| \frac{i}{n} - x_{i+1} \right| \right\}.$$

注意 $x_0 = 0, x_{n+1} = 1$, 将此式逐项写出, 可知它等于

$$\max \left\{ \left| \frac{0}{n} - x_1 \right|, \left| \frac{1}{n} - x_1 \right|, \left| \frac{1}{n} - x_2 \right|, \left| \frac{2}{n} - x_2 \right|, \left| \frac{2}{n} - x_3 \right|, \cdots, \left| \frac{n}{n} - x_n \right| \right\}$$

$$= \max_{1 \leqslant i \leqslant n} \max \left\{ \left| \frac{i}{n} - x_i \right|, \left| \frac{i-1}{n} - x_i \right| \right\}.$$

最后, 对于每个 $i,(2i-1)/(2n)$ 是区间 $[(i-1)/n,i/n]$ 的中点, 容易直接验证

$$\max \left\{ \left| \frac{i}{n} - x_i \right|, \left| \frac{i-1}{n} - x_i \right| \right\} = \frac{1}{2n} + \left| x_i - \frac{2i-1}{2n} \right|,$$

由此即可完成定理的证明. □

定理 6.2.2 设 $\omega : x_i(i = 1, \cdots, n)$ 同定理 6.2.1, 那么它的偏差

$$D_n(\omega) = \frac{1}{n} + \max_{1 \leqslant i \leqslant n} \left(\frac{i}{n} - x_i \right) - \min_{1 \leqslant i \leqslant n} \left(\frac{i}{n} - x_i \right). \tag{6.2.11}$$

证 可设式 (6.2.10) 成立, 并令 $x_0 = 0, x_{n+1} = 1$. 我们有

$$D_n(\omega) = \max_{0 \leqslant i \leqslant j \leqslant n} \sup_{\substack{x_i < \alpha \leqslant x_{i+1} \\ x_j < \beta \leqslant x_{j+1} \\ \alpha < \beta}} \left| \frac{A([\alpha, \beta); n)}{n} - (\beta - \alpha) \right|$$

$$= \max_{0 \leqslant i \leqslant j \leqslant n} \sup_{\substack{x_i < \alpha \leqslant x_{i+1} \\ x_j < \beta \leqslant x_{j+1} \\ \alpha < \beta}} \left| \frac{j - i}{n} - (\beta - \alpha) \right|.$$

因为 $x_j - x_{i+1} < \beta - \alpha < x_{j+1} - x_i$, 函数 $f_{i,j}(x) = |(j-i)/n - x|$ 在区间 $[x_j - x_{i+1}, x_{j+1} - x_i]$ 上只可能在端点达到最大值, 所以上式等于

$$\max_{0 \leqslant i \leqslant j \leqslant n} \max \left\{ \left| \frac{j-i}{n} - (x_{j+1} - x_i) \right|, \left| \frac{j-i}{n} - (x_j - x_{i+1}) \right| \right\}.$$

记 $r_i = i/n - x_i (0 \leqslant i \leqslant n+1)$, 那么上式可以改写为

$$\max_{0 \leqslant i \leqslant j \leqslant n} \max \left\{ \left| r_{j+1} - r_i - \frac{1}{n} \right|, \left| r_j - r_{i+1} + \frac{1}{n} \right| \right\}.$$

注意 $r_0 = 0, r_{n+1} = 1/n$, 将此式逐项写出, 可知

$$D_n(\omega) = \max_{\substack{0 \leqslant i \leqslant n \\ 1 \leqslant j \leqslant n+1}} \left| \frac{1}{n} + r_i - r_j \right|. \tag{6.2.12}$$

由于

$$\max_{1 \leqslant i,j \leqslant n} \left| \frac{1}{n} + r_i - r_j \right|$$

就是式 (6.2.11) 的右边; 并且因为

$$\max_{1 \leqslant i \leqslant n} r_i \geqslant r_n \geqslant 0, \quad \min_{1 \leqslant i \leqslant n} r_i \leqslant r_1 \leqslant \frac{1}{n},$$

所以式 (6.2.12) 右边对应 $i=0$ 或 $j=n+1$ 的极大值

$$\max_{1\leqslant j\leqslant n+1}\left|\frac{1}{n}-r_j\right|, \quad \max_{0\leqslant i\leqslant n}|r_i|$$

均不超过式 (6.2.11) 的右边, 因此得到所要的结论. □

注 6.2.4 **1.** 由定理 6.2.1 可知, 若 $\omega : x_i(i=1,\cdots,n)$ 是 $[0,1)$ 中的任意数列, 则有 $D_n^*(\omega)\geqslant 1/(2n)$, 并且等号仅当 $\omega : (2i-1)/(2n)(i=1,\cdots,n)$(或其重新排列) 时成立. 由定理 6.2.2 可推出关于 $D_n(\omega)$ 的类似的结论(参见注 6.2.2 的 1 和例 6.2.1(a)).

2. 设 f 是 $[0,1]$ 上的连续非减函数,$f(0)=0,f(1)=1$. 对于 $[0,1)$ 中的数列 $\omega:$ $x_i(i=1,\cdots,n)$, 令

$$D_n^*(\omega;f)=\sup_{0\leqslant\alpha\leqslant1}\left|\frac{A([0,\alpha);n;\omega)}{n}-f(\alpha)\right|.$$

类似于定理 6.2.1, 我们有

$$D_n^*(\omega;f)=\max_{1\leqslant i\leqslant n}\max\left\{\left|f(x_i)-\frac{i}{n}\right|,\left|f(x_i)-\frac{i-1}{n}\right|\right\}$$

$$=\frac{1}{2n}+\max_{1\leqslant i\leqslant n}\left|f(x_i)-\frac{2i-1}{2n}\right|.$$

对于定理 6.2.2 也有类似的结果.

6.2.4 多维点集的偏差

对于 $\boldsymbol{a}=(a_1,\cdots,a_s)\in\mathbb{R}^s$, 我们定义 $|\boldsymbol{a}|=\prod_{i=1}^{s}|a_i|$.

现在将 6.2.1 小节中的偏差概念扩充到多维情形. 设 $s\geqslant2,\boldsymbol{\omega}:\boldsymbol{a}_i(i=1,\cdots,n)$ 是 s 维单位正方体 $[0,1)^s$ 中的一个有限点列, 类似于一维情形定义 $A([\boldsymbol{\alpha},\boldsymbol{\beta});n;\boldsymbol{\omega})$, 则称

$$D_n(\boldsymbol{\omega})=\sup_{\boldsymbol{0}\leqslant\boldsymbol{\alpha}<\boldsymbol{\beta}\leqslant\boldsymbol{1}}\left|\frac{A([\boldsymbol{\alpha},\boldsymbol{\beta});n;\boldsymbol{\omega})}{n}-|\boldsymbol{\beta}-\boldsymbol{\alpha}|\right|$$

为点列 $\boldsymbol{\omega}$ 的偏差, 称

$$D_n^*(\boldsymbol{\omega})=\sup_{\boldsymbol{0}<\boldsymbol{\alpha}\leqslant\boldsymbol{1}}\left|\frac{A([\boldsymbol{0},\boldsymbol{\alpha});n;\boldsymbol{\omega})}{n}-|\boldsymbol{\alpha}|\right|$$

为点列 $\boldsymbol{\omega}$ 的星偏差. 如果 $\boldsymbol{\omega}:\boldsymbol{a}_i(i=1,\cdots,n)$ 是 $\mathbb{R}^s$ 中的一个有限点列, 则分别定义 $\boldsymbol{\omega}$ 的偏差和星偏差为 $D_n(\boldsymbol{\omega})=D_n(\{\boldsymbol{\omega}\})$ 和 $D_n^*(\boldsymbol{\omega})=D_n^*(\{\boldsymbol{\omega}\})$.

易证引理 6.2.1 对多维点集也成立, 并且对于任何 $s \geqslant 1, 0 < D_n(\boldsymbol{\omega}) \leqslant 1$. 而引理 6.2.3 在一般情形取下列形式:

引理 6.2.5 设 $s \geqslant 1, \boldsymbol{\omega}$ 是 $\mathbb{R}^s$ 中的任意含 n 项的有限点列, 则

$$D_n^*(\boldsymbol{\omega}) \leqslant D_n(\boldsymbol{\omega}) \leqslant 2^s D_n^*(\boldsymbol{\omega}). \tag{6.2.13}$$

证 式 (6.2.13) 的左半是显然的. 不妨认为 $\boldsymbol{\omega}$ 是 $[0,1)^s (s \geqslant 2)$ 中的点列. 为证右半, 考虑区域 (s 维长方体)

$$J = \{\boldsymbol{x} \mid \boldsymbol{\alpha} \leqslant \boldsymbol{x} < \boldsymbol{\beta}\},$$

其中 $\boldsymbol{\alpha} = (\alpha_1, \cdots, \alpha_s), \boldsymbol{\beta} = (\beta_1, \cdots, \beta_s), \boldsymbol{0} \leqslant \boldsymbol{\alpha} < \boldsymbol{\beta} \leqslant \boldsymbol{1}$. 超平面 $x_j = \alpha_j (j = 1, \cdots, s)$ 将 $[\boldsymbol{0}, \boldsymbol{\beta})$ 划分为 2^s 个形如

$$J_l = \{\boldsymbol{x} \mid \boldsymbol{0} \leqslant \boldsymbol{x} < \boldsymbol{\varepsilon}_l\}$$

的小区域, 其中 $\boldsymbol{\varepsilon}_l = (\varepsilon_1^{(l)}, \cdots, \varepsilon_s^{(l)})$ 的各个分量 $\varepsilon_j^{(l)} = \alpha_j$ 或 $\beta_j (j = 1, \cdots, s)$. 用 $r(\boldsymbol{\varepsilon}_l)$ 表示使 $\boldsymbol{\varepsilon}_l$ 的坐标 $\varepsilon_j^{(l)} = \alpha_j$ 的下标 j 的个数. 例如, 当 $s = 3$ 时, $r((\alpha_1, \alpha_2, \beta_3)) = 2, r((\alpha_1, \beta_2, \beta_3)) = 1$. 对于 $[0,1)^s$ 中的任意两个 s 维长方体 A 和 B, 分别用 $A + B$ 和 $A - B$ 表示 $A \cup B$ 和 $A \setminus B$. 那么由逐步淘汰原则 (见例如文献 [4]) 可知

$$J = \sum_l (-1)^{r(\boldsymbol{\varepsilon}_l)} J_l,$$

于是

$$A(J; n; \boldsymbol{\omega}) = \sum_l (-1)^{r(\boldsymbol{\varepsilon}_l)} A(J_l; n; \boldsymbol{\omega}),$$

$$|J| = \sum_l (-1)^{r(\boldsymbol{\varepsilon}_l)} |J_l|,$$

因而

$$\left| \frac{A(J; n; \boldsymbol{\omega})}{n} - |J| \right| \leqslant \sum_l \left| \frac{A(J_l; n; \boldsymbol{\omega})}{n} - |J_l| \right|$$

$$\leqslant D_n^*(\boldsymbol{\omega}) \sum_l 1$$

$$= 2^s D_n^*(\boldsymbol{\omega}),$$

即式 (6.2.13) 的右半也成立. □

下面给出引理 6.2.4 的多变量情形的推广, 它表明 $D_n(\boldsymbol{\omega})$ 和 $D_n^*(\boldsymbol{\omega})$ 是数列 $\boldsymbol{\omega}$ 各项分量 $x_{k,j}$ 的连续函数.

引理 6.2.6 设 $s \geqslant 1, \boldsymbol{\omega}_1 : \boldsymbol{x}_k (k = 1, \cdots, n)$ 和 $\boldsymbol{\omega}_2 : \boldsymbol{y}_k (k = 1, \cdots, n)$ 是 $\mathbb{R}^s$ 中的两个有限点列. 记 $\boldsymbol{x}_k = (x_{k,1}, \cdots, x_{k,s}), \boldsymbol{y}_k = (y_{k,1}, \cdots, y_{k,s})(k = 1, \cdots, n)$. 如果

$$|x_{k,j} - y_{k,j}| \leqslant \delta \quad (j = 1, \cdots, s; k = 1, \cdots, n),$$

那么

$$|D_n^*(\boldsymbol{\omega}_1) - D_n^*(\boldsymbol{\omega}_2)| \leqslant s\delta, \tag{6.2.14}$$
$$|D_n(\boldsymbol{\omega}_1) - D_n(\boldsymbol{\omega}_2)| \leqslant 2s\delta.$$

证 因为证法类似, 所以只证式 (6.2.14). 可以认为 $\boldsymbol{\omega}_1$ 和 $\boldsymbol{\omega}_2$ 是 $[0,1)^s$ 中的点列. 考虑 $[0,1)^s$ 中的任意长方体 $J = [\boldsymbol{0}, \boldsymbol{\alpha})$, 其中 $\boldsymbol{\alpha} = (\alpha_1, \cdots, \alpha_s), 0 < \alpha_j \leqslant 1(j = 1, \cdots, s)$.

记 $\boldsymbol{\delta} = (\delta, \cdots, \delta)$, 令 $J_1 = [\boldsymbol{0}, \boldsymbol{\alpha} + \boldsymbol{\delta}) \cap [0,1)^s$, 那么 $J_1 = [\boldsymbol{0}, \boldsymbol{\beta})$, 其中 $\boldsymbol{\beta} = (\beta_1, \cdots, \beta_s)$, $\beta_j = \min\{\alpha_j + \delta, 1\}(j = 1, \cdots, s)$. 如果某个 $\boldsymbol{y}_k \in J$, 那么 $0 \leqslant x_{k,j} \leqslant y_{k,j} + \delta < \alpha_j + \delta$, 注意 $x_{k,j} < 1$, 因而 $0 \leqslant x_{k,j} < \beta_j (j = 1, \cdots, s)$, 于是 $\boldsymbol{x}_k \in J_1$. 因此

$$A(J; n; \boldsymbol{\omega}_2) \leqslant A(J_1; n; \boldsymbol{\omega}_1). \tag{6.2.15}$$

又因为 $\beta_1 - \alpha_1 = \min\{\alpha_1 + \delta, 1\} - \alpha_1 \leqslant \delta$, 以及

$$\prod_{j=1}^s \beta_j - \prod_{j=1}^s \alpha_j = (\beta_1 - \alpha_1)\prod_{j=2}^s \beta_j + \alpha_1\left(\prod_{j=2}^s \beta_j - \prod_{j=2}^s \alpha_j\right),$$

所以由数学归纳法可知

$$0 \leqslant |J_1| - |J| \leqslant s\delta. \tag{6.2.16}$$

由式 (6.2.15) 和式 (6.2.16) 可得

$$\frac{A(J; n; \boldsymbol{\omega}_2)}{n} - |J| \leqslant \frac{A(J_1; n; \boldsymbol{\omega}_1)}{n} - |J_1| + d\delta \leqslant D_n^*(\boldsymbol{\omega}_1) + s\delta. \tag{6.2.17}$$

现在设 $\min_j \alpha_j > \delta$. 令 $J_2 = [\boldsymbol{0}, \boldsymbol{\gamma})$, 其中 $\boldsymbol{\gamma} = (\gamma_1, \cdots, \gamma_s), \gamma_j = \alpha_j - \delta(j = 1, \cdots, s)$. 如果某个 $\boldsymbol{x}_k \in J_2$, 那么 $0 \leqslant y_{k,j} < x_{k,j} + \delta < \alpha_j(j = 1, \cdots, s)$, 于是 $\boldsymbol{y} \in J$. 因此

$$A(J_2; n; \boldsymbol{\omega}_1) \leqslant A(J; n; \boldsymbol{\omega}_2). \tag{6.2.18}$$

又因为 $\alpha_1 - \gamma_1 = \delta$, 以及

$$\prod_{j=1}^s \alpha_j - \prod_{j=1}^s \gamma_j = (\alpha_1 - \gamma_1)\prod_{j=2}^s \alpha_j + \gamma_1\left(\prod_{j=2}^s \alpha_j - \prod_{j=2}^s \gamma_j\right),$$

于是由数学归纳法可知

$$0 \leqslant |J| - |J_2| \leqslant s\delta. \tag{6.2.19}$$

类似于式 (6.2.17), 由式 (6.2.18) 和式 (6.2.19) 可得

$$\frac{A(J;n;\boldsymbol{\omega}_2)}{n} - |J| \geqslant -D_n^*(\boldsymbol{\omega}_1) - s\delta. \tag{6.2.20}$$

如果有某些 $\alpha_j \leqslant \delta$, 那么因为 $0 < \alpha_j \leqslant 1$, 所以 $|J| \leqslant \delta \leqslant s\delta$; 还要注意 $A(J;n;\boldsymbol{\omega}_2)/n \geqslant 0 > -D_n^*(\boldsymbol{\omega}_1)$, 因此此时式 (6.2.20) 仍然成立. 由式 (6.2.17) 和式 (6.2.20) 可知

$$\left| \frac{A(J;n;\omega_2)}{n} - |J| \right| \leqslant D_n^*(\omega_1) + s\delta.$$

由于 $J \subset [0,1]$ 是任意的, 因此得到

$$D_n^*(\boldsymbol{\omega}_2) \leqslant D_n^*(\boldsymbol{\omega}_1) + s\delta. \tag{6.2.21}$$

在上面的推理中, 交换 $\boldsymbol{\omega}_1$ 和 $\boldsymbol{\omega}_2$ 的位置, 可得

$$D_n^*(\boldsymbol{\omega}_1) \leqslant D_n^*(\boldsymbol{\omega}_2) + s\delta. \tag{6.2.22}$$

于是由式 (6.2.21) 和式 (6.2.22) 得到式 (6.2.13).　　　　　　　　□

例 6.2.2　(a) 设 $\boldsymbol{\omega}: \boldsymbol{x}_i\,(i=1,\cdots,n)$ 是 $\mathbb{R}^s\,(s \geqslant 1)$ 中的任意有限点列, 则 $D_n(\boldsymbol{\omega}) \geqslant 1/n$.

事实上, 引理 6.2.2 表明当 $s=1$ 时结论已正确, 所以可设 $s \geqslant 2$. 不妨认为 $\boldsymbol{\omega}$ 是 $[0,1)^s$ 中的点列. 取 $\varepsilon > 0$, 记 $\boldsymbol{\varepsilon} = (\varepsilon, \cdots, \varepsilon), \boldsymbol{\alpha} = \boldsymbol{x}_1 + \boldsymbol{\varepsilon}$, 那么当 $\varepsilon > 0$ 足够小时 $J = [\boldsymbol{x}_1, \boldsymbol{\alpha}) \subseteq [0,1)^s$, 而且 $|J| = \prod_j (x_j + \varepsilon) - \prod_j x_j \leqslant (2^s - 1)\varepsilon$, 从而

$$\left| \frac{A(J;n)}{n} - |J| \right| \geqslant \frac{1}{n} - (2^s - 1)\varepsilon.$$

因为 $\varepsilon > 0$ 可以任意小, 所以得到结论.

注意, 可以证明: 当 $s \geqslant 2$ 时, 这个下界估计不是最优的 (而当 $s=1$ 时是最优的).

(b) 设 $s \geqslant 2, \boldsymbol{\omega}: \boldsymbol{x}_i\,(i=1,\cdots,n)$ 是 $[0,1)^{s-1}$ 中的任意点列. 对任意整数 $n \geqslant 1$, 令 $\boldsymbol{\phi}: (k/n, \boldsymbol{x}_k)\,(k=1,\cdots,n)$, 则

$$D_n^*(\boldsymbol{\phi}) \leqslant \frac{1}{n} \max_{1 \leqslant m \leqslant n} m D_m^*(\boldsymbol{\omega}) + \frac{1}{n}.$$

证明如下: 对于任意长方体 $J = \prod\limits_{i=1}^{s} [0, \alpha_i) \subset [0,1)^s$, 点 $(k/n, \boldsymbol{x}_k) \in J$, 当且仅当

$\boldsymbol{x}_k \in J' = \prod\limits_{i=2}^{s} [0, \alpha_i)$ 且 $k < n\alpha_1$ 时. 如果 m 是小于 $n\alpha_1 + 1$ 的最大整数, 那么 $A(J; n; \boldsymbol{\phi}) = A(J'; n; \boldsymbol{\omega}_m)$, 其中 $\boldsymbol{\omega}_m$ 表示数列 $\boldsymbol{x}_1, \cdots, \boldsymbol{x}_m$. 于是

$$\big|A(J; n; \boldsymbol{\phi}) - n|J|\big| \leqslant \big|A(J'; n; \boldsymbol{\omega}_m) - m|J'|\big| + \big|m|J'| - n|J|\big|$$
$$\leqslant m D_m^*(\boldsymbol{\omega}) + \big|m|J'| - n|J|\big|.$$

因为 $n\alpha_1 \leqslant m < n\alpha_1 + 1$, 所以 $m|J'| - n|J| = (m - n\alpha_1)\alpha_2 \cdots \alpha_s \geqslant 0$, 以及

$$m|J'| - n|J| < (n\alpha_1 + 1)\prod_{i=2}^{s}\alpha_i - n\alpha_1 \prod_{i=2}^{s}\alpha_i \leqslant 1.$$

由此易得所要的结论.

例 6.2.3 设 $\boldsymbol{\omega}: \big((2i-1)/32, (2j-1)/32\big)\, (i, j = 1, 2, \cdots, 16)$ 是 $[0,1)^2$ 中的一个点集, 求星偏差 $D^*(\boldsymbol{\omega})$.

下面是一种直接解法: 记 $n = 16^2$. 对于 $\boldsymbol{\alpha} = (\alpha_1, \alpha_2) \in (0, 1]^2$, 令

$$F(\boldsymbol{\alpha}) = \left| \frac{A([\boldsymbol{0}, \boldsymbol{\alpha}); n)}{n} - |\boldsymbol{\alpha}| \right|.$$

还令 $D = \{(x, y) \mid 1/32 < x \leqslant 1, 1/32 < y \leqslant 1\}, E = \{(x, y) \mid 1/32 < x \leqslant 31/32, 1/32 < y \leqslant 31/32\}, L = (0,1]^2 \setminus D\big($这是顶点为

$$(0,0), \quad (1,0), \quad (1, 1/32), \quad (1/32, 1/32), \quad (1/32, 1), \quad (0, 1)$$

的 L 形区域$\big)$, 以及 $G = D \setminus E\big($即顶点为

$$(1/32, 31/32), \quad (1/32, 1), \quad (1, 1), \quad (1, 1/32), \quad (31/32, 1/32), \quad (31/32, 31/32)$$

的倒 L 形区域$\big)$.

(i) 当 $\boldsymbol{\alpha} = (\alpha_1, \alpha_2) \in L$ 时, 显然 $A([\boldsymbol{0}, \boldsymbol{\alpha}); n) = 0$, 于是

$$F(\boldsymbol{\alpha}) = |\boldsymbol{\alpha}| < 1 \cdot \frac{1}{32} = \frac{1}{32}.$$

(ii) 当 $\boldsymbol{\alpha} = (\alpha_1, \alpha_2) \in E$ 时, 必定落在某个唯一的形如 $\{(x, y) \mid (2i-1)/32 < x \leqslant (2i+1)/32, (2j-1)/32 < y \leqslant (2j+1)/32\}$ 的正方形中, 于是可将它表示为 $\boldsymbol{\alpha} = \big((2i-1)/32 + \delta_1, (2j-1)/32 + \delta_2\big)$, 其中 $i, j \in \{1, 2, \cdots, 15\}$, 并且 $0 < \delta_1, \delta_2 \leqslant 1/16$. 易见

$$A([\boldsymbol{0}, \boldsymbol{\alpha}); n) = ij,$$

$$|\boldsymbol{\alpha}| = \Big(\frac{2i-1}{32} + \delta_1\Big)\Big(\frac{2j-1}{32} + \delta_2\Big),$$

并注意

$$\frac{ij}{n} = \Big(\frac{2i-1}{32} + \frac{1}{32}\Big)\Big(\frac{2j-1}{32} + \frac{1}{32}\Big),$$

可知

$$A\big([\mathbf{0},\boldsymbol{\alpha});n\big) - |\boldsymbol{\alpha}| = \frac{2i-1}{32}\Big(\frac{1}{32} - \delta_1\Big) + \frac{2j-1}{32}\Big(\frac{1}{32} - \delta_2\Big) + \Big(\frac{1}{32^2} - \delta_1\delta_2\Big), \qquad (6.2.23)$$

因此

$$F(\boldsymbol{\alpha}) \leqslant \frac{2i-1}{32}\Big|\frac{1}{32} - \delta_1\Big| + \frac{2j-1}{32}\Big|\frac{1}{32} - \delta_2\Big| + \Big|\frac{1}{32^2} - \delta_1\delta_2\Big|$$

$$\leqslant \frac{2i-1}{32}\cdot\frac{1}{32} + \frac{2j-1}{32}\cdot\frac{1}{32} + \frac{4-1}{32^2}$$

$$\leqslant \frac{1}{32^2}(29 + 29 + 3)$$

$$= \frac{61}{32^2}.$$

(iii) 当 $\boldsymbol{\alpha} = (\alpha_1, \alpha_2) \in G$ 时, 类似地得到 $\boldsymbol{\alpha}$ 的下列三种表示形式:

(a) $\boldsymbol{\alpha} = \big((2i-1)/32 + \delta_1, 31/32 + \delta_2\big)$, 其中 $i \in \{1, 2, \cdots, 15\}$, 并且 $0 < \delta_1 \leqslant 1/16, 0 < \delta_2 \leqslant 1/32$;

(b) $\boldsymbol{\alpha} = \big(31/32 + \delta_1, (2j-1)/32 + \delta_2\big)$, 其中 $j \in \{1, 2, \cdots, 15\}$, 并且 $0 < \delta_1 \leqslant 1/32, 0 < \delta_2 \leqslant 1/16$;

(c) $\boldsymbol{\alpha} = (31/32 + \delta_1, 31/32 + \delta_2)$, 其中 $0 < \delta_1, \delta_2 \leqslant 1/32$.

对于情形 (a), 与式 (6.2.23) 类似地有 (或在式 (6.2.23) 中令 $j = 16$)

$$A\big([\mathbf{0},\boldsymbol{\alpha});n\big) - |\boldsymbol{\alpha}| = \frac{2i-1}{32}\Big(\frac{1}{32} - \delta_1\Big) + \frac{31}{32}\Big(\frac{1}{32} - \delta_2\Big) + \Big(\frac{1}{32^2} - \delta_1\delta_2\Big),$$

于是

$$F(\boldsymbol{\alpha}) \leqslant \frac{2i-1}{32}\cdot\frac{1}{32} + \frac{31}{32}\cdot\frac{1}{32} + \frac{1}{32^2}$$

$$\leqslant \frac{1}{32^2}(29 + 31 + 1) = \frac{61}{32^2}.$$

对于情形 (b), 也得同样的结果. 对于情形 (c), 有

$$A\big([\mathbf{0},\boldsymbol{\alpha});n\big) - |\boldsymbol{\alpha}| = \frac{31}{32}\Big(\frac{1}{32} - \delta_1\Big) + \frac{31}{32}\Big(\frac{1}{32} - \delta_2\Big) + \Big(\frac{1}{32^2} - \delta_1\delta_2\Big),$$

因此

$$F(\boldsymbol{\alpha}) \leqslant \frac{1}{32^2}(31+31+1) = \frac{63}{32^2}.$$

特别地, 当 $\boldsymbol{\alpha} = (31/32+\varepsilon, 31/32+\varepsilon)(\varepsilon > 0)$ 时, 有

$$F(\boldsymbol{\alpha}) = 1 - (31/32+\varepsilon)(31/32+\varepsilon)$$

$$= \frac{63}{32^2} - \frac{31}{16}\varepsilon - \varepsilon^2,$$

因为 ε 可任意接近于 0, 所以综合上述诸情形可得

$$D^*(\boldsymbol{\omega}) = 63/32^2 = 0.0615234375.$$

注 6.2.5　关于多维点列星偏差的精确计算公式, 可见文献 [8].

6.2.5　偏差与一致分布序列

设 $s \geqslant 1, \boldsymbol{\omega} : \boldsymbol{x}_i (i = 1, 2, \cdots)$ 是 $\mathbb{R}^s$ 中的一个无穷点列, 用 $\boldsymbol{\omega}_n$ 表示 $\boldsymbol{\omega}$ 的前 n 项组成的有限点列, 将 $\boldsymbol{\omega}_n$ 的偏差记为 $D_n = D_n(\boldsymbol{\omega}_n)$. 这是 n 的函数, 有时也将它称做无穷点列 $\boldsymbol{\omega}$ 的偏差 $D_n = D_n(\boldsymbol{\omega})$. 类似地定义星偏差 $D_n^* = D_n^*(\boldsymbol{\omega}_n)$ 及 $D_n^* = D_n^*(\boldsymbol{\omega})$.

注意, 如果 $\boldsymbol{\omega}$ 不是 $[0,1)^s$ 中的点列, 那么上述偏差和星偏差应理解为对点列 $\{\boldsymbol{\omega}\}$ 而言.

定理 6.2.3　点列 $\boldsymbol{\omega}$ 模 1 一致分布, 当且仅当

$$\lim_{n \to \infty} D_n(\boldsymbol{\omega}_n) = 0, \tag{6.2.24}$$

或

$$\lim_{n \to \infty} D_n^*(\boldsymbol{\omega}_n) = 0.$$

证　依引理 6.2.5, 只需证明条件 (6.2.24) 等价于: 对于任何 $\boldsymbol{\alpha}, \boldsymbol{\beta} \in \mathbb{R}^s, \boldsymbol{0} \leqslant \boldsymbol{\alpha} < \boldsymbol{\beta} \leqslant \boldsymbol{1}$, 有

$$\lim_{n \to \infty} \frac{A([\boldsymbol{\alpha}, \boldsymbol{\beta}); n; \boldsymbol{\omega}_n)}{n} = |\boldsymbol{\beta} - \boldsymbol{\alpha}|, \tag{6.2.25}$$

此处 $A([\boldsymbol{\alpha}, \boldsymbol{\beta}); n; \boldsymbol{\omega}_n)$ 表示 $\{\boldsymbol{\omega}\}$ 的前 n 项中落在 $[\boldsymbol{\alpha}, \boldsymbol{\beta})$ 中的个数.

易见式 (6.2.24) 蕴含式 (6.2.25). 现设式 (6.2.25) 成立, 要证明式 (6.2.24) 也成立. 令 M 是任意正整数, $\boldsymbol{\delta} = (\delta_1, \cdots, \delta_s)$ 是一个整向量, 满足 $0 \leqslant \delta_i < M (i = 1, \cdots, s)$, 记

$$I_{\boldsymbol{\delta}} = [M^{-1}\boldsymbol{\delta}, M^{-1}(\boldsymbol{\delta}+\boldsymbol{1})).$$

注意 $|I_{\boldsymbol{\delta}}| = M^{-s}$, 由式 (6.2.25) 可知, 当 $n \geqslant n_0 = n_0(M)$ 时, 有

$$\frac{1}{M^s}\left(1 - \frac{1}{M}\right) \leqslant \frac{A(I_{\boldsymbol{\delta}}; n; \boldsymbol{\omega}_n)}{n} \leqslant \frac{1}{M^s}\left(1 + \frac{1}{M}\right). \tag{6.2.26}$$

对于任意区间 $I = [\boldsymbol{\alpha}, \boldsymbol{\beta}]$ (其中 $\mathbf{0} \leqslant \boldsymbol{\alpha} = (\alpha_1, \cdots, \alpha_s) < \boldsymbol{\beta} = (\beta_1, \cdots, \beta_s) \leqslant \mathbf{1}$), 因为存在整数 δ_k 满足 $\delta_k/M \leqslant \alpha_k < (\delta_k + 1)/M$ (对于 β_k 也有类似的不等式成立), 所以可以找到区间 I_1, I_2, 它们是有限多个互不相交的 $I_{\boldsymbol{\delta}}$ 型小区间的并集, 使得 $I_1 \subseteq I \subseteq I_2$. 如果用 c_k 表示 I 的平行于 X_k 坐标轴的边的长, 那么

$$|I_1| \geqslant \prod_{k=1}^{s}\left(c_k - \frac{2}{M}\right), \quad |I_2| \leqslant \prod_{k=1}^{s}\left(c_k + \frac{2}{M}\right),$$

因此

$$|I| - |I_1| \leqslant \frac{2s}{M} + O\left(\frac{1}{M^2}\right), \quad |I_2| - |I| \leqslant \frac{2s}{M} + O\left(\frac{1}{M^2}\right). \tag{6.2.27}$$

注意 I_1 和 I_2 的定义, 由式 (6.2.26) 可推出当 $n \geqslant n_0$ 时, 有

$$\begin{aligned}
|I_1|\left(1 - \frac{1}{M}\right) &\leqslant \frac{A(I_1; n; \boldsymbol{\omega}_n)}{n} \\
&\leqslant \frac{A(I; n; \boldsymbol{\omega}_n)}{n} \\
&\leqslant \frac{A(I_2; n; \boldsymbol{\omega}_n)}{n} \\
&\leqslant |I_2|\left(1 + \frac{1}{M}\right).
\end{aligned}$$

由此及式 (6.2.27) 得到: 当 $n \geqslant n_0$ 时, 有

$$\left|\frac{A(I; n; \boldsymbol{\omega}_n)}{n} - |I|\right| \leqslant \frac{2s+1}{M} + O\left(\frac{1}{M^2}\right),$$

因为 $I \subseteq [0,1)^s$ 是任意的, 所以

$$D_n(\boldsymbol{\omega}_n) \leqslant \frac{2s+1}{M} + O\left(\frac{1}{M^2}\right),$$

对于任意给定的 $\varepsilon > 0$, 当 M 充分大时, 上式右边小于 ε, 从而当 $n \geqslant n_0 = n_0(M)$ 时, $0 < D_n(\boldsymbol{\omega}_n) < \varepsilon$. 于是推出式 (6.2.24). $\qquad \square$

注 6.2.6 我们还有更一般的定义. 设 $s \geqslant 1, \mathcal{N}$ 是 $\mathbb{N}$ 的一个无穷子集. 还设对于每个 $n \in \mathcal{N}$, 存在一个 $\mathbb{R}^s$ 中的含 n 项的有限点列 $\boldsymbol{\omega}^{(n)}: \boldsymbol{x}_i^{(n)} (i = 1, 2, \cdots, n)$. 令 $\boldsymbol{\omega}: \boldsymbol{\omega}^{(n)} (n \in \mathcal{N})$ 是由有限点列 $\boldsymbol{\omega}^{(n)}$ 组成的无穷序列, $D_n = D_n(\boldsymbol{\omega}^{(n)})$ 是 $\boldsymbol{\omega}^{(n)}$ 的偏差. 如果

$$\lim_{\substack{n \to \infty \\ n \in \mathcal{N}}} D_n(\boldsymbol{\omega}^{(n)}) = 0,$$

那么称 $\boldsymbol{\omega}$ 是模 1 一致分布的点集序列, 并且有偏差 $D_n = D_n(\boldsymbol{\omega})$.

当然, 若 $D_n^* = D_n^*(\boldsymbol{\omega}^{(n)})$ 是有限点列 $\boldsymbol{\omega}^{(n)} : \boldsymbol{x}_i^{(n)} (i = 1, 2, \cdots, n)$ 的星偏差, 则可等价地通过

$$\lim_{\substack{n \to \infty \\ n \in \mathcal{N}}} D_n^*(\boldsymbol{\omega}^{(n)}) = 0$$

定义无穷序列 $\boldsymbol{\omega} : \boldsymbol{\omega}^{(n)} (n \in \mathcal{N})$ 的一致分布性.

作为特殊情形, 若 $\boldsymbol{\omega} : \boldsymbol{x}_i (i = 1, 2, \cdots)$ 是一个给定的无穷点列, 并且 $\mathcal{N} = \mathbb{N}$, 对任何 $n \in \mathcal{N}$ 取 $\boldsymbol{\omega}^{(n)}$ 为点列 $\boldsymbol{x}_i (i = 1, 2, \cdots, n)$, 则上述定义即成为通常的一致分布点列定义.

注 6.2.7 从数值计算的角度看, 无穷序列 $\boldsymbol{\omega} : \boldsymbol{\omega}^{(n)} (n \in \mathcal{N})$ 的每个成员 $\boldsymbol{\omega}^{(n)}$ 的组成往往是不同的, 从而计算量较大; 单一的无穷点列容易形成无限延伸的由有限点列组成的无穷序列 $\boldsymbol{\omega}$, 因而更便于应用.

类似于定理 6.2.3, 可以用同样的方法证明 (此处从略):

定理 6.2.4 由有限点列 $\boldsymbol{\omega}^{(n)} (n \in \mathcal{N})$ 组成的无穷序列 $\boldsymbol{\omega}$ 模 1 一致分布, 当且仅当对于任何 $\boldsymbol{\alpha}, \boldsymbol{\beta} \in \mathbb{R}^s, \boldsymbol{0} \leqslant \boldsymbol{\alpha} < \boldsymbol{\beta} \leqslant \boldsymbol{1}$, 有

$$\lim_{\substack{n \to \infty \\ n \in \mathcal{N}}} \frac{A([\boldsymbol{\alpha}, \boldsymbol{\beta}); n; \boldsymbol{\omega}^{(n)})}{n} = |\boldsymbol{\beta} - \boldsymbol{\alpha}|.$$

例 6.2.4 由例 6.2.1(b) 可知, 由点列 $\boldsymbol{\omega}^{(n)} : k^2/n^2 (k = 0, 1, \cdots, n-1; n \in \mathbb{N})$ 组成的无穷序列不一致分布. 同样, 由例 6.2.1(c) 推出, 对任何整数 $l \geqslant 2$, 由点列 $\boldsymbol{\omega}_l^{(n)} : k^l/n^l (k = 0, 1, \cdots, n-1; n \in \mathbb{N})$ 组成的无穷序列也不一致分布.

6.3　一致分布序列与数值积分

6.3.1　连续函数的积分

如果 f 是 $[0, 1]$ 上的连续函数, 那么我们称

$$M_f = M_f(t) = \sup_{\substack{u, v \in [0, 1] \\ |u-v| \leqslant t}} |f(u) - f(v)| \quad (t \geqslant 0)$$

为函数 f(在 $[0,1]$ 上) 的连续性模. 注意, $M_f(t) \to 0(t \to 0+)$.

下列定理给出点列偏差与连续函数的积分间的一种关系.

定理 6.3.1 如果 f 是 $[0,1]$ 上的连续函数, M_f 是其连续性模, 那么对于 $[0,1)$ 中的任意点列 $\omega: a_i(i = 1, 2, \cdots, n)$, 有

$$\left| \frac{1}{n} \sum_{k=1}^{n} f(a_k) - \int_0^1 f(t)\mathrm{d}t \right| \leqslant M_f\big(D_n^*(\omega)\big),$$

式中 $D_n^*(\omega)$ 是点列 ω 的星偏差.

证 不失一般性, 可以认为 $a_1 \leqslant a_2 \leqslant \cdots \leqslant a_n$. 那么我们有

$$\int_0^1 f(t)\mathrm{d}t = \sum_{k=1}^{n} \int_{(k-1)/n}^{k/n} f(t)\mathrm{d}t = \sum_{k=1}^{n} \frac{1}{n} f(\xi_k),$$

其中 $(k-1)/n < \xi_k < k/n(1 \leqslant k \leqslant n)$, 于是

$$\frac{1}{n} \sum_{k=1}^{n} f(a_k) - \int_0^1 f(t)\mathrm{d}t = \frac{1}{n} \sum_{k=1}^{n} \big(f(a_k) - f(\xi_k)\big).$$

如果 $a_k \geqslant \xi_k$, 那么由定理 6.2.1 可知

$$|a_k - \xi_k| < \left| a_k - \frac{k-1}{n} \right| \leqslant D_n^*(\omega);$$

如果 $a_k < \xi_k$, 那么类似地有

$$|a_k - \xi_k| < \left| a_k - \frac{k}{n} \right| \leqslant D_n^*(\omega).$$

于是由连续性模的定义得到结论. □

我们将此定理扩充到多维情形. 设 $s \geqslant 2, f$ 是 $[0,1]^s$ 上的连续函数, 它 (在 $[0,1]^s$ 上) 的连续性模定义为

$$M_f = M_f(t) = \sup_{\substack{\boldsymbol{u}, \boldsymbol{v} \in [0,1]^s \\ \|\boldsymbol{u} - \boldsymbol{v}\| \leqslant t}} |f(\boldsymbol{u}) - f(\boldsymbol{v})| \quad (t \geqslant 0),$$

其中 $\|\boldsymbol{x}\| = \max_{1 \leqslant k \leqslant s} |x_k|$ 表示 $\boldsymbol{x} = (x_1, \cdots, x_s) \in \mathbb{R}^s$ 的模.

定理 6.3.2 设 $s \geqslant 2, f$ 是 $[0,1]^s$ 上的连续函数, M_f 是其连续性模. 那么对于 $[0,1)^s$ 中的任何点列 $\boldsymbol{\omega}: \boldsymbol{a}_i(i = 1, 2, \cdots, n)$, 有

$$\left| \frac{1}{n} \sum_{k=1}^{n} f(\boldsymbol{a}_k) - \int_{[0,1]^s} f(\boldsymbol{x})\mathrm{d}\boldsymbol{x} \right| \leqslant 4M_f\big(D_n^{*1/s}(\boldsymbol{\omega})\big),$$

其中 $D_n^*(\boldsymbol{\omega})$ 是点列 $\boldsymbol{\omega}$ 的星偏差, 并且在一般情形常数 4 不能换成小于 1 的数.

(证明从略, 可参见文献 [84].)

由上述定理可知, 如果点列 ω 具有小的 (星) 偏差, 那么用连续函数 f 在此点列上的值的平均值作为它在 $[0,1]^s$ 上的积分的近似值, 误差将是小的.

6.3.2　Koksma-Hlawka 不等式

下面这个定理给出点列偏差与有界变差函数的积分间的一种关系.

定理 6.3.3(Koksma 不等式)　若 f 是 $[0,1]$ 上的有界变差函数, 其全变差为 $V_f = V_f([0,1])$, 则对于 $[0,1)$ 中的任何点列 $\omega : a_i\,(i=1,2,\cdots,n)$, 有

$$\left|\frac{1}{n}\sum_{k=1}^{n}f(x_k) - \int_0^1 f(x)\mathrm{d}x\right| \leqslant V_f D_n^*(\omega).$$

我们给出这个定理的两个证明.

证 1　不妨设 $x_1 < x_2 < \cdots < x_n$, 并令 $x_0 = 0, x_{n+1} = 1$. 在分部求和公式中取 $A_k = k, b_k = f(x_k)\,(k=0,1,\cdots,n)$, 以及 $l=1$, 可得

$$\begin{aligned}
\sum_{k=1}^{n}f(x_k) &= \sum_{k=1}^{n}\big(k-(k-1)\big)f(x_k) \\
&= nf(x_n) + \sum_{k=1}^{n-1}k\big(f(x_k)-f(x_{k+1})\big) \\
&= -\sum_{k=0}^{n}k\big(f(x_{k+1})-f(x_k)\big) + nf(1),
\end{aligned}$$

又由分部积分得到

$$\int_0^1 f(x)\mathrm{d}x = f(1) - \int_0^1 x\mathrm{d}f(x),$$

因此

$$\begin{aligned}
\frac{1}{n}\sum_{k=1}^{n}f(x_k) - \int_0^1 f(x)\mathrm{d}x &= -\sum_{k=0}^{n}\frac{k}{n}\big(f(x_{k+1})-f(x_k)\big) + \int_0^1 x\mathrm{d}f(x) \\
&= \sum_{k=0}^{n}\int_{x_k}^{x_{k+1}}\left(x-\frac{k}{n}\right)\mathrm{d}f(x).
\end{aligned}$$

由定理 6.2.1 可知, 对于每个 $k\,(0\leqslant k\leqslant n)$, 当 $x_k \leqslant x \leqslant x_{k+1}$ 时, $|x-k/n| \leqslant D_n^*(\omega)$, 于是

$$\left|\frac{1}{n}\sum_{k=1}^{n}f(x_k) - \int_0^1 f(x)\mathrm{d}x\right| \leqslant D_n^*(\omega)\sum_{k=0}^{n}\int_{x_k}^{x_{k+1}}|\mathrm{d}f(x)|$$

$$= D_n^*(\omega) \int_0^1 |\mathrm{d}f(x)|,$$

由此即可推出所要的不等式. □

证 2 定义函数 $\chi(x;a) = 1$ (当 $a < x$ 时); $\chi(x;a) = 0$ (当 $a \geqslant x$ 时) 并令

$$R_n(x) = \frac{A([0,x);n;\omega)}{n} - x = \frac{1}{n}\sum_{k=1}^n \chi(x;x_k) - x \quad (0 \leqslant x \leqslant 1).$$

我们有

$$\int_0^1 R_n(x)\mathrm{d}f(x) = \frac{1}{n}\sum_{k=1}^n \int_0^1 \chi(x;x_k)\mathrm{d}f(x) - \int_0^1 x\mathrm{d}f(x),$$

分部积分得到

$$\int_0^1 R_n(x)\mathrm{d}f(x) = \frac{1}{n}\sum_{k=1}^n \big(f(1) - f(x_k)\big) - f(1) + \int_0^1 f(x)\mathrm{d}x$$

$$= -\frac{1}{n}\sum_{k=1}^n f(x_k) + \int_0^1 f(x)\mathrm{d}x,$$

由此及函数变差和点列偏差的定义推出

$$\left| \frac{1}{n}\sum_{k=1}^n f(x_k) - \int_0^1 f(x)\mathrm{d}x \right| \leqslant \int_0^1 |R_n(x)||\mathrm{d}f(x)|$$

$$\leqslant V_f D_n^*(\mathcal{S}). \qquad \square$$

1961 年,E. Hlawka 将定理 6.3.3 扩充到多维情形, 即

定理 6.3.4 (Koksma-Hlawka 不等式) 如果 f 是 $[0,1]^s$ 上的 Hardy-Krause 有界变差函数, 其全变差为 $\mathscr{V}_f = \mathscr{V}_f([0,1]^s)$, 那么对于任何 $[0,1)^s$ 中的点列 $\boldsymbol{\omega} : \boldsymbol{x}_k\,(k = 1,2,\cdots,n)$, 有

$$\left| \frac{1}{n}\sum_{k=1}^n f(\boldsymbol{x}_k) - \int_{[0,1]^s} f(\boldsymbol{x})\mathrm{d}\boldsymbol{x} \right| \leqslant \mathscr{V}_f D_n^*(\boldsymbol{\omega}).$$

我们略去 Hardy-Krause 有界变差函数的定义, 不妨将 $\mathscr{V}_f$ 理解为一个与 f 有关的常数. 这个定理有两个不同的证明, 分别见文献 [57,69]. 在文献 [1] 中给出定理 $s = 2$ 情形的证明 (可由此领略证明的一般思路).

上述两个定理通过网点点列的偏差给出积分误差的上界估计. 还有其他类似的结果. 例如 I. M. Sobol'(文献 [104]) 证明了

定理 6.3.5 设函数 $f(\boldsymbol{x}) = f(x_1,\cdots,x_s)$ 定义在 $[0,1]^s$ 上, 其所有偏导数

$$\frac{\partial^{\tau_1+\cdots+\tau_s}f}{\partial x_1^{\tau_1}\cdots\partial x_s^{\tau_s}} \quad (0 \leqslant \tau_1 + \cdots + \tau_s \leqslant s\eta, 0 \leqslant \tau_1,\cdots,\tau_s \leqslant \eta)$$

在 $[0,1]^s$ 上连续, 它们的绝对值小于常数 C, 那么对于 $[0,1]^s$ 中的任何有限点列 $\boldsymbol{\omega} : \boldsymbol{x}_k\,(k=1,2,\cdots,n)$, 有

$$\left| \frac{1}{n} \sum_{k=1}^{n} f(\boldsymbol{x}_k) - \int_{[0,1]^s} f(\boldsymbol{x}) \mathrm{d}\boldsymbol{x} \right| \leqslant 2^s C D_n^*(\boldsymbol{\omega}).$$

证 因为证法类似, 为表述简明起见, 只对 $s=2$ 进行证明. 我们有

$$\begin{aligned}
f(x_1,x_2) &= f(1,1) - \big(f(1,1)-f(x_1,1)\big) - \big(f(1,1)-f(1,x_2)\big) \\
&\quad + \big(f(x_1,x_2)-f(x_1,1)-f(1,x_2)+f(1,1)\big) \\
&= f(1,1) - \int_{x_1}^1 f'_{y_1}(y_1,1)\mathrm{d}y_1 - \int_{x_2}^1 f'_{y_2}(1,y_2)\mathrm{d}y_2 \\
&\quad + \int_{x_1}^1 \int_{x_2}^1 f''_{y_1 y_2}(y_1,y_2)\mathrm{d}y_1\mathrm{d}y_2.
\end{aligned} \tag{6.3.1}$$

因为

$$\int_0^1 \int_0^1 \int_{x_1}^1 f'_{y_1}(y_1,1)\mathrm{d}y_1\mathrm{d}x_1\mathrm{d}x_2 = \int_0^1 \int_0^{y_1} f'_{y_1}(y_1,1)\mathrm{d}x_1\mathrm{d}y_1$$

$$= \int_0^1 y_1 f'_{y_1}(y_1,1)\mathrm{d}y_1,$$

类似地, 有

$$\int_0^1 \int_0^1 \int_{x_2}^1 f'_{y_2}(1,y_2)\mathrm{d}y_2\mathrm{d}x_1\mathrm{d}x_2 = \int_0^1 y_2 f'_{y_2}(1,y_2)\mathrm{d}y_2,$$

以及

$$\int_0^1 \int_0^1 \int_{x_1}^1 \int_{x_2}^1 f''_{y_1 y_2}(y_1,y_2)\mathrm{d}y_1\mathrm{d}y_2\mathrm{d}x_1\mathrm{d}x_2 = \int_0^1 \int_0^1 y_1 y_2 f''_{y_1 y_2}(y_1,y_2)\mathrm{d}y_1\mathrm{d}y_2,$$

所以由式 (6.3.1) 得到

$$\begin{aligned}
\int_0^1 \int_0^1 f(x_1,x_2)\mathrm{d}x_1\mathrm{d}x_2 &= f(1,1) - \int_0^1 y_1 f'_{y_1}(y_1,1)\mathrm{d}y_1 - \int_0^1 y_2 f'_{y_2}(1,y_2)\mathrm{d}y_2 \\
&\quad + \int_0^1 \int_0^1 y_1 y_2 f''_{y_1 y_2}(y_1,y_2)\mathrm{d}y_1\mathrm{d}y_2.
\end{aligned} \tag{6.3.2}$$

令函数

$$K(z) = \begin{cases} 1 & (\text{若 } z > 0), \\ 0 & (\text{若 } z \leqslant 0), \end{cases}$$

以及 $\boldsymbol{\omega} : \boldsymbol{x}_k$:

$$\boldsymbol{x}_k = (x_{k1}, x_{k2}) \quad (k=1,2,\cdots,n).$$

那么由式 (6.3.1) 可知

$$\frac{1}{n}\sum_{k=1}^{n}f(x_{k1},x_{k2}) = f(1,1) - \frac{1}{n}\sum_{k=1}^{n}\int_{x_{k1}}^{1}f'_{y_1}(y_1,1)\mathrm{d}y_1 - \frac{1}{n}\sum_{k=1}^{n}\int_{x_{k2}}^{1}f'_{y_2}(1,y_2)\mathrm{d}y_2$$

$$+ \frac{1}{n}\sum_{k=1}^{n}\int_{x_{k1}}^{1}\int_{x_{k2}}^{1}f''_{y_1,y_2}(y_1,y_2)\mathrm{d}y_1\mathrm{d}y_2$$

$$= f(1,1) - \int_{0}^{1}\frac{1}{n}\sum_{k=1}^{n}K(y_1-x_{k1})f'_{y_1}(y_1,1)\mathrm{d}y_1$$

$$- \int_{0}^{1}\frac{1}{n}\sum_{k=1}^{n}K(y_2-x_{k2})f'_{y_2}(1,y_2)\mathrm{d}y_2$$

$$+ \int_{0}^{1}\int_{0}^{1}\frac{1}{n}\sum_{k=1}^{n}K(y_1-x_{k1})K(y_2-x_{k2})f''_{y_1y_2}(y_1,y_2)\mathrm{d}y_1\mathrm{d}y_2. \quad (6.3.3)$$

由式 (6.3.2) 和式 (6.3.3) 可知

$$\left|\int_{0}^{1}\int_{0}^{1}f(x_1,x_2)\mathrm{d}x_1\mathrm{d}x_2 - \frac{1}{n}\sum_{k=1}^{n}f(x_{k1},x_{k2})\right|$$

$$\leqslant \int_{0}^{1}\left|\frac{1}{n}\sum_{k=1}^{n}K(y_1-x_{k1})-y_1\right||f'_{y_1}(y_1,1)|\mathrm{d}y_1$$

$$+ \int_{0}^{1}\left|\frac{1}{n}\sum_{k=1}^{n}K(y_2-x_{k2})-y_2\right||f'_{y_2}(1,y_2)|\mathrm{d}y_2$$

$$+ \int_{0}^{1}\int_{0}^{1}\left|\frac{1}{n}\sum_{k=1}^{n}K(y_1-x_{k1})K(y_2-x_{k2})-y_1y_2\right||f''_{y_1y_2}(y_1,y_2)|\mathrm{d}y_1\mathrm{d}y_2.$$

由函数 $K(z)$ 的定义可知 $\sum_{k=1}^{n}K(y_1-x_{k1})$ 表示满足

$$x_{k1} \leqslant y_1, \quad x_{k2} \leqslant 1$$

的 $\boldsymbol{x}_k = (x_{k1},x_{k2})$ 的个数，$y_1 = y_1 \cdot 1$ 表示相应矩形的面积，所以

$$\left|\frac{1}{n}\sum_{k=1}^{n}K(y_1-x_{k1})-y_1\right| \leqslant D_n^*(\boldsymbol{\omega}).$$

类似地，有

$$\left|\frac{1}{n}\sum_{k=1}^{n}K(y_2-x_{k2})-y_2\right| \leqslant D_n^*(\boldsymbol{\omega}),$$

$$\left| \frac{1}{n} \sum_{k=1}^{n} K(y_1 - x_{k1}) K(y_2 - x_{k2}) - y_1 y_2 \right| \leqslant D_n^*(\boldsymbol{\omega}).$$

所以

$$\left| \int_0^1 \int_0^1 f(x_1, x_2) \mathrm{d}x_1 \mathrm{d}x_2 - \frac{1}{n} \sum_{k=1}^{n} f(x_{k1}, x_{k2}) \right| \leqslant 4CD_n^*(\boldsymbol{\omega}). \qquad \square$$

上述诸结果表明, 一致分布序列, 特别是偏差小的点列, 对于多维数值积分计算及与之相关的一些问题具有重要意义. 我们将偏差的阶为 $O(n^{-1+\varepsilon})$(其中 $\varepsilon > 0$ 任意小,n 为点列的项数) 的点列称为低偏差点列. 文献中有相当多用数论方法构造的低偏差点列, 它们是广泛应用在各种拟 Monte Carlo 方法中的伪随机数列, 对此可参见文献 [1,73,81] 等. 一致分布理论的其他应用还可见文献 [8,35,57] 等.

第 **7** 章

补　充

我们在此给出前面几章没有涉及的一些丢番图问题的基本文献, 特别包含与复数丢番图逼近和 p-adic 丢番图逼近有关的若干基本结果, 供读者参考.

7.1　复数的丢番图逼近

多数实数情形的丢番图逼近结果在作适当修改后在复数情形也能成立. 一些经典结果可见文献 [82], 一个比较完整的综述见文献 [94].

为便于区分, 有时也将通常所说的整数 ($\mathbb{Z}$ 中的元素) 称做有理整数. 我们称 $z = a + bi(a, b \in \mathbb{Z})$ 为复整数或 Gauss 整数, 全体 Gauss 整数组成的集合是一个环 (在通常复数的加、减、乘法运算下), 记作 $\mathbb{Z}[\mathrm{i}]$. 我们还将 $z = a + bi(a, b \in \mathbb{Q})$, 也就是两个

复整数 (分母不为零) 的商, 称为复有理数. 全体复有理数组成的集合是一个域 (在通常复数的运算下), 记作 $\mathbb{Q}(i)$. 还将 $\mathbb{C} \setminus \mathbb{Q}(i)$ 中的元素称做复无理数. 我们将会体会到, 在丢番图逼近中, $\mathbb{C}, \mathbb{Q}(i), \mathbb{Z}[i]$ 在复数情形中起着与 $\mathbb{R}, \mathbb{Q}, \mathbb{Z}$ 在实数情形中类似的作用.

作为示例, 下面给出一些实数情形逼近定理的复数类似.

7.1.1　Dirichlet 逼近定理的复数类似

我们知道, 在实数情形中, 对于每个 $\theta \in \mathbb{R} \setminus \mathbb{Q}$, 存在无穷多个 $p/q \in \mathbb{Q}(q > 0)$ 满足

$$\left|\theta - \frac{p}{q}\right| < \frac{1}{q^2}.$$

在复数情形中, 相应地有下列定理:

定理 7.1.1　对于每个 $\alpha \in \mathbb{C} \setminus \mathbb{Q}(i)$, 存在无穷多对 $(p,q) \in \mathbb{Z}[i]^2 (q \neq 0)$ 满足

$$\left|\alpha - \frac{p}{q}\right| < \frac{2}{|q|^2}.$$

证　设复数 V 遍历 $(n+1)^2$ 个复整数 $a + bi (a, b \in \{0, 1, \cdots, n\})$. 对于每个 V, 可以选取一个复整数 U, 使得

$$\alpha V - U = x + yi \quad (x, y \in [0, 1)).$$

因为 $\alpha \notin \mathbb{Q}(i)$, 所以我们得到 $(n+1)^2$ 个不同的复数 $x + yi$. 将顶点为 $0, 1, 1+i, i$ 的单位正方形划分为 n^2 个边长为 $1/n$ 的小正方形. 依抽屉原理, 至少有一个小正方形中 (包括边界) 含有两个不同的具有上述 $\alpha V - U$ 形式的复数, 设它们是 $\alpha V_1 - U_1, \alpha V_2 - U_2$. 这两个复数之差的模 (也就是相应的复平面上两点间的距离) 不超过小正方形的对角线之长, 于是

$$|(\alpha V_1 - U_1) - (\alpha V_2 - U_2)| < \frac{\sqrt{2}}{n}. \tag{7.1.1}$$

注意, 这里是严格不等式, 因为不然, $\alpha V_1 - U_1$ 和 $\alpha V_2 - U_2$ 位于小正方形的两个对角顶点上, 从而

$$\alpha(V_1 - V_2) = \frac{1}{n}(1+i) + (U_1 - U_2),$$

注意 $V_1 - V_2 \neq 0$, 可见 $\alpha \in \mathbb{Q}(i)$, 与假设矛盾. 现在记

$$p = U_1 - U_2, \quad q = V_1 - V_2,$$

则 $V_1 - V_2 \neq 0, p/q \in \mathbb{Q}(\mathrm{i})$. 由式 (7.1.1) 推出

$$(0 <) \left| \alpha - \frac{p}{q} \right| < \frac{\sqrt{2}}{n|q|}. \tag{7.1.2}$$

又由 v 的定义可知

$$\begin{aligned} |q| = |V_1 - V_2| &= |(a_1 + b_1\mathrm{i}) - (a_2 + b_2\mathrm{i})| \\ &= |(a_1 - a_2) + (b_1 - b_2)\mathrm{i}| \\ &= \sqrt{(a_1 - a_2)^2 + (b_1 - b_2)^2} \\ &\leqslant \sqrt{2}n, \end{aligned}$$

于是

$$n \geqslant \frac{|q|}{\sqrt{2}},$$

由此及式 (7.1.2) 得到

$$\left| \alpha - \frac{p}{q} \right| < \frac{2}{|q|^2}. \tag{7.1.3}$$

最后我们证明一定有无穷多对复整数 $(p,q)(q \neq 0)$ 满足不等式 (7.1.3). 若不然, 设 $(p_j, q_j)(q_j \neq 0; j = 1, \cdots, s)$ 是式 (7.1.2)(即式 (7.1.3)) 的全部解, 取 n 满足

$$\frac{\sqrt{2}}{n} \leqslant \min_{1 \leqslant j \leqslant s} |\alpha q_j - p_j|,$$

即得矛盾. 于是定理得证. □

7.1.2 Ford 定理

与实数情形类似, 现在来改进定理 7.1.1 中不等式右边的常数, 即证明 L. R. Ford(文献 [45]) 的一个基本结果.

定理 7.1.2 (Ford) 对于每个 $\alpha \in \mathbb{C} \setminus \mathbb{Q}(\mathrm{i})$, 存在无穷多对 $(p,q) \in \mathbb{Z}[\mathrm{i}]^2 (q \neq 0)$ 满足

$$\left| \alpha - \frac{p}{q} \right| < \frac{1}{\sqrt{3}|q|^2},$$

并且常数 $\sqrt{3}$ 是最优的 (即不能换为任何更大的常数).

我们首先证明下列引理:

引理 7.1.1　设 a 是任意复数. 那么对于每个复数 z_1, 存在一个与它对应的复数 $z = x + y\mathrm{i}$, 使得 $z - z_1$ 是一个复整数 (我们称 z 与 z_1 同调, 记作 $z \backsim z_1$), 并且

$$|z^2 - a|^2 \leqslant \frac{7}{16} + |a|^2;$$

此外, 等式仅在下列两种情形成立:$a = 3/4, z_1 \backsim \mathrm{i}/2$ 和 $a = -1/4, z_1 \backsim 1/2$.

证　记 $a = \alpha + \beta\mathrm{i}$.

首先设 $\alpha \geqslant 0$. 对于每个 $z_1 \in \mathbb{C}$, 易见存在无穷多个 $z = x + y\mathrm{i}$ 满足

$$z \backsim z_1, \quad -\frac{1}{2} < y \leqslant \frac{1}{2}.$$

我们可以从中选取一个满足不等式

$$-\frac{1}{2} + \left(\frac{1}{4} - y^2\right)^{1/2} < x \leqslant \frac{1}{2} + \left(\frac{1}{4} - y^2\right)^{1/2}. \tag{7.1.4}$$

定义

$$P = P(z) = |z^2 - a|^2 - |a|^2,$$
$$Q = P(z-1) = |(z-1)^2 - a|^2 - |a|^2,$$
$$R = P(z+1) = |(z+1)^2 - a|^2 - |a|^2.$$

现在证明 P, Q, R 中至少有一个小于 $7/16$. 为此进行化简, 有

$$P = (z^2 - a)(\bar{z}^2 - \bar{a}) - a\bar{a}$$
$$= (z\bar{z})^2 - (\bar{a}z^2 + a\bar{z}^2)$$
$$= (x^2 + y^2)^2 - 2\alpha(x^2 - y^2) - 4\beta xy.$$

在上式右边分别用 $x-1$ 和 $x+1$ 代替 x, 即得 Q 和 R 的表达式. 于是

$$(1-x)P + xQ = (1-x)(x^2+y^2)^2 - 2\alpha(1-x)(x^2-y^2) - 4\beta(1-x)xy$$
$$+ x\big(((x-1)^2+y^2)\big)^2 - 2\alpha x((x-1)^2 - y^2) - 4\beta x(x-1)y$$
$$= (1-x)(x^2+y^2)^2 + x\big((x-1)^2+y^2\big)^2 - 2\alpha\big((1-x)(x^2-y^2)$$
$$+ x((x-1)^2 - y^2)\big) - 4\beta y\big((1-x)x + x(x-1)\big)$$
$$= (1-x)x^4 + x(x-1)^4 + 2y^2\big((1-x)x^2 + x(x-1)^2\big) + y^4$$
$$- 2\alpha\big((1-x)x^2 + x(x-1)^2\big) + 2\alpha y^2$$

$$= (1-x)x\big(x^3 + (1-x)^3\big) + 2(1-x)xy^2 + y^4 + 2\alpha\big(y^2 - (1-x)x\big).$$

若令

$$u = (1-x)x, \quad v = y^2,$$

则有

$$(1-x)P + xQ = u(1-3u) + 2uv + v^2 + 2\alpha(v-u). \tag{7.1.5}$$

还可类似地得到 (留待读者证明)

$$(1-x^2-y^2)P + \frac{1}{2}(x^2+y^2+x)Q + \frac{1}{2}(x^2+y^2-x)R$$
$$= y^2 - 3x^2 + 3y^4 + 6x^2y^2 + 3x^4. \tag{7.1.6}$$

现在将条件 (7.1.4) 改写为下列两个条件:

$$\frac{1}{2} - \left(\frac{1}{4} - y^2\right)^{1/2} < x \leqslant \frac{1}{2} + \left(\frac{1}{4} - y^2\right)^{1/2}, \tag{7.1.7}$$

$$-\frac{1}{2} + \left(\frac{1}{4} - y^2\right)^{1/2} < x \leqslant \frac{1}{2} - \left(\frac{1}{4} - y^2\right)^{1/2}. \tag{7.1.8}$$

如果式 (7.1.7) 成立, 那么

$$0 < x \leqslant 1, \quad 0 \leqslant x - x^2 \leqslant \frac{1}{4}, \quad 0 \leqslant \left(x - \frac{1}{2}\right)^2 \leqslant \frac{1}{4} - y^2,$$
$$0 \leqslant y^2 \leqslant \frac{1}{4} - \left(x - \frac{1}{2}\right)^2 = x - x^2,$$

于是

$$0 \leqslant v \leqslant u \leqslant \frac{1}{4}.$$

因为 $\alpha \geqslant 0$, 所以由式 (7.1.5) 得到

$$\min\{P, Q\} = \big((1-x) + x\big)\min\{P, Q\}$$
$$\leqslant (1-x)P + xQ$$
$$= u - 3u + 2uv + v^2 + 2(v-u)$$
$$\leqslant u \leqslant \frac{1}{4} < \frac{7}{16}.$$

类似地, 如果式 (7.1.8) 成立, 那么 $|x| \leqslant 1/2$, 并且

$$\left(x \pm \frac{1}{2}\right)^2 \geqslant \frac{1}{4} - y^2, \quad 即 \quad x^2 \pm x + y^2 \geqslant 0,$$

还有 $1-x^2-y^2 \geqslant 0$(因为 $|x| \leqslant 1/2, |y| \leqslant 1/2$). 于是由式 (7.1.6) 得到

$$\min\{P,Q,R\} \leqslant (1-x^2-y^2)P + \frac{1}{2}(x^2+y^2+x)Q + \frac{1}{2}(x^2+y^2-x)R$$

$$= y^2 - 3x^2 + 3y^4 + 6x^2y^2 + 3x^4$$

$$\leqslant \frac{1}{4} - 3x^2 + \frac{3}{16} + \frac{3}{2}x^2 + 3x^4$$

$$= \frac{7}{16} - \frac{3}{2}x^2 + 3x^4$$

$$= \frac{7}{16} - \frac{3}{2}x^2(1-2x^2).$$

因为 $1-2x^2 > 0$, 所以

$$\min\{P,Q,R\} \leqslant \frac{7}{16},$$

并且等式仅当 $x=0, y=1/2$ 时成立. 此时 $z=x+yi=i/2, z_1 \backsim i/2$, 而式 (7.1.6) 成为

$$\min\{P,Q,R\} \leqslant \frac{3}{4}P + \frac{1}{8}Q + \frac{1}{8}R = \frac{7}{16},$$

并且当且仅当 $P=Q=R$ 时成立, 即

$$\left|\left(\frac{i}{2}\right)^2 - a\right| = \left|\left(\frac{i}{2}-1\right)^2 - a\right|$$

$$= \left|\left(\frac{i}{2}+1\right)^2 - a\right|.$$

这表明在复平面上点 a 与点 $-1/4, 3/4-i, 3/4+i$ 等距, 因此 $a=3/4$.

下面设 $\alpha < 0$. 将上述已证的结论应用于 $-a$ 和 iz_1, 可知存在复数 $z_0 \backsim -iz_1$ 满足

$$|z_0^2 + a| \leqslant \frac{7}{16} + |-a|^2$$

$$= \frac{7}{16} + |a|^2.$$

记 $z = -iz_0$, 那么 $z \backsim z_1$, 并且

$$|z^2 - a|^2 = |(-iz_0)^2 - a|^2 = |z_0^2 + a|^2$$

$$\leqslant \frac{7}{16} + |a|^2.$$

此外, 等式仅当 $-a=3/4, iz_1 \backsim i/2$, 即 $a=-3/4, z_1 \backsim 1/2$ 时成立. □

定理 7.1.2 之证　我们考虑 $p,q \in \mathbb{Z}[\mathrm{i}], q \neq 0$，并且通过下式定义 δ：

$$\alpha - \frac{p}{q} = \frac{\delta}{q^2}. \tag{7.1.9}$$

因为 $\delta \notin \mathbb{Q}(\mathrm{i})$，所以 $\delta \neq 0$. 注意 $\mathbb{Z}[\mathrm{i}]$ 是欧氏环，所以对于每对 p,q，存在无穷多对 $(u,v) \in \mathbb{Z}[\mathrm{i}]^2$，使得

$$pv - qu = 1, \tag{7.1.10}$$

并且若 (u_0, v_0) 是此方程 (u,v 是未知元) 的任何一组解，则通过下式生成方程的所有解 (u,v)：

$$u = u_0 + tp, \quad v = v_0 + tq \quad (t \text{ 是任意复整数}).$$

我们将引理 7.1.1 应用于

$$z_1 = \frac{v_0}{q} + \frac{1}{2\delta} \quad \text{和} \quad a = \frac{1}{4\delta^2}.$$

那么存在 $t \in \mathbb{Z}[\mathrm{i}]$，使得 $z = v/q + 1/(2\delta)(\backsim z_1)$ 满足

$$\left| \left(\frac{v}{q} + \frac{1}{2\delta} \right)^2 - \frac{1}{4\delta^2} \right| < \sqrt{\frac{7}{16} + \frac{1}{16|\delta|^4}}. \tag{7.1.11}$$

注意此处因为 δ(于是 z_1)$\notin \mathbb{Q}(\mathrm{i})$，所以不可能 $z_1 \backsim \mathrm{i}/2$ 或 $1/2$，从而上式是严格不等式. 现在定义

$$\delta_1 = v(\alpha v - u),$$

由式 (7.1.9) 和式 (7.1.10) 得到

$$\delta_1 = v^2 \left(\frac{p}{q} - \frac{u}{v} + \frac{\delta}{q^2} \right) \tag{7.1.12}$$

$$= v^2 \left(\frac{1}{qv} + \frac{\delta}{q^2} \right)$$

$$= \delta \left(\left(\frac{v}{q} + \frac{1}{2\delta} \right)^2 - \frac{1}{4\delta^2} \right),$$

于是由此及式 (7.1.11) 推出

$$|\delta_1|^2 = |\delta|^2 \left| \left(\frac{v}{q} + \frac{1}{2\delta} \right)^2 - \frac{1}{4\delta^2} \right|^2$$

$$< \frac{7}{16}|\delta|^2 + \frac{1}{16|\delta|^2}. \tag{7.1.13}$$

现在在上述推理中特别取定理 7.1.1 中存在的无穷多个逼近 α 的复有理数 (除去有限多个满足 $|q| = 1$ 的复数) 作为 $p/q\,(q \neq 0)$. 依此定理, 对于每个这样的复数有 $|\delta| < 2$. 每个这样的 p/q 产生一个复有理数 u/v. 我们首先证明上述推理产生无穷多个复有理数 u/v, 它们满足定理的要求. 为此只需注意任何一个特殊的 u/v 不可能由无穷多个 p/q 产生. 不然由上述推理中的式 (7.1.12) 可知

$$\frac{\delta_1}{v^2} = \frac{p}{q} - \frac{u}{v} + \frac{\delta}{q^2} = \frac{1}{qv} + \frac{\delta}{q^2},$$

于是当 $|q| \to \infty$ 时, 有

$$\left| \frac{\delta_1}{v^2} \right| \leqslant \frac{p}{q} - \frac{1}{|qv|} + \frac{|\delta|}{|q|^2} \to 0,$$

但左边不为零.

　　下面回到式 (7.1.13), 其中 $|\delta| < 2$. 注意若还满足 $2 \leqslant |\delta|^2 < 4$, 则

$$|\delta_1|^2 < \frac{7}{16}|\delta|^2 + \frac{1}{16|\delta|^2}$$

$$\leqslant \max_{2 \leqslant x \leqslant 4} \left(\frac{7x}{16} + \frac{1}{16x} \right)$$

$$= \frac{7}{16} \cdot 4 + \frac{1}{16 \cdot 4} < 1.$$

可见从每个满足 $2 \leqslant |\delta|^2 < 4$ 的 (由定理 7.1.1 确定的)p/q 可得到满足 $|\delta_1|^2 < 2$ 的 u/v. 任何不满足此不等式亦即满足 $|\delta|^2 < 2$ 的 p/q 不可能用前述方法处理. 因此我们或者得到 $|\delta_1|^2 < 2$, 或者有 $|\delta|^2 < 2$, 不妨将 $|\delta_1|^2 < 2$ 和 $|\delta|^2 < 2$ 同改记为 $|\delta|^2 < 2$, 对应地将 u/v 和 p/q 同改记为 p/q. 于是我们有无穷多个 p/q 满足 $|\delta|^2 < 2$. 类似地, 若还满足 $1 \leqslant |\delta|^2 < 2$, 则

$$|\delta_1|^2 < \frac{7}{16}|\delta|^2 + \frac{1}{16|\delta|^2}$$

$$\leqslant \max_{1 \leqslant x \leqslant 2} \left(\frac{7x}{16} + \frac{1}{16x} \right)$$

$$= \frac{7}{16} \cdot 2 + \frac{1}{16 \cdot 2} < 1.$$

因此类似地, 我们有无穷多个 p/q 满足 $|\delta|^2 < 1$. 继续重复上述推理. 若还满足 $1/2 \leqslant |\delta|^2 < 1$, 则

$$|\delta_1| < \max_{1/2 \leqslant x \leqslant 1} \left(\frac{7x}{16} + \frac{1}{16x} \right)$$

$$= \frac{7}{16} + \frac{1}{16} = \frac{1}{2}.$$

于是我们有无穷多个 p/q 满足 $|\delta|^2 < 1/2$. 若还满足 $3/7 \leqslant |\delta|^2 < 1/2$, 则

$$|\delta_1| < \max_{3/7 \leqslant x \leqslant 1/2} \left(\frac{7x}{16} + \frac{1}{16x} \right)$$

$$= \frac{7}{16} \cdot \frac{1}{2} + \frac{1}{16} \cdot 2 = \frac{3}{7}.$$

于是我们有无穷多个 p/q 满足 $|\delta|^2 < 3/7$. 若还满足 $1/3 \leqslant |\delta|^2 < 3/7$, 则

$$|\delta_1| < \max_{1/3 \leqslant x \leqslant 3/7} \left(\frac{7x}{16} + \frac{1}{16x} \right)$$

$$= \max \left\{ \frac{7}{16} \cdot \frac{1}{3} + \frac{1}{16} \cdot 3, \frac{7}{16} \cdot \frac{3}{7} + \frac{1}{16} \cdot \frac{7}{3} \right\}$$

$$= \max \left\{ \frac{1}{3}, \frac{1}{3} \right\} = \frac{1}{3}.$$

于是我们有无穷多个 p/q 满足 $|\delta|^2 < 1/3$. 因为

$$\max_{\tau \leqslant x \leqslant 1/3} \left(\frac{7x}{16} + \frac{1}{16x} \right) = \max \left\{ \frac{7}{16} \cdot \frac{1}{3} + \frac{1}{16} \cdot 3, \frac{7}{16} \cdot \tau + \frac{1}{16\tau} \right\}$$

$$= \max \left\{ \frac{1}{3}, \frac{7\tau}{16} + \frac{1}{16\tau} \right\},$$

所以上述推理不能继续重复, 从而我们有无穷多个 p/q 满足 $|\delta|^2 < 1/3$. 定理的第一部分得证.

为证明定理的第二部分, 取复无理数

$$\alpha_0 = \frac{1 + \sqrt{3}\mathrm{i}}{2},$$

设 $p/q \in \mathbb{Q}(\mathrm{i})$ 满足

$$\alpha_0 - \frac{p}{q} = \frac{\delta}{q^2}, \tag{7.1.14}$$

则有

$$-\mathrm{i}\sqrt{3}\delta + \frac{\delta^2}{q^2} = p^2 - pq + q^2, \tag{7.1.15}$$

注意 $p^2 - pq + q^2 = 0$ 蕴含 $p/q = (1 \pm \sqrt{3}\mathrm{i})/2 \in \mathbb{Q}(\mathrm{i})$, 因此 $p^2 - pq + q^2 \neq 0$, 从而 $|p^2 - pq + q^2| \geqslant 1$. 由此及式 (7.1.15) 推出

$$1 \leqslant \sqrt{3}|\delta| + \frac{|\delta|^2}{|q|^2}. \tag{7.1.16}$$

如果存在无穷多个 p/q 满足

$$\left|\alpha_0 - \frac{p}{q}\right| < \frac{c}{|q|^2},$$

则依式 (7.1.14) 对应的 $|\delta| < c$, 由此及式 (7.1.16) 得到

$$1 \leqslant \sqrt{3}c + \frac{c^2}{|q|^2},$$

令 $|q| \to \infty$, 得到 $1 \leqslant \sqrt{3}c$, 即 $c \geqslant 1/\sqrt{3}$. 这证明了定理的第二部分. $\qquad\square$

最后类似于推论 1.4.2, 我们有

推论 7.1.1 设给定复数 $\lambda_1, \lambda_2, \mu_1, \mu_2$, 满足 $\Delta = \lambda_1\mu_2 - \lambda_2\mu_1 \neq 0$. 则对于任何给定的 $\varepsilon > 0$, 存在无穷多对复整数 p, q, 使得

$$|\lambda_1 p + \mu_1 q||\lambda_2 p + \mu_2 q| < \frac{|\Delta|}{\sqrt{3}} + \varepsilon. \tag{7.1.17}$$

证 类似于推论 1.4.2 的证明, 可设 λ_1/μ_1 是无理数. 在定理 7.1.2 中取 $\alpha = -\lambda_1/\mu_1, p_1/q_1$ 是任意一个解, 即

$$\left|-\frac{\lambda_1}{\mu_1} - \frac{p_1}{q_1}\right| < \frac{1}{\sqrt{3}q_1^2}.$$

令 $p = q_1, q = p_1$, 以及

$$\frac{\lambda_1}{\mu_1} + \frac{q}{p} = \frac{\delta}{p^2},$$

由定理 1.4.1 可知 $|\delta| < 1/\sqrt{3}(< 1)$. 于是

$$|\lambda_1 p + \mu_1 q||\lambda_2 p + \mu_2 q| = \frac{|\delta||\mu_1|}{|p|} \cdot |\lambda_2 p + \mu_2 q|$$

$$= |\delta|\left|\lambda_2\mu_1 + \frac{q}{p} \cdot \mu_1\mu_2\right|$$

$$= |\delta|\left|\lambda_2\mu_1 + \left(\frac{\delta}{p^2} - \frac{\lambda_1}{\mu_1}\right) \cdot \mu_1\mu_2\right|$$

$$= |\delta|\left|\lambda_2\mu_1 - \lambda_1\mu_2 + \frac{\delta\mu_1\mu_2}{p^2}\right|$$

$$< |\delta||\Delta| + \left|\frac{\delta^2\mu_1\mu_2}{p^2}\right|$$

$$< \frac{|\Delta|}{\sqrt{3}} + \left|\frac{\mu_1\mu_2}{p^2}\right|.$$

因为定理 7.1.2 中的不等式解数无穷, 所以取 $|p| = |q_1|$ 充分大, 可使上式第二项小于 ε.

$\qquad\square$

7.2 *p*-adic 丢番图逼近

在现有出版物中, 有相当数量的论著涉及 *p*-adic 数域中的丢番图逼近问题. 它们包含了几乎所有实数情形丢番图逼近经典结果的 *p*-adic 类似. 文献 [76](包括 *p*-adic Kronecker 定理等) 和 [78](含 *p*-adic Roth 定理及推广等) 是两本关于 *p*-adic 丢番图逼近的早期经典著作. 其他结果还可见文献 [6, 59, 77](*p*-adic 转换定理); [28](*p*-adic Liouville 定理及推广); [39, 86, 90, 91, 92] (*p*-adic Thue-Siegel-Roth 定理, *p*-adic Thue-Siegel-Roth-Schmidt 定理, *p*-adic 子空间定理等); [23, 60](*p*-adic Khintchine 度量定理等); 等等. 还可参见文献 [11](9.4 节 ∼9.7 节), [62](第 6 章), [105] (第 II 部分第 2 章) 等.

设 p 是一个素数, 我们用 $|\cdot|_p$ 表示 *p*-adic 绝对值 (赋值), $\mathbb{Q}_p$ 表示 *p*-adic 数域 (Hensel 数域), 还用 $|\cdot|$ 或 $|\cdot|_\infty$ 表示通常 (有理数域 $\mathbb{Q}$ 上的) 绝对值. 我们有下列乘积公式:

对于任何 $a \in \mathbb{Q}, a \neq 0$, 有

$$|a|_\infty \prod_{p \in \mathbb{P}} |a|_p = 1, \tag{7.2.1}$$

其中 $\mathbb{P}$ 是所有素数的集合.

一般地, 如果 $M_\mathbb{Q}$ 是 $\mathbb{Q}$ 上的绝对值 v(即通常的及所有 *p*-adic 绝对值) 的集合, $\mathbb{K}$ 是 $\mathbb{Q}$ 的有限扩张, $M_\mathbb{K}$ 是 $M_\mathbb{Q}$ 中的所有绝对值到 $\mathbb{K}$ 上的扩张所得绝对值的集合, 对于每个 $w \in M_\mathbb{K}$, 令 N_w 是局部次数 $[\mathbb{K}_w : \mathbb{Q}_v]$, 那么对于任何 $\alpha \in \mathbb{Q}, \alpha \neq 0$, 有

$$\prod_{w \in M_\mathbb{K}} |\alpha|_w^{N_w} = 1.$$

如果 $\alpha \in \mathbb{Q}_p$ 是一个非零整系数多项式 $f \in \mathbb{Z}[X]$ 的零点, 即 $f(\alpha) = 0$, 则称 α 是 *p*-adic 代数数, 不然称 *p*-adic 超越数. *p*-adic 代数数所满足的次数最低的非零整系数多项式称做它的极小多项式. 类似于实数情形, 将 α 的极小多项式的高和长定义为它的高和长. 可以证明: 当且仅当 $\alpha \in \mathbb{Q}_p$ 的标准 *p*-adic 级数是周期的时, $\alpha \in \mathbb{Q}$.

作为示例, 我们现在给出实数情形 Liouville 定理的 *p*-adic 类似.

定理 7.2.1 (*p*-adic Liouville 定理) 设 $\alpha \in \mathbb{Q}_p$ 是 $\mathbb{Q}$ 上的次数 $d \geqslant 2$ 的代数数, 则

存在可有效计算的常数 $c(\alpha) > 0$, 使得对所有非零的 $(x, y) \in \mathbb{Z}^2$, 有

$$|y\alpha - x|_p \geqslant c(\alpha)\big(\max\{|x|, |y|\}\big)^{-d}. \tag{7.2.2}$$

证 如果 $y = 0$, 那么 $x \neq 0$, 于是按乘积公式 (7.2.1), 有

$$|y\alpha - x|_p = |x|_p \geqslant |x|^{-1} = \big(\max\{|x|, |y|\}\big)^{-1}.$$

不等式 (7.2.2) 已成立.

现在设 $y \neq 0$, 并且 $f \in \mathbb{Z}[X]$ 是 α 的极小多项式, 设

$$f(x) = f_0 + f_1 X + \cdots + f_d X^d \quad (f_d \neq 0, d \geqslant 2).$$

那么 $y^d f(x/y)$ 是非零整数, 并且由乘积公式 (7.2.1) 推出

$$\begin{aligned}
\left| y^d f\left(\frac{x}{y}\right) \right|_p &\geqslant \left| f_0 y^d + f_1 x y^{d-1} + \cdots + f_d x^d \right|_p \\
&\geqslant \left| f_0 y^d + f_1 x y^{d-1} + \cdots + f_d x^d \right|^{-1} \\
&\geqslant (|f_0| + |f_1| + \cdots + |f_d|)^{-1} \big(\max\{|x|, |y|\}\big)^{-d} \\
&= L(f)^{-1} \big(\max\{|x|, |y|\}\big)^{-d}, \tag{7.2.3}
\end{aligned}$$

其中 $L(f)$ 表示多项式 f 的长 (系数绝对值之和).

另一方面, 依据假设, $f(\alpha) = 0$, 我们还有

$$\begin{aligned}
y^d f\left(\frac{x}{y}\right) &= y^d \left(f\left(\frac{x}{y}\right) - f(\alpha) \right) \\
&= y^d \sum_{j=1}^d f_j \left(\left(\frac{x}{y}\right)^j - \alpha^j \right) \\
&= y^d \left(\frac{x}{y} - \alpha\right) \cdot \sum_{j=1}^d f_j \left(\left(\frac{x}{y}\right)^{j-1} + \left(\frac{x}{y}\right)^{j-2} \alpha + \cdots + \alpha^{j-1} \right) \\
&= (x - \alpha y) y^{d-1} \cdot \sum_{j=1}^d f_j \left(\left(\frac{x}{y}\right)^{j-1} + \left(\frac{x}{y}\right)^{j-2} \alpha + \cdots + \alpha^{j-1} \right). \tag{7.2.4}
\end{aligned}$$

现在区分两种情形:

(i) 如果 $|x/y - \alpha|_p < |\alpha|_p$, 那么 $|x/y|_p = |\alpha|_p$, 于是由式 (7.2.4) 得到

$$\left| y^d f\left(\frac{x}{y}\right) \right|_p \leqslant |x - \alpha y|_p \max\{1, |\alpha|_p^{d-1}\},$$

由此及式 (7.2.3) 可推出不等式 (7.2.2) 成立.

(ii) 如果 $|x/y - \alpha|_p \geqslant |\alpha|_p$, 那么

$$|x - \alpha y|_p \geqslant |\alpha y|_p \geqslant |\alpha|_p |y|^{-1}$$
$$\geqslant |\alpha|_p \geqslant \big(\max\{|x|, |y|\}\big)^{-1}.$$

于是不等式 (7.2.2) 也成立. $\qquad\qquad\qquad\qquad\qquad\qquad\qquad\qquad\square$

下面应用定理 7.2.1 构造 p-adic 超越数. 令

$$\alpha = \sum_{k=1}^{\infty} a_k p^{k!},$$

其中 $a_k \in \{0, 1, \cdots, p-1\}$ 任意 (不是周期的), 并且有无穷多个非零. 因此 $\alpha \notin \mathbb{Q}$. 还令

$$x_n = \sum_{k=1}^{n} a_k p^{k!}, \quad y_n = 1,$$

那么

$$0 \leqslant x_n \leqslant (p-1) \sum_{k=1}^{n} p^{k!}$$
$$< (p-1) p^{n!} \sum_{i=0}^{\infty} p^{-i} = p \cdot p^{n!},$$

从而

$$\max\{x_n, y_n\} < p \cdot p^{n!}.$$

此外还有

$$|y_n \alpha - x_n|_p = \left| \sum_{k>n} a_k p^{k!} \right|_p \leqslant p^{-(n+1)!}. \tag{7.2.5}$$

如果 $\alpha \in \mathbb{Q}_p$ 是代数数 (在 $\mathbb{Q}$ 上), 那么由 $\alpha \notin \mathbb{Q}$ 可知它的次数 $d \geqslant 2$. 于是由定理 7.2.1 推出

$$|y_n \alpha - x_n|_p \geqslant c(\alpha) \big(\max\{x_n, y_n\}\big)^{-q}$$
$$> c_1(\alpha) p^{-d \cdot n!},$$

其中 c_1 是仅与 α 有关的常数. 由此及式 (7.2.5) 得知, 当 n 充分大时, 有

$$c_1(\alpha)^{-1} > p^{n!(n+1-d)},$$

于是当 n 充分大时得到矛盾. 因此 α 是 p-adic 超越数.

7.3　其他有关问题

1. 正规数. 文献 [54] 综述了一百年来正规数研究的概况. 文献 [26] 是一本专著, 系统地给出了关于正规数及其他有关问题的重要研究成果. 还可参见文献 [9, 35, 69] 等.

2. 矩阵的丢番图逼近见文献 [55], 给出 Dirichlet 逼近定理和 Kronecker 定理等的矩阵类似及有关算法等. 还可参见文献 [110] 等.

3. 与丢番图几何有关的一些丢番图逼近问题见文献 [58]. 与值分布理论有关的一些丢番图逼近问题见文献 [113], 还可见文献 [72, 114] 等.

.... —— 附录 ——.........

数的几何中的一些结果

这里给出本书正文用到的关于数的几何的结果, 有关证明可参见文献 [29,49].

1 整点和模

$\mathbb{R}^n$ 中任意一个向量 $\boldsymbol{x} = (x_1, \cdots, x_n)$ 也称做一个点. 如果 $\boldsymbol{x}$ 的所有分量都是整数, 即 $\boldsymbol{x} \in \mathbb{Z}^n$, 则称它为整点. 设点集 $\mathscr{M} \subseteq \mathbb{R}^n$. 若对于任何 $\boldsymbol{x}, \boldsymbol{y} \in \mathscr{M}$, 总有 $\boldsymbol{x} \pm \boldsymbol{y} \in \mathscr{M}$, 则称 $\mathscr{M}$ 是一个模. 因此, 若 $\mathscr{M}$ 是一个模, 则它含有点 $\boldsymbol{0}$, 并且 $\mathscr{M}$ 中任意有限多个点的整系数线性组合也在 $\mathscr{M}$ 中. 如果 $\boldsymbol{x}^{(i)} (i = 1, 2, \cdots, m)$ 是模 $\mathscr{M}$ 中的 m 个向量, 具有下列性质:

(i) 每个 $\boldsymbol{x} \in \mathscr{M}$ 可表示为 $\boldsymbol{x} = \sum\limits_{i=1}^{m} a_i \boldsymbol{x}^{(i)} \ (a_i \in \mathbb{Z} \ (i = 1, \cdots, m))$;

(ii) $\sum\limits_{i=1}^{m} a_i \boldsymbol{x}^{(i)} = \boldsymbol{0} \ (a_i \in \mathbb{Z} (i = 1, \cdots, m)) \Leftrightarrow a_i = 0 \ (i = 1, \cdots, m)$ (即诸 $\boldsymbol{x}^{(i)}$ 在 $\mathbb{Q}$ 上线性无关),

那么 $\boldsymbol{x}^{(i)} (i = 1, 2, \cdots, m)$ 是模 $\mathscr{M}$ 的一组基.

显然 $\mathbb{Z}^n$ 是一个模. $\mathbb{Z}^n$ 中 n 个向量 $\boldsymbol{x}_j = (x_{j1}, \cdots, x_{jn}) (j = 1, \cdots, n)$ 形成 $\mathbb{Z}^n$ 的一组

基, 当且仅当 $\det(x_{jk}) = \pm 1$ 时.

如果 $\mathscr{M} \subseteq \mathbb{Z}^n$ 是一个模, 并且至少含有一个非零向量, 则它必有一组下列形式的由 $m(\leqslant n)$ 个向量组成的基:

$$\boldsymbol{x}^{(i)} = (0, \cdots, 0, x_{ii}, \cdots, x_{in}) \quad (x_{ii} \neq 0 \ (i = 1, \cdots, m)).$$

特别地, 如果 $\boldsymbol{x}_j = (x_{j1}, \cdots, x_{jn})(j = 1, \cdots, n) \in \mathbb{Z}^n$ 线性无关, 那么存在线性变换

$$x_i' = t_{i1}x_1 + \cdots + t_{in}x_n, \quad \det(t_{ij}) = \pm 1,$$

使得 $\boldsymbol{x}_j$ 有新坐标

$$(0, \cdots, 0, x_{ii}, \cdots, x_{in}) \quad (i = 1, \cdots, n).$$

2 Minkowski 第一凸体定理

对于任何点集 $\mathscr{R} \subseteq \mathbb{R}^n$, 以及 $\boldsymbol{u} \in \mathbb{R}^n$, 令

$$\mathscr{R} + \boldsymbol{u} = \{\boldsymbol{x} \,|\, \boldsymbol{x} = \boldsymbol{r} + \boldsymbol{u}, \boldsymbol{r} \in \mathscr{R}\}.$$

对于任何实数 λ, 令

$$\lambda\mathscr{R} = \{\boldsymbol{x} \,|\, \boldsymbol{x} = \lambda\boldsymbol{r}, \boldsymbol{r} \in \mathscr{R}\}.$$

若点集 $\mathscr{R} \subseteq \mathbb{R}^n$ 满足 $-\mathscr{R} = \mathscr{R}$(即 $\boldsymbol{x} \in \mathscr{R} \Leftrightarrow -\boldsymbol{x} \in \mathscr{R}$), 则称 $\mathscr{R}$ 关于原点对称, 简称对称. 若对于任意两点 $\boldsymbol{x}, \boldsymbol{y} \in \mathscr{R}$ 及任何满足 $\lambda + \mu = 1$ 的非负实数 λ 和 μ, 都有 $\lambda\boldsymbol{x} + \mu\boldsymbol{y} \in \mathscr{R}$(即若点 $\boldsymbol{x}, \boldsymbol{y}$ 在 $\mathscr{R}$ 中, 则连接此两点的线段整个在 $\mathscr{R}$ 中), 则称 $\mathscr{R}$ 是凸的. 若存在常数 C, 使得对于任意 $\boldsymbol{x} = (x_1, \cdots, x_n) \in \mathscr{R}$, 都有

$$|x_i| \leqslant C \quad (i = 1, \cdots, n),$$

则称 $\mathscr{R}$ 是有界的, 否则称无界的. 若 $\mathscr{R}$ 中任意一个无穷点列 $\boldsymbol{x}_n(n = 1, 2, \cdots)$ 的极限点 (按通常的欧氏距离收敛) 也在 $\mathscr{R}$ 中, 则称 $\mathscr{R}$ 是闭的.

对称凸集 (关于原点对称)$\mathscr{R}$ 的简单性质:

(i) $\lambda\mathscr{R}(\lambda \in \mathbb{R})$ 也是对称凸集.

(ii) $\lambda\mathscr{R} \subseteq \mathscr{R}(\lambda \in \mathbb{R}, |\lambda| \leqslant 1)$.

(iii) 对于任意 $\boldsymbol{x}, \boldsymbol{y} \in \mathscr{R}$ 及任意满足 $|\lambda| + |\mu| \leqslant 1$ 的 $\lambda, \mu \in \mathbb{R}, \lambda\boldsymbol{x} + \mu\boldsymbol{y} \in \mathscr{R}$.

例 1　若 $a_{ij},c_i(i=1,\cdots,m;j=1,\cdots,n)$ 都是实数, 则由不等式组

$$|a_{i1}x_1+\cdots+a_{in}x_n|\leqslant c_i(\text{或}<c_i)\quad(i=1,\cdots,m)\tag{1}$$

的解 $\boldsymbol{x}=(x_1,\cdots,x_n)$ 组成的点集 $\mathscr{R}$ 是对称凸集. 特别地, 如果不等式 (1) 全是 "$\leqslant$", 那么 $\mathscr{R}$ 是闭集. 如果 $m=n$, 并且 $d=|\det(a_{ij})|>0$, 那么 $\mathscr{R}$ 是有界集, 并且其体积

$$V(\mathscr{R})=2^n c_1\cdots c_n d^{-1}.$$

定理 1 (Minkowski 第一凸体定理)　如果 $\mathscr{R}\subset\mathbb{R}^n$ 是对称凸集, 并且

(i) 体积 $V(\mathscr{R})>2^n$(可能是无穷), 或者

(ii) $\mathscr{R}$ 是有界闭集, 并且 $V(\mathscr{R})\geqslant 2^n$,

那么 $\mathscr{R}$ 中必包含一个非零整点.

注 1　**1.** 定理 1 的 (i) 中不能将条件减弱为 $V=2^n$. 反例:$\mathscr{R}$ 由 $|x_i|<1(i=1,\cdots,n)$ 定义.

2. 若定理 1 的 (ii) 中设 $\mathscr{R}$ 有界 (未必闭), 则在条件 $V(\mathscr{R})\geqslant 2^n$ 下可推出 $\overline{\mathscr{R}}$(即 $\mathscr{R}$ 及其边界) 中存在一个非零整点; 特别可证:$\overline{\mathscr{R}}\setminus(1/2)\mathscr{R}$ 中存在非零整点.

定理 2 (Minkowski 线性型定理)　设 $a_{ij}(1\leqslant i,j\leqslant n)$ 是实数,$c_1,\cdots,c_n$ 是正实数, 并且

$$c_1\cdots c_n\geqslant|\det(a_{ij})|,$$

则存在非零整点 $\boldsymbol{x}=(x_1,\cdots,x_n)$ 满足不等式组

$$|a_{11}x_1+a_{12}x_2+\cdots+a_{1n}x_n|\leqslant c_1,$$

$$|a_{i1}x_1+a_{i2}x_2+\cdots+a_{in}x_n|<c_i\quad(i=2,\cdots,n).$$

3　距离函数

设 $\mathscr{R}\subset\mathbb{R}^n$ 是对称闭凸集, 其体积 $V(\mathscr{R})$ 非零有界, 即 $0<V(\mathscr{R})<\infty$. 对于 $\boldsymbol{x}\in\mathbb{R}^n$, 令

$$F(\boldsymbol{x})=\begin{cases}\inf\{\lambda\mid\lambda\geqslant 0,\boldsymbol{x}\in\lambda\mathscr{R}\}&(\text{若 }\inf\lambda\text{ 存在}),\\\infty&(\text{若 }\inf\lambda\text{ 不存在}),\end{cases}$$

并称 $F(\boldsymbol{x})$ 为关于集合 $\mathscr{R}$ 的距离函数, 在不引起混淆的情形下, 简称距离函数.

由定义可知 $0 \leqslant F(\boldsymbol{x}) \leqslant \infty$. 它还有下列基本性质:

(i) $F(\boldsymbol{x}) = 0 \Leftrightarrow \boldsymbol{x} = \boldsymbol{0}$.

(ii) $F(t\boldsymbol{x}) = |t| F(\boldsymbol{x})$ $(\forall t \in \mathbb{R}, \boldsymbol{x} \in \mathbb{R}^n)$.

(iii) $F(\boldsymbol{x}_1 + \boldsymbol{x}_2) \leqslant F(\boldsymbol{x}_1) + F(\boldsymbol{x}_2)$ $(\forall \boldsymbol{x}_1, \boldsymbol{x}_2 \in \mathbb{R}^n)$.

(iv) $\boldsymbol{x} \in \lambda \mathscr{R} \, (\lambda \geqslant 0) \Leftrightarrow F(\boldsymbol{x}) \leqslant \lambda$; 换言之,

$$\lambda \mathscr{R} = \{\boldsymbol{x} \in \mathbb{R}^n \,|\, F(\boldsymbol{x}) \leqslant \lambda\} \quad (\lambda \geqslant 0).$$

例 2 设 $a_{ij}(i, j = 1, \cdots, n)$ 是实数, $c_1, \cdots, c_n > 0$. $\mathscr{R}_0$ 是由不等式组

$$|a_{i1}x_1 + \cdots + a_{in}x_n| \leqslant c_i \quad (i = 1, \cdots, n)$$

的解 $\boldsymbol{x} = (x_1, \cdots, x_n)$ 组成的点集. 那么关于 $\mathscr{R}_0$ 的距离函数是

$$F(\boldsymbol{x}) = \max_{1 \leqslant i \leqslant n} c_i^{-1} \left| \sum_{j=1}^{n} a_{ij}x_j \right|.$$

4 Minkowski 第二凸体定理

设 $\mathscr{R} \subset \mathbb{R}^n$ 是对称闭凸集, $0 < V(\mathscr{R}) < \infty$. 由关于集合 $\mathscr{R}$ 的距离函数的性质可知, 当 λ 足够大时, $\lambda \mathscr{R}$ 可以包含任何指定的点. 特别地, 可以包含 $J(\leqslant n)$ 个线性无关的整点. 对于每个 $J(\leqslant n)$, 存在最小的 $\lambda = \lambda_J = \lambda_J(\mathscr{R})$, 使得 $\lambda \mathscr{R}$ 中含有 J 个线性无关的整点, 将此 λ_J 称做点集 $\mathscr{R}$ 的第 J 个相继极小. 于是

$$\lambda_J = \inf\{\lambda \,|\, \lambda > 0, \dim(\lambda \mathscr{R} \cap \mathbb{Z}^n) \geqslant J\} \quad (J = 1, \cdots, n),$$

并且

$$0 < \lambda_1 \leqslant \lambda_2 \leqslant \cdots \leqslant \lambda_n.$$

因为 $\mathscr{R}$ 是闭集, 所以存在整点 $\boldsymbol{x}^{(1)}, \boldsymbol{x}^{(2)}, \cdots, \boldsymbol{x}^{(n)}$, 使得

$$\lambda_1 = F(\boldsymbol{x}^{(1)}) = \min\{F(\boldsymbol{x}) \,|\, \boldsymbol{x} \text{ 是非零整点}\},$$

$$\lambda_J = F(\boldsymbol{x}^{(J)}) = \min\{F(\boldsymbol{x}) \,|\, \boldsymbol{x} \text{ 是与 } \boldsymbol{x}^{(1)}, \cdots, \boldsymbol{x}^{(J-1)} \text{ 线性无关的整点}\} \quad (J = 2, \cdots, n).$$

例 3 (a) 在 $\mathbb{R}^2$ 中, 若 $\mathscr{R}$ 是以 $(0,0)$ 为中心、边平行于坐标轴, 并且边长分别为 1 和 4 的闭长方形, 则 $\lambda_1 = 1/2, \lambda_2 = 2$.

(b) 在 $\mathbb{R}^2$ 中, 若 $\mathscr{R}$ 是以 $(0,0)$ 为中心、$1/2$ 为半径的闭圆盘, 则 $\lambda_1 = \lambda_2 = 2$.

(c) 在 $\mathbb{R}^n$ 中, 若 $\mathscr{R}$ 由不等式

$$|x_1| \leqslant M, \quad |x_i| \leqslant 1 \quad (i = 2, \cdots, n)$$

(其中 $M \geqslant 1$) 的解 $\boldsymbol{x} = (x_1, \cdots, x_n)$ 组成, 则 $\lambda_1 = 1/M, \lambda_J = 1 \, (J = 2, \cdots, n)$.

定理 3 (Minkowski 第二凸体定理) 设 $\mathscr{R} \subset \mathbb{R}^n$ 是有界对称闭凸集, 体积为 $V = V(\mathscr{R})$, 则其相继极小 $\lambda_J (J = 1, 2, \cdots, n)$ 满足不等式

$$\frac{2^n}{n!} \leqslant \lambda_1 \cdots \lambda_n V(\mathscr{R}) \leqslant 2^n.$$

定理 4 (Mahler 定理) 设 $\mathscr{R} \subset \mathbb{R}^n$ 是有界对称闭凸集, 体积为 $V = V(\mathscr{R})$, 距离函数是 $F(\boldsymbol{x})$, 则存在 n 个整点 $\boldsymbol{y}^{(i)} = (y_{i1}, \cdots, y_{in}) \, (i = 1, \cdots, n)$, 使得

$$V \prod_{i=1}^{n} F(\boldsymbol{y}^{(i)}) \leqslant 2n!, \quad |\det(y_{ij})| = 1.$$

注 2 如果 $V(\mathscr{R}) \geqslant 1$, 则由 Minkowski 第二凸体定理得到

$$\lambda_1^n \leqslant \lambda_1 \cdots \lambda_n \leqslant \frac{2^n}{V} \leqslant 1,$$

因此 $\mathscr{R} = 1 \cdot \mathscr{R}$ 包含一个非零整点, 于是我们得到 Minkowski 第一凸体定理.

参 考 文 献

[1] 华罗庚, 王元. 数论在近似分析中的应用 [M]. 北京: 科学出版社, 1978.

[2] 王元, 余坤瑞, 朱尧辰. 一个关于线性型转换定理的注记 [J]. 数学学报, 1979, 22: 237-240.

[3] 辛钦. 连分数 [M]. 刘诗俊, 刘绍越, 译. 上海: 上海科技出版社, 1965.

[4] 朱尧辰. 一个级数的超越性 [J]. 数学研究与应用, 1979, 3: 135-138.

[5] 朱尧辰. 线性型转换定理的另一证明 [J]. 数学研究与应用, 1979, 6: 94-103.

[6] 朱尧辰. 关于 Mahler-Cassels 线性型转换定理 [J]. 中国科学技术大学研究生院学报, 1985, 2: 95-100.

[7] 朱尧辰. 关于线性型的转换定理 [J]. 四川大学学报 (自然科学版), 1989, 专辑: 44-48.

[8] 朱尧辰. 丢番图逼近: 一致分布点列及应用 [M]. 合肥: 中国科学技术大学出版社, 2023.

[9] 朱尧辰. 无理数: $\zeta(3)$ 及其他 [M]. 合肥: 中国科学技术大学出版社, 2023.

[10] 朱尧辰, 王连祥, 徐广善. 关于一类级数的超越性: Schmidt 定理的一个应用 [J]. 科学通报, 1980, 25: 49-53.

[11] 朱尧辰, 王连祥. 丢番图逼近引论 [M]. 北京: 科学出版社, 1993.

[12] 朱尧辰. 超越数：基本理论 [M]. 合肥: 中国科学技术大学出版社, 2023.

[13] Aigner M. Markov's theorem and 100 years of the uniqueness conjecture[M]. Berlin: Springer, 2013.

[14] Apostol T M. Modular functions and Dirichlet series in number theory[M]. Berlin: Springer, 1976.

[15] Baker A, Schimidt W M. Diophantine approximation and Hausdorff dimension[J]. Proc. Lond. Math. Soc., 1970, 21: 1-11.

[16] Besicovici A S, et al. On classical metric number theory[M].

[17] Benito M, Escribano J J. An easy proof of Hurwitz theorem[J]. Amer. Math. Monthly, 2002, 109: 916-918.

[18] Beresnevich V. On approximation of real numbers by real algebraic numbers[J]. Acta Arith., 1999, 90: 97-112.

[19] Bernik V I, Melnichuk Y I. Diophantine approximation and Hausdorff dimension[M]. Minsk: Acad. Nauk BSSR, 1988.

[20] Bernik V I, Dodson M M. Metric Diophantine approximation on manifolds[M]. Camb.: Cambridge Univ. Press, 1999.

[21] Bilu Yu F. The many faces of the subspace theorem (After Adamczewski, Bugeaud, Corvaja, Zannier, ⋯)[J]. Astérisque, 2008, 317: 1-38.

[22] Birch B J. Another transference theorems of geometry of numbers[J]. Proc. Camb. Phil. Soc., 1957, 53: 269-272.

[23] Budarina N, Dickinson D, Bernik V. Simultaneous Diophantine approximation in the real, complex and p-adic fields[J]. Math. Proc. Camb. Phil. Soc., 2010, 149: 193-216.

[24] Bugeaud Y. Approximation by algebraic numbers[M]. Cambridge: Cambridge Univ. Press, 2004.

[25] Bugeaud Y. Quantitative versions of the subspace theorem and applications[J]. J. Théor. Nombres Bordeaux, 2011, 23: 35-57.

[26] Bugeaud Y. Distribution modulo one and Diophantine approximation[M]. Camb.: Camb. Univ. Press, 2012.

[27] Bugeaud Y, Evertse J-H. On two notions of complexity of algebraic numbers[J]. Acta Arith., 2008, 133: 221-250.

[28] Bundschuh P, Wallisser R. Algebraische Unabhangigkeit p-adische Zahlen[J]. Math. Ann., 1976, 221: 243-249.

[29] Cassels J W S. An introduction to Diophantine approximation[M]. Cambridge: Cambridge Univ. Press, 1957.

[30] Chen Y G. The best quantitative Kronecker's theorem[J]. J. London Math. Soc., 2000, 61(2): 691-705.

[31] Cohn J H E. Hurwitz' theorem[J]. Proc. Amer. Math. Soc., 1973, 38: 436.

[32]   Corvaja P, Zannier U. Some new applications of the subspace theorem[J]. Compo. Math., 2002, 131: 319-340.

[33]   Cusick T W. Dirichlet's Diophantine approximation theorem[J]. Bull. Austral. Math. Soc., 1977, 16: 219-224.

[34]   Cusick T W, Flahive M E. The Markoff and Lagrange spectra[M]. Providence: AMS, 1989.

[35]   Drmota M, Tichy R F. Sequences, discrepancies and applications[M]. New York: Springer, 1997.

[36]   Duffin R J, Schaeffer A C. Khintchine's problem in metric Diophantine approximation[J]. Duke Math. J., 1941, 8: 243-255.

[37]   Dyson F J. On simultaneous Diophantine approximations[J]. Proc. London Math. Soc., 1947, 49: 409-420.

[38]   Dyson F J. The approximation to algebraic numbers by rationals[J]. Acta Math., Acad. Sci. Hung., 1947, 79: 225-240.

[39]   Evertse J-H, Schlickewei H P. A quantitative version of the absolute subspace theorem[J]. J. reine und angew. Math., 2002, 548: 21-127.

[40]   Feldman N I. An effective refinememt of the exponent in Liouville's theorem[J]. Izv. Akad. Nauk, 1971, 35: 973-990.

[41]   Feldman N I. Approximation of algebraic numbers[M]. Moscow: Moscow Univ. Press, 1981.

[42]   Feldman N I, Nesterenko Yu V. Number theory Ⅳ: Transcendental numbers[M]. Berlin: Springer, 1998.

[43]   Fløner E. Generalization of the general Diophantine approximation theorem of Kronecker[J]. Maeh. Scand., 1991, 68: 148-160.

[44]   Ford L R. A geometrical proof of theorem of Hurwitz[J]. Proc. Edinburgh Mat. Soc., 1916/1917, 35: 59-65.

[45]   Ford L R. On the closeness of approach of complex rational fractions to a complex rational number[J]. Trans. Amer. Math. Soc., 1925, 27: 146-154.

[46]   Gelfond A O. The approximation to algebraic numbers by rationals[J]. Usp. Mat. Nauk, 1948, 3: 156-157.

[47]   Gelfond A O. On Minkowski's linear forms theorem and transference theorem[M]//Cassels J W S. An introduction to Diophantine approximation. Moscow: Izd. Ino. Lij., 1961: 202-209.

[48]   Ghosh A, Haynes A. Projective metric number theory[J]. J. reine angew. Math., 2016, 712: 39-50.

[49]   Gruber P M, Lekkerkerker C G. Geometry of numbers[M]. Amsterdam: North-Holland, 1987.

[50]   Hančl J. Sharpening of theorems of Vahlen and Hurwitz and approximation properties of the golden ratio[J]. Arch. Math., 2015, 105: 129-137.

[51]   Hardy G H, Wright E M. An introduction to the theory of numbers[M]. Oxford Univ. Press, 1981.

[52] Harman G. Metric Diophantine approximation with two restricted variables(Ⅲ), Two prime numbers[J]. J. Number Theory, 1988, 29: 364-375.

[53] Harman G. Metric number theory[M]. Oxford: Clarendon Press, 1998.

[54] Harman G. One hundred years of normal numbers[M]//Bennett M A, et al. Surveys in number theory. Massachusetts: Natick, 2000: 57-74.

[55] Have G T. Diophantine analysis of matrices[D]. Leiden Univ., 1993.

[56] Hlawka E. Zur Theorie des Figurengitters[J]. Math. Ann., 1952, 125: 183-207.

[57] Hlawka E. Theorie der Gleichverteilung[M]. Wien: B.I., 1979.

[58] Hu P-C, Yang C-C. Distribution theory of algebraic numbers[M]. Berlin: Walter de Gruyter, 2008.

[59] Jarník V. Über einen p-adischen Übertragungssatz[J]. Monatsh. Math. Phys., 1939, 48: 277-287.

[60] Jarník V. Sur les approximations diophantiennes des nombres p-adiques[J]. Revista Ci. Lima, 1945, 47: 489-505.

[61] Jones H. Khintchine's theorem in k dimensions with prime numerator and denominator[J]. Acta Arith., 2001, 99: 205-225.

[62] Jones H. Contributions to metric number theory[D]. Cardiff, 2001.

[63] Kathuria L, Raka M. On conjectures of Minkowski and Woods for $n = 9$[J]. Proc. Indian Acad. Sci.(Math. Sci.), 2016, 126: 501-548.

[64] Khintchine A Ya. Einige Sätze über Kettenbrüche mit Angewendungen auf die Theorie der Diophantischen Approximation[J]. Math. Ann., 1924, 92: 115-125.

[65] Khintchine A Ya. Zwei Bemerkungen zu einer Arbeit des Herrn Perron[J]. Mat. Z., 1925, 22: 274-284.

[66] Khintchine A Ya. Über eine Klasse linearer Diophantischer Approximationen[J]. Rend. Circ. Math. Palermo, 1926, 50: 170-195.

[67] Khintchine A Ya. Zur metrischen Theorie der Diophantischen Approximationen[J]. Math. Z., 1926, 24: 706-714.

[68] Koksma J K. Diophantische Approximationen[M]. Berlin: Springer, 1974.

[69] Kuipers L, Niederreiter H. Uniform distribution of sequences[M]. New York: John Wiley & Sons, 1974.

[70] Lang S. Report on Diophantine approximations[J]. Bull. de la Soc. Math. de France, 1965, 93: 117-192.

[71] Largmayr F. On Dirichlet's approximation theorem[J]. Monatsh. Math., 1980, 90: 229-232.

[72] Le G. Schmidt's subspace theorem for moving hypersurface targets[J]. Int. J. Number Theory, 2015, 11: 139-158.

[73]   Leobacher G, Pillichshammer F. Introduction to quasi-Monte Carlo integration and applications[M]. Berlin: Birkhäuser, 2014.

[74]   LeVeque W J. Topics in number theory(Vol.2)[M]. Reading: Addison-Wesley Pub. Co., Inc., 1956.

[75]   Liouville J. Sur des classes très-étendues de quantités dont la irrationelles algébriques[J]. C. R. Acad. Sci. Paris, 1844, 18: 883-885, 910-911.

[76]   Lutz É. Sur les approximations Diophantiennes linéaires p-adiques[M]. Paris: Hermann & Cie Éditeurs, 1955.

[77]   Mahler K. Ein Übertragungsprinzip für lineare Ungleichungen[J]. Cas. Pest. Mat. Fyz., 1939, 68: 85-92.

[78]   Mahler K. Lectures on Diophantine approximations, Part1: g-adic numbers and Roth's theorem[M]. Univ. of Notre Dame, 1961.

[79]   Nathanson A A. Sur les formes quadratiques binaires indéfinies II[J]. Math. Ann., 1880, 17: 323-324.

[80]   Niederreiter H. Discrepancy and convex programming[J]. Ann. Mat. Pura Appl., 1972, 93: 89-97.

[81]   Niederreiter H. Random number generation and quasi-Monte Carlo methods[M]. Philadelphia: SIAM, 1992.

[82]   Niven I. Diophantine approximation[M]. New York: Interscience Publishers, John Wiley & Sons, 1963.

[83]   Pollington A D, Vaughan R C. The k-dimensional Duffin and Schaeffer conjecture[J]. Mathmatika, 1990, 37: 190-200.

[84]   Proinov P D. Discrepancy and integration of continuous functions[J]. J. Appro. Th., 1988, 52: 121-131.

[85]   Ridout D. Rational approximations to algebraic numbers[J]. Mathematika, 1957, 4: 125-131.

[86]   Ridout D. The p-adic generalization of the Thue-Siegel-Roth theorem[J]. Mathematika, 1958, 5: 40-48.

[87]   Robert T F. Zum Approximationssatz von Dirichlet[J]. Monatsh. Math., 1979, 88: 331-333.

[88]   Roth K F. Rational approximations to algebraic numbers[J]. Mathematika, 1955, 2: 1-20.

[89]   Schlickewei H P. On products of special linear forms with algebraic coefficients[J]. Acta Arith., 1976, 31: 389-398.

[90]   Schlickewei H P. Die p-adische Verallgemeinerung des Satzes von Thue-Siegel-Roth-Schmidt[J]. J. reine und angew. Math., 1976, 288: 86-105.

[91]   Schlickewei H P. Linearformen mit algebraischen Koeffizienten[J]. Manuscripta Math., 1976, 18: 147-185.

[92]   Schlickewei H P. An upper bound for the number of subspaces occurring in the p-adic subspace theorem in Diophantine approximations[J]. J. reine angew. Math., 1990, 406: 44-108.

[93] Schlickewei H P. Approximation of algebraic numbers[M]//Amoroso F, Zannier U. Diophantine approximation, LNM, 785. Berlin: Springer, 1991: 107-170.

[94] Schmidt A L. Diophantine approximation of complex numbers[J]. Acta Math., 1975, 134: 1-85.

[95] Schmidt W M. Simultaneous approximation to algebraic numbers by rationals[J]. Acta Math., 1970, 125: 189-201.

[96] Schmidt W M. Norm form equations[J]. Ann. Math., 1972, 96: 526-551.

[97] Schmidt W M. Approximation to algebraic numbers[J]. L'Enseignement Math., 1972, 17: 187-253.

[98] Schmidt W M. Diophantine approximations, LNM, 785[M]. Berlin: Springer, 1980.

[99] Schmidt W M. The subspace theorem in Diophantine approximations[J]. Compo. Math., 1989, 69: 121-173.

[100] Schmidt W M. Diophantine approximations and Diophantine equations, LNM, 1467[M]. Berlin: Springer, 1991.

[101] Schmidt W M, Wang Y. A note on a transference theorem of linear forms[J]. Sci. Sinica, 1979, 22: 276-280.

[102] Siegel C L. Approximation algebraischer Zahlen[J]. Math. Z., 1921, 10: 173-213.

[103] Siegel C L. Über einige Anwendungen Diophantischer Approximationen[J]. Abh. der Preuss, Akad. der Wissenschaften, Phys.-Math. Kl., 1929, 1.

[104] Sobol' I M. An exact estimate of the error in multidimensional quadrature formulae for functions of the classes $\tilde{W}_1$ and $\tilde{H}_1$[J]. Zh. Vychisl. Mat. i Mat. Fiz., 1961, 1: 208-216.

[105] Sprindžuk V G. Mahler's problem in metric number theory[M]. Providence: AMS, 1969.

[106] Sprindžuk V G. Metric theory of Diophantine approximations[M]. New York: John Wiley & Sons, 1979.

[107] Strauch O. Duffin-Schaeffer conjecture and some new types of real sequences[J]. Acta Math., Univ. Comen., 1982, 40-41: 233-245.

[108] Strauch O. Some new criterions for sequences which satisfy Duffin-Schaeffer conjecture (I), (II), (III)[J]. Acta Math., Univ. Comen., 1983, 42-43: 87-95; 1984, 44-45: 55-65; 1986, 48-49: 37-50.

[109] Thue A. Über Annäherungswerte algebraischer Zahlen[J]. J. reine und angew. Math., 1909, 135: 284-305.

[110] Tijdemann R. Approximation of real matrices by integeral matrices[J]. J. of Number theory, 1988, 24: 65-69.

[111] Troi G, Zannier U. Note on the density constant in the distribution of self-numbers, II [J]. Boll. Unione Mat. Ital. Sez. B Artic. Ric. Mat., 1999, 2(8): 397-399.

[112] Vaaler J D. On the metric theory of Diophantine approximation[J]. Pacific J. Math., 1978, 76: 527-539.

[113] Vojta P. Diophantine approximation and value distribution theory, LNM, 1239[M]. Berlin: Springer, 1987.

[114] Vojta P. Roth's theorem with moving targets[J]. Int. Math. Res. Notices, 1996, 3: 109-114.

[115] Waldschmidt M. Recent advances in Diophantine approximation[M]//Goldfeld D, et al. Number theory, analysis and geometry. Berlin: Springer, 2012: 659-704.

[116] Weyl H. Über ein Problem aus dem Gebiete der Diophantischen Approximationen[J]. Nachr. Ges. Wiss. Göttingen, Math.-phys. Kl., 1914: 234-244.

[117] Weyl H. Über die Gleichverteilung von Zahlen mod. Eins[J]. Math. Ann., 1916, 77: 313-352.

[118] Wirsing E. Approximation mit algebraischen Zahlen beschränkten Grades[J]. J. reine angew. Math., 1961, 206: 67-77.

[119] Wirsing E. On approximation of algebraic numbers by algebraic numbers of bounded degree[M]. Providence: AMS, 1971: 213-247.

[120] Zannier U. Some applications of Diophantine approximation to Diophantine equations[M]. Udine: Editrice Forum, 2003.

[121] Zhu Y-C, Jiang Y-C. A remark on the Mahler's and Gelfond's transference theorems of linear forms[J]. J. of Math. Res. and Expo., 1991, 11: 261-264.

索　引

(1.1.1 表示有关事项参见 1.1.1 小节.)